線形代数概説

山形大学名誉教授　　東北大学名誉教授
内田伏一　　浦川　肇
共著

東京　裳　華　房　発行

LINEAR ALGEBRA

by

FUICHI UCHIDA

HAJIME URAKAWA

SHOKABO

TOKYO

はじめに

本書は大学初年級学生諸君のための，線形代数への入門書である．著者たちは前に「線形代数通論」として，同じような趣旨のテキストを著している．最近の大学のカリキュラムの多様化によって，線形代数の授業についても，半年間で終了する大学や，十分な時間をかけて1年間をあてる大学もある．後者の場合でも，半年ごとに単位を認定する場合が多くなり，授業内容を前期と後期にうまく区切ることが要求される．

本書は，1年間の授業のテキストに利用してもらう場合の，このような事情を考慮して前著とは内容の組み立て方を変えてみた．前半には，掃き出し法と行列式の導入と活用など計算中心の内容を配置し，後半には，線形写像や固有値と固有ベクトル，内積など図形的な色彩を帯びたもの，および線形代数の応用面に触れたものなどを配置した．

応用面に関する話題としては，線形常微分方程式への応用，グラフ理論への応用などの行列の標準化や固有値を利用するものと，掃き出し法を利用した線形計画法についての解説を記載してある．

なお，第10節の後半の10.2* では，ジョルダンの標準形について，主定理の証明の概略とジョルダン標準形の求め方について述べてある．ページ数の関係で，本書の他の部分ほど丁寧な記述にはなっていないので＊印をつけてある．

また，数ベクトル空間の部分空間の基底の存在と次元の確定は，重要な事項であろうが，全体の授業の流れを考慮して付録で解説することにした．さらに，内積と外積に関する事項や複素数に関する基礎的事項についても付録で解説することにした．適宜，付録を参照しながら学習してもらえば幸いである．

各節末の練習問題など本文中のすべての問題について，巻末に解答またはヒントを載せてある．また，巻末には「補充問題」も準備してある．十分に活用してほしい．

本書の出版にあたって，裳華房の細木周治氏には終始お世話になりました．ここに記して感謝申し上げます．

2000年　秋

著者一同

（第3版への付記）　大阪大学大学院理学研究科の小松 玄先生を初め，早速いろいろ有益な御注意を下さった方々に感謝申し上げます．

目　次

第 4 節　置換の符号と行列式

第 5 節　行列式の基本的性質

第 6 節　行列式の展開

第 7 節　クラメールの公式

第 8 節　線形写像

第13節 線形代数の応用

第14節 線形計画法

付 録

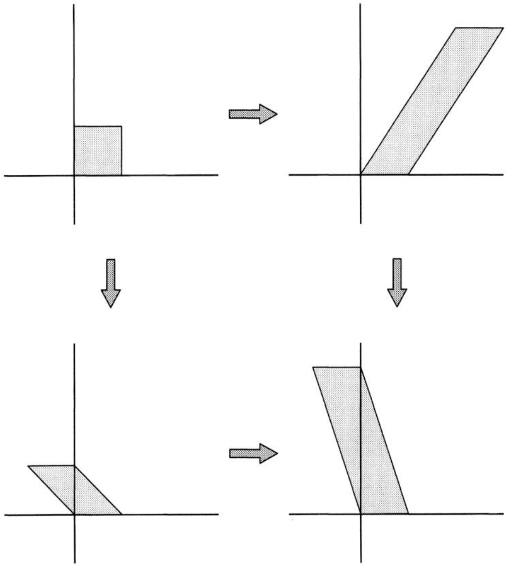

第1節　数ベクトル

1.1　数ベクトル

n 個の数 $x_1, x_2, \cdots, x_n$ を順序づけて並べた組を n 項**数ベクトル**といい，各々の数 $x_1, x_2, \cdots, x_n$ をその**成分**という．成分を縦に並べた組

$$\begin{bmatrix} x_1 \\ \vdots \\ x_n \end{bmatrix}$$

を**列ベクトル**といい，横に並べた組

$$[\, x_1, \cdots, x_n \,]$$

を**行ベクトル**という．以後，列ベクトルを主に考察しよう．

n 項列ベクトル全体の集合を n 項**数ベクトル空間**といい，$\mathbf{K}^n$ で表す．数ベクトルを考察している場合，数のことを**スカラー**という．

▶**注**　とくに，成分およびスカラーとして実数のみを扱う場合には，$\mathbf{K}^n$ の代わりに $\mathbf{R}^n$ と書き，n 項**実ベクトル空間**という．また，成分およびスカラーとして複素数を扱う場合には，$\mathbf{K}^n$ の代わりに $\mathbf{C}^n$ と書き，n 項**複素ベクトル空間**という．実数に限っても複素数に広げても全く同じように成り立つことが多いので，どちらでもよい場合には，$\mathbf{K}^n$ で表すことにしよう．

2つの n 項列ベクトル

$$\boldsymbol{a} = \begin{bmatrix} a_1 \\ \vdots \\ a_n \end{bmatrix}, \qquad \boldsymbol{b} = \begin{bmatrix} b_1 \\ \vdots \\ b_n \end{bmatrix}$$

は，成分ごとに等しいとき，すなわち $a_1 = b_1, \cdots, a_n = b_n$ のとき，そのときに限り**等しい**といい，$\boldsymbol{a} = \boldsymbol{b}$ と表す．

2つの n 項列ベクトル

$$\boldsymbol{x} = \begin{bmatrix} x_1 \\ \vdots \\ x_n \end{bmatrix}, \qquad \boldsymbol{y} = \begin{bmatrix} y_1 \\ \vdots \\ y_n \end{bmatrix}$$

および，スカラー k に対して**和・差・スカラー倍**と呼ぶ列ベクトル $\boldsymbol{x}+\boldsymbol{y}$, $\boldsymbol{x}-\boldsymbol{y}$, $k\boldsymbol{x}$ を，それぞれ次のように定義する：

$$\boldsymbol{x}+\boldsymbol{y} = \begin{bmatrix} x_1+y_1 \\ \vdots \\ x_n+y_n \end{bmatrix}, \quad \boldsymbol{x}-\boldsymbol{y} = \begin{bmatrix} x_1-y_1 \\ \vdots \\ x_n-y_n \end{bmatrix}, \quad k\boldsymbol{x} = \begin{bmatrix} kx_1 \\ \vdots \\ kx_n \end{bmatrix}.$$

とくに，列ベクトル $\boldsymbol{x}$ の (-1) 倍を $-\boldsymbol{x}$ で表す．これらの演算は，2つの列ベクトルが同じ項数のときにのみ定義される．また，すべての成分が0である n 項列ベクトルを n 項**零ベクトル**といい，$\boldsymbol{0}$ で表す．

例題 1.1　次の計算をせよ．

（1）$2\begin{bmatrix} 5 \\ -4 \\ 3 \end{bmatrix} + 3\begin{bmatrix} 6 \\ 5 \\ -4 \end{bmatrix}$　　（2）$7\begin{bmatrix} 1 \\ 2 \\ 3 \end{bmatrix} - 5\begin{bmatrix} 3 \\ 2 \\ 1 \end{bmatrix}$

【解答】（1）$2\begin{bmatrix} 5 \\ -4 \\ 3 \end{bmatrix} + 3\begin{bmatrix} 6 \\ 5 \\ -4 \end{bmatrix} = \begin{bmatrix} 10 \\ -8 \\ 6 \end{bmatrix} + \begin{bmatrix} 18 \\ 15 \\ -12 \end{bmatrix} = \begin{bmatrix} 28 \\ 7 \\ -6 \end{bmatrix}$

（2）$7\begin{bmatrix} 1 \\ 2 \\ 3 \end{bmatrix} - 5\begin{bmatrix} 3 \\ 2 \\ 1 \end{bmatrix} = \begin{bmatrix} 7 \\ 14 \\ 21 \end{bmatrix} - \begin{bmatrix} 15 \\ 10 \\ 5 \end{bmatrix} = \begin{bmatrix} -8 \\ 4 \\ 16 \end{bmatrix}$　◆

問 1.1　次の計算をせよ．

（1）$3\begin{bmatrix} 3 \\ 2 \\ 1 \end{bmatrix} + 5\begin{bmatrix} -2 \\ 3 \\ -4 \end{bmatrix}$　　（2）$-4\begin{bmatrix} -3 \\ 5 \\ 7 \end{bmatrix} + 7\begin{bmatrix} -1 \\ 3 \\ 4 \end{bmatrix}$

1.2 1次独立と1次従属

1次結合 n 項数ベクトル空間において，n 項列ベクトル $\boldsymbol{v}_1, \boldsymbol{v}_2, \cdots, \boldsymbol{v}_r$ とスカラー $k_1, k_2, \cdots, k_r$ に対して，スカラー倍の和

$$k_1 \boldsymbol{v}_1 + k_2 \boldsymbol{v}_2 + \cdots + k_r \boldsymbol{v}_r$$

を，列ベクトル $\boldsymbol{v}_1, \boldsymbol{v}_2, \cdots, \boldsymbol{v}_r$ の**1次結合**という．

例題 1.2 ベクトル $\boldsymbol{x}$ をベクトル $\boldsymbol{a}, \boldsymbol{b}$ の1次結合として表示せよ．

$$\boldsymbol{x} = \begin{bmatrix} 4 \\ 3 \end{bmatrix}; \quad \boldsymbol{a} = \begin{bmatrix} 1 \\ -1 \end{bmatrix}, \quad \boldsymbol{b} = \begin{bmatrix} 1 \\ 2 \end{bmatrix}$$

【解答】 $\boldsymbol{x} = h\boldsymbol{a} + k\boldsymbol{b}$ となるようなスカラー h, k を求めたい．

$$h\begin{bmatrix} 1 \\ -1 \end{bmatrix} + k\begin{bmatrix} 1 \\ 2 \end{bmatrix} = \begin{bmatrix} h + k \\ -h + 2k \end{bmatrix} = \begin{bmatrix} 4 \\ 3 \end{bmatrix}$$

が成り立つことと，連立1次方程式

$$\begin{cases} h + k = 4 \\ -h + 2k = 3 \end{cases}$$

を満足することとは同等な条件である．これを解いて $h = \dfrac{5}{3}$, $k = \dfrac{7}{3}$ となる．

よって

$$\boldsymbol{x} = \frac{5}{3}\boldsymbol{a} + \frac{7}{3}\boldsymbol{b}. \quad ◆$$

問 1.2 ベクトル $\boldsymbol{x}, \boldsymbol{y}$ を ベクトル $\boldsymbol{a}, \boldsymbol{b}$ の1次結合として表示せよ．

$$\boldsymbol{x} = \begin{bmatrix} 1 \\ 5 \end{bmatrix}, \quad \boldsymbol{y} = \begin{bmatrix} 2 \\ 3 \end{bmatrix}; \quad \boldsymbol{a} = \begin{bmatrix} 1 \\ -1 \end{bmatrix}, \quad \boldsymbol{b} = \begin{bmatrix} 1 \\ 2 \end{bmatrix}$$

問 1.3 ベクトル $\boldsymbol{x}, \boldsymbol{y}$ を ベクトル $\boldsymbol{a}, \boldsymbol{b}$ の1次結合として表示できるか．

$$\boldsymbol{x} = \begin{bmatrix} 25 \\ -2 \\ 27 \end{bmatrix}, \quad \boldsymbol{y} = \begin{bmatrix} 1 \\ 0 \\ 1 \end{bmatrix}; \quad \boldsymbol{a} = \begin{bmatrix} 1 \\ 3 \\ 5 \end{bmatrix}, \quad \boldsymbol{b} = \begin{bmatrix} 3 \\ -2 \\ 1 \end{bmatrix}$$

1次独立と1次従属　$\mathbf{K}^3$ のベクトル

$$\boldsymbol{v}_1 = \begin{bmatrix} 1 \\ 2 \\ 3 \end{bmatrix}, \quad \boldsymbol{v}_2 = \begin{bmatrix} 4 \\ 5 \\ 6 \end{bmatrix}, \quad \boldsymbol{v}_3 = \begin{bmatrix} 7 \\ 8 \\ 9 \end{bmatrix}$$

について考察しよう．ベクトル

$$\boldsymbol{w} = \begin{bmatrix} 3 \\ 2 \\ 1 \end{bmatrix}$$

は，例えば

$$\begin{aligned} \boldsymbol{w} &= \frac{2}{3}\boldsymbol{v}_1 - \frac{14}{3}\boldsymbol{v}_2 + 3\boldsymbol{v}_3 \\ &= -\frac{7}{3}\boldsymbol{v}_1 + \frac{4}{3}\boldsymbol{v}_2 \end{aligned}$$

のように，$\boldsymbol{v}_1, \boldsymbol{v}_2, \boldsymbol{v}_3$ の1次結合としての表示が1通りではない（各自確かめてみよ）．実は，$\boldsymbol{v}_3 = -\boldsymbol{v}_1 + 2\boldsymbol{v}_2$ と表示されるので，$\boldsymbol{v}_1, \boldsymbol{v}_2, \boldsymbol{v}_3$ の1次結合として表示できるベクトルは $\boldsymbol{v}_1, \boldsymbol{v}_2$ の1次結合として表示できることがわかる．この場合，$\boldsymbol{v}_3$ は余分なベクトルと考えられる．

上の例のように，余分なベクトルが混ざっているかどうかを判定するために，新しい言葉を定義しよう．

$\mathbf{K}^n$ のベクトル $\boldsymbol{v}_1, \boldsymbol{v}_2, \cdots, \boldsymbol{v}_r$ のうち，1つのベクトルが残りのベクトルの1次結合として表示できる場合，例えば

$$\boldsymbol{v}_1 = k_2\boldsymbol{v}_2 + \cdots + k_r\boldsymbol{v}_r$$

である場合，ベクトル $\boldsymbol{v}_1, \boldsymbol{v}_2, \cdots, \boldsymbol{v}_r$ の組は**1次従属**であるという．組のどのベクトルも残りのベクトルの1次結合として表示できない場合，ベクトル $\boldsymbol{v}_1, \boldsymbol{v}_2, \cdots, \boldsymbol{v}_r$ の組は**1次独立**であるという．

▶**注**　ベクトル $\boldsymbol{v}_1, \boldsymbol{v}_2, \cdots, \boldsymbol{v}_r$ の組が1次従属であれば，任意のベクトル $\boldsymbol{v}_{r+1}$ に対して，ベクトル $\boldsymbol{v}_1, \boldsymbol{v}_2, \cdots, \boldsymbol{v}_r, \boldsymbol{v}_{r+1}$ の組も1次従属である．

定理 1.1 $\mathbf{K}^n$ のベクトル $\boldsymbol{v}_1, \boldsymbol{v}_2, \cdots, \boldsymbol{v}_r$ の組について，1次結合

$$k_1 \boldsymbol{v}_1 + k_2 \boldsymbol{v}_2 + \cdots + k_r \boldsymbol{v}_r = \mathbf{0}$$

が成り立つのは，

$$k_1 = k_2 = \cdots = k_r = 0$$

に限るとき，そのときに限り，ベクトル $\boldsymbol{v}_1, \boldsymbol{v}_2, \cdots, \boldsymbol{v}_r$ の組は1次独立である．

［**証明**］ 対偶を示そう．

$$k_1 \boldsymbol{v}_1 + k_2 \boldsymbol{v}_2 + \cdots + k_r \boldsymbol{v}_r = \mathbf{0}$$

が成り立ち，例えば $k_1 \neq 0$ であるとしよう．この場合，

$$\boldsymbol{v}_1 = \left(-\frac{k_2}{k_1}\right)\boldsymbol{v}_2 + \cdots + \left(-\frac{k_r}{k_1}\right)\boldsymbol{v}_r$$

が成り立ち，$\boldsymbol{v}_1$ が残りのベクトルの1次結合として表示できるので，ベクトル $\boldsymbol{v}_1, \boldsymbol{v}_2, \cdots, \boldsymbol{v}_r$ の組は1次従属である．

逆に，ベクトル $\boldsymbol{v}_1, \boldsymbol{v}_2, \cdots, \boldsymbol{v}_r$ の組が1次従属である場合，例えば

$$\boldsymbol{v}_1 = k_2 \boldsymbol{v}_2 + \cdots + k_r \boldsymbol{v}_r$$

と表示できる場合，$k_1 = -1$ とおけば，

$$k_1 \boldsymbol{v}_1 + k_2 \boldsymbol{v}_2 + \cdots + k_r \boldsymbol{v}_r = \mathbf{0}$$

が成り立つ．

結局，ベクトル $\boldsymbol{v}_1, \boldsymbol{v}_2, \cdots, \boldsymbol{v}_r$ の組が1次従属であることと，等式

$$k_1 \boldsymbol{v}_1 + k_2 \boldsymbol{v}_2 + \cdots + k_r \boldsymbol{v}_r = \mathbf{0}$$

の中に $k_i \neq 0$ となるスカラーが存在し得ることが同等であることがわかった．この対偶が求めるものである． ◇

▶**注** 実際，$k_1 = k_2 = \cdots = k_r = 0$ ならば，

$$(*) \qquad k_1 \boldsymbol{v}_1 + k_2 \boldsymbol{v}_2 + \cdots + k_r \boldsymbol{v}_r = \mathbf{0}$$

が成り立つことは明らかである．これ以外の $k_1, k_2, \cdots, k_r$ について，等式 $(*)$ が成り立つかどうかを調べることになる．次ページの例題を見ればわかるように，ベクトルの成分ごとにまとめた連立1次方程式に書き直して計算することになる．

例題 1.3　$\mathbf{K}^3$ のベクトル

$$\boldsymbol{v}_1 = \begin{bmatrix} 1 \\ 2 \\ 3 \end{bmatrix}, \qquad \boldsymbol{v}_2 = \begin{bmatrix} 1 \\ 3 \\ 5 \end{bmatrix}, \qquad \boldsymbol{v}_3 = \begin{bmatrix} 5 \\ 4 \\ 3 \end{bmatrix}$$

について，$\boldsymbol{v}_1, \boldsymbol{v}_2$ の組は1次独立であるが，$\boldsymbol{v}_1, \boldsymbol{v}_2, \boldsymbol{v}_3$ の組は1次従属であることを示せ．

【解答】　スカラー k_1, k_2 について，$k_1\boldsymbol{v}_1 + k_2\boldsymbol{v}_2 = \mathbf{0}$ が成り立つことと，連立1次方程式

$$\begin{cases} k_1 + \ \ k_2 = 0 \\ 2k_1 + 3k_2 = 0 \\ 3k_1 + 5k_2 = 0 \end{cases}$$

を満足することとは同等な条件である．この方程式は $k_1 = k_2 = 0$ だけを解にもつので，$\boldsymbol{v}_1, \boldsymbol{v}_2$ の組は1次独立である．

全く同様に，スカラー k_1, k_2, k_3 について，$k_1\boldsymbol{v}_1 + k_2\boldsymbol{v}_2 + k_3\boldsymbol{v}_3 = \mathbf{0}$ が成り立つことを連立1次方程式に書き直すと，

$$\begin{cases} k_1 + \ \ k_2 + 5k_3 = 0 \\ 2k_1 + 3k_2 + 4k_3 = 0 \\ 3k_1 + 5k_2 + 3k_3 = 0 \end{cases}$$

となる．これを解くと

$$k_1 = -11k_3, \qquad k_2 = 6k_3$$

となり，例えば

$$-11\boldsymbol{v}_1 + 6\boldsymbol{v}_2 + \boldsymbol{v}_3 = \mathbf{0}$$

が成り立つので，$\boldsymbol{v}_1, \boldsymbol{v}_2, \boldsymbol{v}_3$ の組は1次従属である．　◆

問 1.4　次の $\mathbf{K}^3$ のベクトルの組について，1次独立か1次従属かを判定せよ．

（1）$\begin{bmatrix} 1 \\ -1 \\ 2 \end{bmatrix}, \begin{bmatrix} 3 \\ 1 \\ 0 \end{bmatrix}, \begin{bmatrix} 5 \\ 3 \\ -2 \end{bmatrix}$　　（2）$\begin{bmatrix} 1 \\ 2 \\ 3 \end{bmatrix}, \begin{bmatrix} 0 \\ 4 \\ 5 \end{bmatrix}, \begin{bmatrix} 0 \\ 0 \\ 6 \end{bmatrix}$

1.3 基底

n 項数ベクトル空間 $\mathbf{K}^n$ の n 個のベクトル $\boldsymbol{v}_1, \boldsymbol{v}_2, \cdots, \boldsymbol{v}_n$ の組が1次独立で，さらに $\mathbf{K}^n$ を**生成する**（すなわち，$\mathbf{K}^n$ の任意のベクトルが $\boldsymbol{v}_1, \boldsymbol{v}_2, \cdots, \boldsymbol{v}_n$ の1次結合として表示できる）場合，ベクトル $\boldsymbol{v}_1, \boldsymbol{v}_2, \cdots, \boldsymbol{v}_n$ の組を $\mathbf{K}^n$ の**基底**という．

$\mathbf{K}^n$ において，次の n 個の列ベクトル

$$\boldsymbol{e}_1 = \begin{bmatrix} 1 \\ 0 \\ 0 \\ \vdots \\ 0 \end{bmatrix}, \quad \boldsymbol{e}_2 = \begin{bmatrix} 0 \\ 1 \\ 0 \\ \vdots \\ 0 \end{bmatrix}, \quad \cdots, \quad \boldsymbol{e}_n = \begin{bmatrix} 0 \\ 0 \\ \vdots \\ 0 \\ 1 \end{bmatrix}$$

を**基本ベクトル**という．任意の n 項列ベクトル $\boldsymbol{x}$ は，その成分 $x_1, x_2, \cdots, x_n$ を係数として

$$\boldsymbol{x} = x_1\boldsymbol{e}_1 + x_2\boldsymbol{e}_2 + \cdots + x_n\boldsymbol{e}_n$$

と書き表せる．すなわち，$\boldsymbol{x}$ は基本ベクトルの1次結合として表示できる．また，基本ベクトル $\boldsymbol{e}_1, \boldsymbol{e}_2, \cdots, \boldsymbol{e}_n$ の組は1次独立であるから，$\mathbf{K}^n$ の基底である．これを，$\mathbf{K}^n$ の**標準基底**という．

▶**注** ベクトル $\boldsymbol{v}_1, \boldsymbol{v}_2, \cdots, \boldsymbol{v}_n$ の組が $\mathbf{K}^n$ の基底であれば，$\mathbf{K}^n$ の任意のベクトル $\boldsymbol{u}$ を

$$\boldsymbol{u} = k_1\boldsymbol{v}_1 + k_2\boldsymbol{v}_2 + \cdots + k_n\boldsymbol{v}_n$$

と表示する場合，係数 $k_1, k_2, \cdots, k_n$ はただ1通りに決まる．

例題 1.4 次のベクトルの組は $\mathbf{K}^2$ の基底であることを示せ．

$$\boldsymbol{a} = \begin{bmatrix} 2 \\ -1 \end{bmatrix}, \qquad \boldsymbol{b} = \begin{bmatrix} 3 \\ 2 \end{bmatrix}$$

【解答】 まず，この2つのベクトル $\boldsymbol{a}, \boldsymbol{b}$ の組が1次独立であることを示そう．スカラー h, k に対して

$$h\begin{bmatrix} 2 \\ -1 \end{bmatrix} + k\begin{bmatrix} 3 \\ 2 \end{bmatrix} = \begin{bmatrix} 0 \\ 0 \end{bmatrix}$$

が成り立つことと，数 h, k が連立1次方程式

$$\begin{cases} 2h + 3k = 0 \\ -h + 2k = 0 \end{cases}$$

を満足することとは，同等な条件である．この連立1次方程式の解は $h = k = 0$ のみであるから，定理1.1によって，ベクトル $\boldsymbol{a}, \boldsymbol{b}$ の組は1次独立である．

次に，$\boldsymbol{a}, \boldsymbol{b}$ の組が $\mathbf{K}^2$ を生成すること，すなわち，$\mathbf{K}^2$ の任意のベクトル $\boldsymbol{x}$ が $\boldsymbol{a}, \boldsymbol{b}$ の1次結合として表示されることを示そう．

$$\boldsymbol{x} = \begin{bmatrix} u \\ v \end{bmatrix}$$

とおき，$\boldsymbol{x} = s\boldsymbol{a} + t\boldsymbol{b}$ を満たすスカラー s, t が求められることを示せばよい．さて，

$$\begin{bmatrix} u \\ v \end{bmatrix} = s\begin{bmatrix} 2 \\ -1 \end{bmatrix} + t\begin{bmatrix} 3 \\ 2 \end{bmatrix}$$

が成り立つことと，数 s, t が連立1次方程式

$$\begin{cases} 2s + 3t = u \\ -s + 2t = v \end{cases}$$

を満足することとは，同等な条件である．この連立1次方程式は任意の数 u, v に対して，解

$$s = \frac{2u - 3v}{7}, \qquad t = \frac{u + 2v}{7}$$

をもち，$\mathbf{K}^2$ の任意のベクトル $\boldsymbol{x}$ が $\boldsymbol{a}, \boldsymbol{b}$ の1次結合として表示される．

以上で，ベクトル $\boldsymbol{a}, \boldsymbol{b}$ の組は $\mathbf{K}^2$ の基底であることがわかった．◆

問 1.5　次のベクトルの組について，$\mathbf{K}^2$ の基底になるかどうか判定せよ．

（1）$\begin{bmatrix} 1 \\ 2 \end{bmatrix}, \begin{bmatrix} 2 \\ 3 \end{bmatrix}$　　（2）$\begin{bmatrix} 1 \\ 2 \end{bmatrix}, \begin{bmatrix} 2 \\ 4 \end{bmatrix}$

1.4 複素ベクトル

ここまでは，複素数については意識しないで済むような例題などを扱ってきたが，複素数を成分にもつベクトル（**複素ベクトル**と呼ぶ）も全く同じように扱い得ることを例示しよう．

例題 1.5 ベクトル $\boldsymbol{x}, \boldsymbol{y}$ をベクトル $\boldsymbol{a}, \boldsymbol{b}$ の1次結合として表示せよ．

$$\boldsymbol{x} = \begin{bmatrix} 4-3i \\ 2+7i \end{bmatrix}, \quad \boldsymbol{y} = \begin{bmatrix} 2 \\ 3 \end{bmatrix}; \qquad \boldsymbol{a} = \begin{bmatrix} 2+3i \\ 3-2i \end{bmatrix}, \quad \boldsymbol{b} = \begin{bmatrix} 3+2i \\ 2-5i \end{bmatrix}$$

【解答】 ベクトル $\boldsymbol{x}$ についてのみ計算してみよう（$\boldsymbol{y}$ については問とする）．

$\boldsymbol{x} = h\boldsymbol{a} + k\boldsymbol{b}$ となるようなスカラー（複素数）h, k を求めたい．例題1.2の解答と同じように，この h, k は次の連立1次方程式

$$\begin{cases} (2+3i)h + (3+2i)k = 4-3i \\ (3-2i)h + (2-5i)k = 2+7i \end{cases}$$

を満足する．これを解いて

$$h = \frac{105-151i}{26}, \qquad k = \frac{-11+5i}{2}$$

となる．よって

$$\boldsymbol{x} = \frac{105-151i}{26}\boldsymbol{a} + \frac{-11+5i}{2}\boldsymbol{b}. \qquad ◆$$

問 1.6 例題1.5のベクトル $\boldsymbol{y}$ をベクトル $\boldsymbol{a}, \boldsymbol{b}$ の1次結合として表示せよ．

《**参考**》 複素数については2次方程式の解を通して学んでいるものと思う．$i^2 = -1$ を満たす虚数単位と呼ばれる i を導入して，実数 a, b を用いて $z = a + bi$ と表示されるのが複素数である．普通の文字式のように演算を行い，$i^2 = -1$ を使ってまとめると，2つの複素数の 和・差・積 も再び複素数になることがわかる．とくに，$z = a + bi$ の**共役複素数** $\bar{z} = a - bi$ は逆数を計算する場合に重要である（付録Bを参照）．

練習問題 1

1.　ベクトル $\boldsymbol{x}, \boldsymbol{y}$ をベクトル $\boldsymbol{a}, \boldsymbol{b}$ の１次結合として表示せよ.

$$\boldsymbol{x} = \begin{bmatrix} 1 \\ 0 \end{bmatrix}, \quad \boldsymbol{y} = \begin{bmatrix} 0 \\ 1 \end{bmatrix}; \qquad \boldsymbol{a} = \begin{bmatrix} 1 \\ 1 \end{bmatrix}, \quad \boldsymbol{b} = \begin{bmatrix} 1 \\ 2 \end{bmatrix}$$

2.　次のベクトルの組について，１次独立か１次従属かを判定せよ.

（１）$\begin{bmatrix} 1 \\ 1 \\ 0 \end{bmatrix}, \begin{bmatrix} 1 \\ 0 \\ 1 \end{bmatrix}, \begin{bmatrix} 0 \\ 1 \\ 1 \end{bmatrix}$　　（２）$\begin{bmatrix} 1 \\ 1 \\ 2 \end{bmatrix}, \begin{bmatrix} 1 \\ 2 \\ 2 \end{bmatrix}, \begin{bmatrix} 1 \\ 3 \\ 2 \end{bmatrix}$

3.　次のベクトルの組について，$\mathbf{K}^3$ の基底になるかどうか判定せよ.

（１）$\begin{bmatrix} 1 \\ 1 \\ 2 \end{bmatrix}, \begin{bmatrix} 1 \\ 3 \\ 2 \end{bmatrix}, \begin{bmatrix} 1 \\ 0 \\ 1 \end{bmatrix}$　　（２）$\begin{bmatrix} 1 \\ 2 \\ 3 \end{bmatrix}, \begin{bmatrix} 1 \\ 2 \\ 1 \end{bmatrix}, \begin{bmatrix} 1 \\ 2 \\ 2 \end{bmatrix}$

4.　次の複素ベクトルの組について，１次独立か１次従属かを判定せよ.

（１）$\begin{bmatrix} 2+3i \\ 3-2i \end{bmatrix}, \begin{bmatrix} 2-3i \\ 3+2i \end{bmatrix}$　　（２）$\begin{bmatrix} 2+3i \\ 3-2i \end{bmatrix}, \begin{bmatrix} 3+2i \\ 2-3i \end{bmatrix}$

5.　$\mathbf{K}^2$ のベクトル $\boldsymbol{v}_1 = \begin{bmatrix} a \\ b \end{bmatrix}$, $\boldsymbol{v}_2 = \begin{bmatrix} c \\ d \end{bmatrix}$ について，

（１）$\boldsymbol{v}_1, \boldsymbol{v}_2$ が１次独立であるためには，$ad - bc \neq 0$ であることが，必要十分であることを示せ.

（２）$ad - bc \neq 0$ であるとき，$\mathbf{K}^2$ の基本ベクトル $\boldsymbol{e}_1, \boldsymbol{e}_2$ を $\boldsymbol{v}_1, \boldsymbol{v}_2$ の１次結合として表せ.

第 2 節　掃き出し法

2.1　掃き出し法

連立 1 次方程式を解く実際的な計算法について述べよう．

例題 2.1　次の連立 1 次方程式を解け．（右側は係数を抜き出した表）

$$\begin{cases} 2x + y - z = 9 \\ x + y - z = 2 \\ 2x + 4y - 3z = 16 \end{cases}$$

2●	1	−1	9	①
1	1	−1	2	②
2	4	−3	16	③

【解答】

$$\begin{cases} x + 1/2\,y - 1/2\,z = 9/2 \\ 1/2\,y - 1/2\,z = -5/2 \\ 3\,y - 2\,z = 7 \end{cases}$$

1○	1/2	−1/2	9/2	④ = ① × 1/2
0	1/2●	−1/2	−5/2	⑤ = ② − ④
0	3	−2	7	⑥ = ③ − ④ × 2

$$\begin{cases} x = 7 \\ y - z = -5 \\ z = 22 \end{cases}$$

1	0	0	7	⑧ = ④ − ⑦ × 1/2
0	1○	−1	−5	⑦ = ⑤ × 2
0	0	1●	22	⑨ = ⑥ − ⑦ × 3

$$\begin{cases} x = 7 \\ y = 17 \\ z = 22 \end{cases}$$

1	0	0	7	⑧
0	1	0	17	⑩ = ⑦ + ⑨
0	0	1○	22	⑨

ゆえに，$x = 7$，$y = 17$，$z = 22$．　◆

上の変形は次の 2 つの操作の繰り返しによっている．

（a）　1 つの方程式に ある数を掛けたものを他の方程式に加える．

（b）　1 つの方程式に 0 でない数を掛ける，または割る．

この操作はいずれも可逆的である．したがって，最初の方程式の解と変形された方程式の解は同じである．この解法は，未知数を次々に消去する方法を組織化したもので，**消去法**あるいは**掃き出し法**と呼ばれている．

係数を抜き出した右側の表の変化に注目しよう．最初の表の右脇に ①, ②, ③ の番号がある．これは 3 つの行ベクトルの番号である．また，番号は付けてないが 4 つの列ベクトルがある．

さて，行ベクトル ① の第 1 成分の 2 に ● 印が付けてある．行ベクトル ① に 2 の逆数 1/2 を掛けたのが ④ である．同時に，行ベクトル ②, ③ に行ベクトル ④ のスカラー倍を加えて，第 1 成分を 0 にした行ベクトルが ⑤, ⑥ である．この結果，● 印の位置に 1○ がきて，この 1○ を含む列ベクトルの他の成分はすべて 0 になった．このようにしてできたのが第 2 の表である．

第 2, 第 3 の表の ● 印について同じ操作を施すと第 3, 第 4 の表ができる．このような操作を，● 印の成分をピボット（軸）とする**ピボット変形**という．

例題 2.1 の連立 1 次方程式を別の視点から眺めてみよう．ベクトル表示を使うと，次の 4 つの列ベクトル $\begin{bmatrix} 2 \\ 1 \\ 2 \end{bmatrix}, \begin{bmatrix} 1 \\ 1 \\ 4 \end{bmatrix}, \begin{bmatrix} -1 \\ -1 \\ -3 \end{bmatrix}, \begin{bmatrix} 9 \\ 2 \\ 16 \end{bmatrix}$ の間に

$$x\begin{bmatrix} 2 \\ 1 \\ 2 \end{bmatrix} + y\begin{bmatrix} 1 \\ 1 \\ 4 \end{bmatrix} + z\begin{bmatrix} -1 \\ -1 \\ -3 \end{bmatrix} = \begin{bmatrix} 9 \\ 2 \\ 16 \end{bmatrix}$$

という関係式が成り立つことと，同じ数 x, y, z について例題 2.1 の連立 1 次方程式が成り立つこととは同等な条件であることがわかる．

問 2.1 次の連立 1 次方程式を解け．

（1） $\begin{cases} 3x + y + 2z = 1 \\ 5x + y + 8z = 7 \\ 6x + 2y + 6z = 3 \end{cases}$ （2） $\begin{cases} 3x + 2y + 2z = 3 \\ 2x + y - 2z = 7 \\ 5x + 4y + 3z = 8 \end{cases}$

例題 2.2　次の連立1次方程式を解け．

(1) $\begin{cases} x - y + z = 4 \\ 2x - 2y + z = 6 \\ -x + y + 2z = 2 \end{cases}$　　(2) $\begin{cases} x - y + z = 2 \\ 2x - 2y + z = 0 \\ -x + y + 2z = 4 \end{cases}$

【解答】　(1), (2) の左辺は同じだから，同時に掃き出し法を適用しよう．

			(1)	(2)	
1●	−1	1	4	2	①
2	−2	1	6	0	②
−1	1	2	2	4	③
1○	−1	1	4	2	①
0	0	−1●	−2	−4	④ = ② − ① × 2
0	0	3	6	6	⑤ = ③ + ①
1	−1	0	2	−2	⑦ = ① − ⑥
0	0	1○	2	4	⑥ = ④ × (−1)
0	0	0	0	−6	⑧ = ⑤ + ⑥ × (−3)

(1) の最後の欄は，

$$x - y = 2, \qquad z = 2, \qquad 0 = 0$$

であることを示している．よって，(1) の解は $y = t$ を任意定数として次のように表示できる：

$$\begin{bmatrix} x \\ y \\ z \end{bmatrix} = \begin{bmatrix} 2 \\ 0 \\ 2 \end{bmatrix} + t \begin{bmatrix} 1 \\ 1 \\ 0 \end{bmatrix} = \begin{bmatrix} 2+t \\ t \\ 2 \end{bmatrix}; \quad t \text{ は任意定数}$$

一方，(2) の最後の行は，

$$0x + 0y + 0z = -6$$

であることを表している．しかし，このような x, y, z の値は存在しないので，(2) の解は存在しない．　◆

ここで，例題2.2の連立1次方程式（1），（2）についても，列ベクトル表示の視点から眺めてみよう．列ベクトルを使うと，次のように表示できる：

$$(1)\qquad x\begin{bmatrix}1\\2\\-1\end{bmatrix}+y\begin{bmatrix}-1\\-2\\1\end{bmatrix}+z\begin{bmatrix}1\\1\\2\end{bmatrix}=\begin{bmatrix}4\\6\\2\end{bmatrix}$$

$$(2)\qquad x\begin{bmatrix}1\\2\\-1\end{bmatrix}+y\begin{bmatrix}-1\\-2\\1\end{bmatrix}+z\begin{bmatrix}1\\1\\2\end{bmatrix}=\begin{bmatrix}2\\0\\4\end{bmatrix}$$

したがって，連立1次方程式を解くことは，「右辺の列ベクトルが左辺に現れるベクトルの1次結合に表示できるか？ 表示できる場合には係数 x, y, z を求めよ」という問題を解くことだと理解できよう．

（1）の場合には

$$(*)\qquad \begin{bmatrix}4\\6\\2\end{bmatrix}=(2+t)\begin{bmatrix}1\\2\\-1\end{bmatrix}+t\begin{bmatrix}-1\\-2\\1\end{bmatrix}+2\begin{bmatrix}1\\1\\2\end{bmatrix};\quad t\text{ は任意定数}$$

と表示され，表示の仕方が無数にあることもわかる．また，1次結合（$*$）の表示が無数にあることは，右辺の3個のベクトルが1次従属であることを示している（第1節 参照）．

他方，（2）の場合には右辺の列ベクトルが左辺の3個のベクトルの1次結合に表示できないことがわかる．

問2.2　次の連立1次方程式を解け．

（1）$\begin{cases} x+y+4z=3\\ 2x+3y+3z=4\\ 3x+5y+2z=5\end{cases}$　　（2）$\begin{cases} x+y+4z=6\\ 2x+3y+3z=4\\ 3x+5y+2z=3\end{cases}$

2.2 階数と解の存在

階数 ここで再び，例題2.2の連立1次方程式(1),(2)に戻り，その係数の表と，最後の列を除いた表について，一緒に考察しよう．

[0]

1	−1	1
2	−2	1
−1	1	2

[1]

1	−1	1	4
2	−2	1	6
−1	1	2	2

[2]

1	−1	1	2
2	−2	1	0
−1	1	2	4

表[1],[2]はともに4個の列ベクトルを並べたもので，表[0]は3個の列ベクトルを並べたものである．表示の仕方を含めて次節で改めて述べるが，このような表を**行列**という．連立1次方程式との関連では，表[0]を**係数行列**といい，表[1],[2]を**拡大係数行列**という．

先に考察したように，表[0]の3個の列ベクトルは1次従属であった．実際，第2列のベクトルは第1列のベクトルの −1倍である．他方，第1列のベクトルと第3列のベクトルとは1次独立になっている(各自確かめよ)．

先の考察から，表[1]の第4列のベクトルは他の列ベクトルの1次結合として表示され，他方，表[2]の第4列のベクトルは他の列ベクトルの1次結合として表示されないことがわかっている．

換言すれば，表[0]と表[1]の列ベクトルの中には，それぞれ，1次独立な2個のベクトルの組があり，表[2]の列ベクトルの中には1次独立な3個のベクトルの組がある．しかも，いずれの場合も，それより多い個数の列ベクトルの組は1次従属になっている．

このような1次独立なベクトルの組の最大個数を，その行列(係数の表)の**階数**という．すなわち，表[0]と表[1]の階数は2で，表[2]の階数は3である．

解の存在　いままで考察してきたことをまとめておこう．連立１次方程式

$$
\text{(E)}\quad \begin{cases} a_{11}x_1 + a_{12}x_2 + \cdots + a_{1m}x_m = b_1 \\ a_{21}x_1 + a_{22}x_2 + \cdots + a_{2m}x_m = b_2 \\ \quad\cdots\cdots\cdots\cdots\cdots \\ a_{n1}x_1 + a_{n2}x_2 + \cdots + a_{nm}x_m = b_n \end{cases}
$$

において，２つの係数の表

$$
\begin{array}{|cccc|} a_{11} & a_{12} & \cdots & a_{1m} \\ a_{21} & a_{22} & \cdots & a_{2m} \\ & \cdots\cdots & \cdots & \\ a_{n1} & a_{n2} & \cdots & a_{nm} \end{array}
\qquad
\begin{array}{|cccc|c|} a_{11} & a_{12} & \cdots & a_{1m} & b_1 \\ a_{21} & a_{22} & \cdots & a_{2m} & b_2 \\ & \cdots\cdots & \cdots & & \vdots \\ a_{n1} & a_{n2} & \cdots & a_{nm} & b_n \end{array}
$$

を，それぞれ，連立１次方程式（E）の**係数行列**および**拡大係数行列**という．このとき，次の定理が成り立つ．

> **定理 2.1**　連立１次方程式（E）が解をもつための必要十分条件は，その係数行列と拡大係数行列の階数が等しいことである．

［**証明**］　係数行列の m 個の列ベクトルを順に $\boldsymbol{a}_1, \cdots, \boldsymbol{a}_m$ とし，拡大係数行列の右端の列ベクトルを $\boldsymbol{b}$ とする．係数行列の階数を r とし，ベクトル $\boldsymbol{a}_{i_1}, \boldsymbol{a}_{i_2}, \cdots, \boldsymbol{a}_{i_r}$ の組が１次独立であるとしよう．この場合，他の $m-r$ 個のベクトル $\boldsymbol{a}_j$ はすべて $\boldsymbol{a}_{i_1}, \boldsymbol{a}_{i_2}, \cdots, \boldsymbol{a}_{i_r}$ の１次結合である．方程式（E）が解をもてば，$\boldsymbol{b}$ は $\boldsymbol{a}_1, \cdots, \boldsymbol{a}_m$ の１次結合であり，とくに $\boldsymbol{a}_{i_1}, \boldsymbol{a}_{i_2}, \cdots, \boldsymbol{a}_{i_r}$ の１次結合になる（各自確かめよ）ので，拡大係数行列の階数も r になる．

逆に拡大係数行列の階数が r であれば，$\boldsymbol{a}_{i_1}, \boldsymbol{a}_{i_2}, \cdots, \boldsymbol{a}_{i_r}, \boldsymbol{b}$ の組は１次従属であり，$\boldsymbol{b}$ が $\boldsymbol{a}_1, \cdots, \boldsymbol{a}_m$ の１次結合になる（各自確かめよ）ので，方程式（E）が解をもつことになる．　◇

例題 2.3 次の行列の階数を求めよ.

（1）

1	1	5
2	3	4
3	5	3

（2）

1	1	5	1
2	3	4	2
3	5	3	4

【解答】 （2）の行列の第1列から第3列までは，（1）の行列と同じだから，（2）の行列の列ベクトルの1次独立・1次従属の関係を調べてみよう.

$$(*)\qquad x\begin{bmatrix}1\\2\\3\end{bmatrix}+y\begin{bmatrix}1\\3\\5\end{bmatrix}+z\begin{bmatrix}5\\4\\3\end{bmatrix}+w\begin{bmatrix}1\\2\\4\end{bmatrix}=\mathbf{0}$$

を満足する係数 x, y, z, w を求めるため，対応する連立1次方程式の解を，掃き出し法により計算しよう.（$*$）の右辺が零ベクトルだから，係数表の右端の列は記入せず省略できる.

1●	1	5	1	①
2	3	4	2	②
3	5	3	4	③
1○	1	5	1	①
0	1●	−6	0	④ = ② − ① × 2
0	2	−12	1	⑤ = ③ − ① × 3
1	0	11	1	⑥ = ① − ④
0	1○	−6	0	④
0	0	0	1●	⑦ = ⑤ − ④ × 2
1	0	11	0	⑧ = ⑥ − ⑦
0	1	−6	0	④
0	0	0	1○	⑦

よって，（$*$）を満足する係数 x, y, z, w は

$$(**) \qquad \begin{bmatrix} x \\ y \\ z \\ w \end{bmatrix} = t\begin{bmatrix} -11 \\ 6 \\ 1 \\ 0 \end{bmatrix}; \quad t \text{ は任意定数}$$

と表示される．とくに

$$-11\begin{bmatrix} 1 \\ 2 \\ 3 \end{bmatrix} + 6\begin{bmatrix} 1 \\ 3 \\ 5 \end{bmatrix} + \begin{bmatrix} 5 \\ 4 \\ 3 \end{bmatrix} + 0\begin{bmatrix} 1 \\ 2 \\ 4 \end{bmatrix} = \mathbf{0}$$

だから，行列（1）の3つの列ベクトルの組および行列（2）の4つの列ベクトルの組は1次従属である．

第1列，第2列および第4列のベクトルの組が1次独立かどうかを判定するには，（$*$）において $z=0$ の場合の x, y, w を見出せばよいが，（$**$）を見ると，$z=0$ なら必然的に $x=y=w=0$ となる．よって，第1列，第2列および第4列のベクトルの組は1次独立である．

したがって，（1）の行列の階数は2で，（2）の行列の階数は3である． ◆

▶**注** 前ページの掃き出し法によって変形した最後の表に注目しよう．階段型に折れ線を書き込んである．この表を上下逆にしてみると，階段が3段ある．この段数が行列の階数を表している．（1）については，4列目を隠してみれば2段あるので階数は2である．

問 2.3 次の行列の階数を求めよ．

（1）

1	0	0
2	1	0
1	0	3

（2）

1	2	3	4
4	3	2	1
1	3	5	7

（3）

1	2	0
2	4	0
0	0	1
1	2	2

（4）

1	2	0
2	4	0
0	1	0
1	2	2

2.3　掃き出し法を使った基底の判定

列ベクトルの組 $\begin{bmatrix}1\\2\\3\end{bmatrix}, \begin{bmatrix}1\\3\\5\end{bmatrix}, \begin{bmatrix}6\\4\\3\end{bmatrix}$ が $\mathbf{K}^3$ の基底になることを掃き出し法によって確かめてみよう．任意の数 a, b, c に対して

$$(\ast) \qquad x\begin{bmatrix}1\\2\\3\end{bmatrix} + y\begin{bmatrix}1\\3\\5\end{bmatrix} + z\begin{bmatrix}6\\4\\3\end{bmatrix} = \begin{bmatrix}a\\b\\c\end{bmatrix}$$

を満たす係数 x, y, z が一意に定まることを確かめよう．

1●	1	6	a
2	3	4	b
3	5	3	c
1	1	6	a
0	1●	-8	$-2a+b$
0	2	-15	$-3a+c$
1	0	14	$3a-b$
0	1	-8	$-2a+b$
0	0	1●	$a-2b+c$
1	0	0	$-11a+27b-14c$
0	1	0	$6a-15b+8c$
0	0	1	$a-2b+c$

この最後の表から，a, b, c を任意に与えると，$(\ast)$ を満たす x, y, z の組が決まるので，与えられた列ベクトルの組は $\mathbf{K}^3$ を生成していることがわかる．また，$a = b = c = 0$ の場合に $(\ast)$ を満たす x, y, z は $x = y = z = 0$ のみであることもわかる．よって，与えられた列ベクトルの組は1次独立である．ゆえに，与えられた列ベクトルの組は $\mathbf{K}^3$ の基底である．

▶注　$\mathbf{K}^n$ の n 個の列ベクトルの組が与えられたとき，この組が $\mathbf{K}^n$ の基底になるかどうかを判定するには，n 個の列ベクトルの成分を書き並べた表を作り，掃き出し法によって変形して，前ページの最後の表のように，$\mathbf{K}^n$ の標準基底の成分を書き並べた表にたどりつければ，与えられたベクトルの組は基底であり，このような表にたどりつけなければ，与えられたベクトルの組は基底にならないことがわかる．

練習問題 2

1.　次の連立 1 次方程式を解け．

（1）$\begin{cases} 2x+3y+4z=1 \\ x+y+6z=2 \\ 3x+5y+3z=3 \end{cases}$　（2）$\begin{cases} 2x+3y+4z=2 \\ x+y+6z=5 \\ 3x+5y+3z=7 \end{cases}$

（3）$\begin{cases} 2x+3y-3z=9 \\ x+y-4z=4 \\ 3x+5y-2z=14 \end{cases}$　（4）$\begin{cases} 2x+3y-3z=6 \\ x+y-4z=5 \\ 3x+5y-2z=4 \end{cases}$

2.　次の行列の階数を求めよ．

（1）

1	2	3	4
8	7	6	5
2	4	6	8

（2）

1	2	3
6	5	4
2	4	6
7	5	3

3.　次の列ベクトルの組が $\mathbf{K}^3$ の基底になるかどうか判定せよ．

（1）$\begin{bmatrix} 1 \\ 6 \\ 7 \end{bmatrix}, \begin{bmatrix} 2 \\ 5 \\ 8 \end{bmatrix}, \begin{bmatrix} 3 \\ 4 \\ 9 \end{bmatrix}$　（2）$\begin{bmatrix} 1 \\ 1 \\ 1 \end{bmatrix}, \begin{bmatrix} 1 \\ 2 \\ 4 \end{bmatrix}, \begin{bmatrix} 1 \\ 3 \\ 9 \end{bmatrix}$

第3節 行　　列

3.1 行列

前節で考えた係数の表のように，nm 個の数 a_{ij}（$1 \leqq i \leqq n$，$1 \leqq j \leqq m$）を，次のように並べた表を n 行 m 列の**行列**または (n, m) 型の**行列**という：

$$A = \begin{bmatrix} a_{11} & a_{12} & \cdots & a_{1j} & \cdots & a_{1m} \\ & \cdots & \cdots & & \cdots & \\ a_{i1} & a_{i2} & \cdots & a_{ij} & \cdots & a_{im} \\ & \cdots & \cdots & & \cdots & \\ a_{n1} & a_{n2} & \cdots & a_{nj} & \cdots & a_{nm} \end{bmatrix} \leftarrow i \text{行}$$

↑ j 列

n 行 m 列の行列 A は，n 個の m 項行ベクトル

$$A_{i\bullet} = [\, a_{i1}, a_{i2}, \cdots, a_{im} \,]$$

を縦に並べたものと見ることができ，他方，m 個の n 項列ベクトル

$$A_{\bullet j} = \begin{bmatrix} a_{1j} \\ \vdots \\ a_{nj} \end{bmatrix}$$

を横に並べたものと見ることもできる．a_{ij} を行列 A の (i, j)-**成分**という．n 行 m 列の行列全体の集合を $M(n, m\,;\,\mathbf{K})$ で表す．とくに，$M(n, 1\,;\,\mathbf{K}) = \mathbf{K}^n$（$n$ 項数ベクトル空間）である．また，n 行 n 列の行列を n 次の**正方行列**といい，n 次の正方行列全体の集合を $M_n(\mathbf{K})$ で表す．

▶**注**　数ベクトルの場合と同様に，行列の成分として実数のみを扱う場合には，$\mathbf{K}$ の代わりに $\mathbf{R}$ を使って**実行列**と呼び，行列の成分として複素数まで広げて扱う場合には，$\mathbf{K}$ の代わりに $\mathbf{C}$ を使って**複素行列**という．

2つの行列 $A=[\,a_{ij}\,]$, $B=[\,b_{ij}\,]$ は両者が同じ型，すなわち行の数と列の数がそれぞれ同じで，対応するすべての (i,j)-成分が等しいとき，すなわち，

$$a_{ij}=b_{ij}\,;\quad 1\leqq i\leqq n,\ 1\leqq j\leqq m$$

が成り立つとき，そのときに限り**等しい**といい，$A=B$ と表す．

2つの n 行 m 列の行列 $A=[\,a_{ij}\,]$, $B=[\,b_{ij}\,]$ および数 k に対して，和・差・スカラー倍と呼ぶ n 行 m 列の行列 $A+B$, $A-B$, kA を，それぞれ次のように定義する：

$$A+B=[\,a_{ij}+b_{ij}\,],\ A-B=[\,a_{ij}-b_{ij}\,],\quad kA=[\,k\,a_{ij}\,].$$

すなわち，各成分ごとに和・差・k 倍を考えるのである．とくに，A の (-1) 倍を $-A$ で表す．また，すべての成分が 0 である行列を**零行列**といい，O で表す．

例題 3.1　次の計算をせよ．

$$3\begin{bmatrix}2 & 3 & -2\\ 1 & 0 & -1\end{bmatrix}+2\begin{bmatrix}0 & 1 & 0\\ 1 & -2 & -3\end{bmatrix}-4\begin{bmatrix}-2 & -1 & 0\\ 1 & 0 & -4\end{bmatrix}$$

【解答】

$$3\begin{bmatrix}2 & 3 & -2\\ 1 & 0 & -1\end{bmatrix}+2\begin{bmatrix}0 & 1 & 0\\ 1 & -2 & -3\end{bmatrix}-4\begin{bmatrix}-2 & -1 & 0\\ 1 & 0 & -4\end{bmatrix}$$

$$=\begin{bmatrix}6 & 9 & -6\\ 3 & 0 & -3\end{bmatrix}+\begin{bmatrix}0 & 2 & 0\\ 2 & -4 & -6\end{bmatrix}-\begin{bmatrix}-8 & -4 & 0\\ 4 & 0 & -16\end{bmatrix}$$

$$=\begin{bmatrix}14 & 15 & -6\\ 1 & -4 & 7\end{bmatrix}.\quad\blacklozenge$$

問 3.1　次の計算をせよ．

$$2\begin{bmatrix}2 & 1 & 3\\ 1 & 3 & 2\end{bmatrix}-3\begin{bmatrix}2 & 4 & 6\\ 7 & 5 & 3\end{bmatrix}+5\begin{bmatrix}1 & 3 & 5\\ 3 & 5 & 1\end{bmatrix}$$

3.2 行列の積と逆行列の計算

行列の積 $A=[\,a_{ij}\,]$ を (n,m)-行列，$B=[\,b_{jt}\,]$ を (m,k)-行列とする．このとき，

$$c_{it}=a_{i1}b_{1t}+a_{i2}b_{2t}+\cdots+a_{im}b_{mt}$$

を (i,t)-成分とする (n,k)-行列を，行列 A と B の**積**といい，AB で表す．例えば，

$$A=\begin{bmatrix} a_{11} & a_{12} & a_{13} \\ a_{21} & a_{22} & a_{23} \\ a_{31} & a_{32} & a_{33} \end{bmatrix}, \qquad B=\begin{bmatrix} b_{11} & b_{12} \\ b_{21} & b_{22} \\ b_{31} & b_{32} \end{bmatrix}$$

である場合，積 AB は $(3,2)$-行列で，その成分は次のようになる：

$$\begin{bmatrix} a_{11}b_{11}+a_{12}b_{21}+a_{13}b_{31} & a_{11}b_{12}+a_{12}b_{22}+a_{13}b_{32} \\ a_{21}b_{11}+a_{22}b_{21}+a_{23}b_{31} & a_{21}b_{12}+a_{22}b_{22}+a_{23}b_{32} \\ a_{31}b_{11}+a_{32}b_{21}+a_{33}b_{31} & a_{31}b_{12}+a_{32}b_{22}+a_{33}b_{32} \end{bmatrix}.$$

▶**注 1** 積 AB が定義されても，積 BA は定義されない場合がある．A を (n,m)-行列，B を (p,q)-行列とすると，$m=p$ であれば積 AB が定義されるが，$q\neq n$ であれば積 BA は定義されない．

例えば，$A=\begin{bmatrix} 1 & 1 & 2 \\ 0 & 2 & 1 \end{bmatrix}$，$B=\begin{bmatrix} 2 \\ 3 \\ 1 \end{bmatrix}$ に対しては，$m=p=3$ だから積 AB が定義されるが，$q=1$，$n=2$ だから積 BA は定義されない．

▶**注 2** 積 AB, BA の両方が定義されても，一般には等しくない．例えば，

$$A=\begin{bmatrix} 1 & 2 \\ 3 & 1 \end{bmatrix},\ B=\begin{bmatrix} 1 & 0 \\ 2 & 1 \end{bmatrix} \text{ に対しては，}\quad AB=\begin{bmatrix} 5 & 2 \\ 5 & 1 \end{bmatrix},\ BA=\begin{bmatrix} 1 & 2 \\ 5 & 5 \end{bmatrix}.$$

積 AB が定義できる場合，列ベクトルを使って

$$B=[\,B_{\bullet 1}, B_{\bullet 2}, \cdots, B_{\bullet k}\,]$$

と表示すれば，A と各 $B_{\bullet t}$ との積が定義できて次式が成り立つ：

$$AB=[\,AB_{\bullet 1}, AB_{\bullet 2}, \cdots, AB_{\bullet k}\,].$$

単位行列　正方行列で左上から右下への対角線上の成分を**対角成分**という．対角成分以外の成分がすべて 0 であるような行列を**対角行列**という．

対角行列で対角成分がすべて 1 である行列を**単位行列**という．n 次の単位行列を I_n で表す．

例えば，3 次の対角行列と単位行列 I_3 は次の通り（a, b, c は定数）：

$$\begin{bmatrix} a & 0 & 0 \\ 0 & b & 0 \\ 0 & 0 & c \end{bmatrix}, \qquad I_3 = \begin{bmatrix} 1 & 0 & 0 \\ 0 & 1 & 0 \\ 0 & 0 & 1 \end{bmatrix}.$$

積の演算法則　行列 A, B, C について，演算が定義できる場合，次式が成り立つ（各自確かめよ）．

$$A(BC) = (AB)C$$
$$A(B + C) = AB + AC$$
$$(A + B)C = AC + BC$$
$$I_n A = A = AI_m ; \quad (A \text{ は } (n, m)\text{-行列})$$
$$AO = O = OA ; \quad O \text{ は零行列}.$$

正則行列　n 次の正方行列 A が**正則**とは，ある n 次の正方行列 X に対して，

$$(*) \qquad AX = XA = I_n$$

が成り立つことと定義する．このような行列 A を**正則行列**という．

A が正則である場合，$(*)$ を満足する行列 X はただ 1 つである．実際，

$$AX = XA = I_n, \qquad AY = YA = I_n$$

と仮定すれば，

$$X = XI_n = X(AY) = (XA)Y = I_n Y = Y$$

が成り立ち，$X = Y$ となる．このような行列 X を A の**逆行列**といい，A^{-1} で表す．

▶**注**　零行列でないが正則でない行列として，$\begin{bmatrix} 1 & 2 \\ 2 & 4 \end{bmatrix}$ などがある．

逆行列の計算　掃き出し法を使って逆行列を求めてみよう．

例えば，3 次の行列 A の逆行列を $X = [\, X_{\bullet 1}, X_{\bullet 2}, X_{\bullet 3} \,]$ と列ベクトル表示すれば，次式が成り立つ：

$$[\, AX_{\bullet 1}, AX_{\bullet 2}, AX_{\bullet 3} \,] = AX = I_3 = [\, \boldsymbol{e}_1, \boldsymbol{e}_2, \boldsymbol{e}_3 \,]$$

ここで　$A = \begin{bmatrix} a_{11} & a_{12} & a_{13} \\ a_{21} & a_{22} & a_{23} \\ a_{31} & a_{32} & a_{33} \end{bmatrix}$，　$X_{\bullet j} = \begin{bmatrix} x \\ y \\ z \end{bmatrix}$；　$j = 1, 2, 3$

とおけば，次の 3 組の連立 1 次方程式を得る：

$$AX_{\bullet j} = \begin{bmatrix} a_{11}x + a_{12}y + a_{13}z \\ a_{21}x + a_{22}y + a_{23}z \\ a_{31}x + a_{32}y + a_{33}z \end{bmatrix} = \begin{bmatrix} 1 \\ 0 \\ 0 \end{bmatrix}, \ \begin{bmatrix} 0 \\ 1 \\ 0 \end{bmatrix}, \ \begin{bmatrix} 0 \\ 0 \\ 1 \end{bmatrix}.$$

左辺の係数は 3 組の連立 1 次方程式に共通であり，掃き出し法の操作を同時に実行できる．

例題 3.2　行列　$A = \begin{bmatrix} 1 & 1 & 6 \\ 2 & 3 & 4 \\ 3 & 5 & 3 \end{bmatrix}$　の逆行列を求めよ．

【解答】

1	1	6	1	0	0	①
2	3	4	0	1	0	②
3	5	3	0	0	1	③
1	1	6	1	0	0	①
0	1	−8	−2	1	0	④ = ② − ① × 2
0	2	−15	−3	0	1	⑤ = ③ − ① × 3
1	0	14	3	−1	0	⑥ = ① − ④
0	1	−8	−2	1	0	④
0	0	1	1	−2	1	⑦ = ⑤ − ④ × 2

1	0	0	−11	27	−14	⑧ = ⑥ − ⑦ × 14
0	1	0	6	−15	8	⑨ = ④ + ⑦ × 8
0	0	1	1	−2	1	⑦

ここで，$B = \begin{bmatrix} -11 & 27 & -14 \\ 6 & -15 & 8 \\ 1 & -2 & 1 \end{bmatrix}$ とおけば，$X = B$ が $AX = I_3$ の解である．

上の表の左右を入れ替え，さらに上下を入れ替えた表を作ってみよう．

−11	27	−14	1	0	0	⑧
6	−15	8	0	1	0	⑨
1	−2	1	0	0	1	⑦
3	−1	0	1	0	14	⑥ = ⑧ + ⑦ × 14
−2	1	0	0	1	−8	④ = ⑨ − ⑦ × 8
1	−2	1	0	0	1	⑦
1	0	0	1	1	6	① = ⑥ + ④
−2	1	0	0	1	−8	④
−3	0	1	0	2	−15	⑤ = ⑦ + ④ × 2
1	0	0	1	1	6	①
0	1	0	2	3	4	② = ④ + ① × 2
0	0	1	3	5	3	③ = ⑤ + ① × 3

右端の式は，先の変形が可逆であることを確認している．この表から，$X = A$ が $BX = I_3$ の解であることがわかる．すなわち，上記の B が $AB = I_3$ かつ $BA = I_3$ を満足し，A は正則で，B が A の逆行列になることがわかった． ◆

問 3.2 次の行列の逆行列を求めよ．

(1) $\begin{bmatrix} 1 & 2 & 3 \\ 2 & 3 & 1 \\ 1 & 2 & 4 \end{bmatrix}$ (2) $\begin{bmatrix} 1 & 3 & 5 \\ 2 & 1 & 3 \\ 3 & 4 & 1 \end{bmatrix}$

3.3 正則行列と連立1次方程式

逆行列と連立1次方程式　連立1次方程式

(a) $$\begin{cases} a_{11}x + a_{12}y + a_{13}z = a \\ a_{21}x + a_{22}y + a_{23}z = b \\ a_{31}x + a_{32}y + a_{33}z = c \end{cases}$$

は,

$$A = \begin{bmatrix} a_{11} & a_{12} & a_{13} \\ a_{21} & a_{22} & a_{23} \\ a_{31} & a_{32} & a_{33} \end{bmatrix}, \quad X = \begin{bmatrix} x \\ y \\ z \end{bmatrix}, \quad B = \begin{bmatrix} a \\ b \\ c \end{bmatrix}$$

とおけば,

(b) $$AX = B$$

と行列表示できる．また，次のように列ベクトル表示することもできる．

(c) $$x\begin{bmatrix} a_{11} \\ a_{21} \\ a_{31} \end{bmatrix} + y\begin{bmatrix} a_{12} \\ a_{22} \\ a_{32} \end{bmatrix} + z\begin{bmatrix} a_{13} \\ a_{23} \\ a_{33} \end{bmatrix} = \begin{bmatrix} a \\ b \\ c \end{bmatrix}.$$

ここで，A が正則行列である場合について考察しよう．等式 $AX = B$ の両辺に左側から A の逆行列 A^{-1} を掛けてまとめると,

$$X = (A^{-1}A)X = A^{-1}(AX) = A^{-1}B.$$

すなわち，A が正則行列ならば，連立1次方程式 (a) は任意の数 a, b, c に対して，ただ1組の解をもつことがわかる．

換言すれば，A が正則行列である場合，その列ベクトルの組

(d) $$A_{\bullet 1} = \begin{bmatrix} a_{11} \\ a_{21} \\ a_{31} \end{bmatrix}, \quad A_{\bullet 2} = \begin{bmatrix} a_{12} \\ a_{22} \\ a_{32} \end{bmatrix}, \quad A_{\bullet 3} = \begin{bmatrix} a_{13} \\ a_{23} \\ a_{33} \end{bmatrix}$$

は $\mathbf{K}^3$ の基底になることがわかる．

逆に，列ベクトルの組 (d) が $\mathbf{K}^3$ の基底である場合について考えよう．この場合，(c) の表示を考慮すれば，任意の列ベクトル B に対して，(b) を

満たす列ベクトル X がただ 1 つ存在する．

とくに，$B = \boldsymbol{e}_1, \boldsymbol{e}_2, \boldsymbol{e}_3$ に対して，（b）を満たす列ベクトル X を順に Y_1, Y_2, Y_3 とし，

$$Y = [\, Y_1, Y_2, Y_3 \,]$$

とおけば，$AY = I_3$ を満たす 3 次の行列 Y の存在がわかる．このとき，

$$A(YA) = (AY)A = A$$

が成り立つ．一方，$AI_3 = A$ が常に成り立っている．これらの 2 式から，

$X = YA_{\bullet 1}$ と $X = \boldsymbol{e}_1$ が $AX = A_{\bullet 1}$ を満たすので，$YA_{\bullet 1} = \boldsymbol{e}_1$，

$X = YA_{\bullet 2}$ と $X = \boldsymbol{e}_2$ が $AX = A_{\bullet 2}$ を満たすので，$YA_{\bullet 2} = \boldsymbol{e}_2$，

$X = YA_{\bullet 3}$ と $X = \boldsymbol{e}_3$ が $AX = A_{\bullet 3}$ を満たすので，$YA_{\bullet 3} = \boldsymbol{e}_3$

となる．よって，$YA = I_3$ である．

結局，列ベクトルの組（d）が $\mathbf{K}^3$ の基底であれば，A は正則行列である．

ここに述べた事柄は一般に n 次の正方行列について全く同じように示すことができる．その結果を定理としてまとめておこう．

定理 3.1　A を n 次の正方行列とし，A の第 j 列ベクトルを $A_{\bullet j}$ とする．このとき，次の 2 つの条件は同等である．

（1）　A が正則行列である．

（2）　列ベクトル $A_{\bullet 1}, A_{\bullet 2}, \cdots, A_{\bullet n}$ の組は $\mathbf{K}^n$ の基底である．

さらに，$A = [\, a_{ij} \,]$ を係数行列にもつ連立 1 次方程式

$$\begin{cases} a_{11}x_1 + a_{12}x_2 + \cdots + a_{1n}x_n = b_1 \\ a_{21}x_1 + a_{22}x_2 + \cdots + a_{2n}x_n = b_2 \\ \quad\cdots\cdots\cdots\cdots\cdots \\ a_{n1}x_1 + a_{n2}x_2 + \cdots + a_{nn}x_n = b_n \end{cases}$$

は，A が正則行列であれば，任意の数 $b_1, b_2, \cdots, b_n$ に対して，ただ 1 組の解をもつ．

三角行列 正方行列で対角成分より下側〔または上側〕のすべての成分が 0 であるようなものを**上三角行列**〔または**下三角行列**〕といい，まとめて**三角行列**という．例えば，次の形をしている：

$$A = \begin{bmatrix} a_{11} & a_{12} & a_{13} \\ 0 & a_{22} & a_{23} \\ 0 & 0 & a_{33} \end{bmatrix}$$

この三角行列 A が正則であるためには，「すべての対角成分が 0 でない」ことが必要十分条件であることを示そう．

まず，すべての対角成分が 0 でないと仮定して，掃き出し法を適用してみよう．次のように，A の逆行列が求まり，A^{-1} も三角行列である：

$a_{11}^{\bullet}$	*	*	1	0	0	
0	a_{22}	*	0	1	0	
0	0	a_{33}	0	0	1	
1°	*	*	p_{11}	0	0	$p_{11} = {a_{11}}^{-1}$
0	$a_{22}^{\bullet}$	*	0	1	0	
0	0	a_{33}	0	0	1	
1	0	*	p_{11}	*	0	
0	1°	*	0	p_{22}	0	$p_{22} = {a_{22}}^{-1}$
0	0	$a_{33}^{\bullet}$	0	0	1	
1	0	0	p_{11}	*	*	
0	1	0	0	p_{22}	*	
0	0	1°	0	0	p_{33}	$p_{33} = {a_{33}}^{-1}$

逆に，ある対角成分が 0 であれば，A の列ベクトルの組は 1 次従属になり，$\mathbf{K}^3$ の基底になれないことを示そう．これがわかると，定理 3.1 によっ

て A は正則でないことになる．実際，$a_{11}=0$ なら明らかに，A の列ベクトルの組は 1 次従属である．次に，$a_{11}\neq 0$ かつ $a_{22}=0$ なら，A の第 2 列のベクトルは第 1 列のベクトルのスカラー倍になり，A の列ベクトルの組は 1 次従属である．最後に，$a_{11}\neq 0$，$a_{22}\neq 0$ かつ $a_{33}=0$ の場合には，A の第 3 列のベクトルは第 1 列と第 2 列のベクトルの 1 次結合になり，やはり A の列ベクトルの組は 1 次従属である．

ここに述べた事柄は一般に n 次の三角行列について全く同じように示すことができる．その結果を定理としてまとめておこう．

定理 3.2 A を n 次の三角行列とする．A が正則行列であるためには，A のすべての対角成分が 0 でないことが必要十分条件である．

練習問題 3

1. 次の行列の逆行列を求めよ．

（1）$\begin{bmatrix} 1 & 2 & 3 \\ 0 & 4 & 5 \\ 0 & 0 & 6 \end{bmatrix}$　　（2）$\begin{bmatrix} 1 & a & b \\ 0 & 1 & c \\ 0 & 0 & 1 \end{bmatrix}$

2. 次の行列に逆行列があれば，それを求めよ．

（1）$\begin{bmatrix} 2 & 1 & 3 \\ 1 & 3 & 2 \\ 3 & 2 & 1 \end{bmatrix}$　　（2）$\begin{bmatrix} 3 & 2 & 5 \\ 1 & 3 & 4 \\ 2 & 1 & 3 \end{bmatrix}$

3. 2 次の実行列について，

$$A = s\begin{bmatrix} 1 & 0 \\ 0 & 1 \end{bmatrix} + t\begin{bmatrix} 0 & -1 \\ 1 & 0 \end{bmatrix}, \quad B = u\begin{bmatrix} 1 & 0 \\ 0 & 1 \end{bmatrix} + v\begin{bmatrix} 0 & -1 \\ 1 & 0 \end{bmatrix}$$

とおく．A, B の和および積を求めよ．複素数 $s+ti$，$u+vi$ $(i=\sqrt{-1})$ の和および積を求め，A, B の和および積と比較せよ．

第 4 節　置換の符号と行列式

4.1　置換

置換　　n 個の文字 $\{1,2,\cdots,n\}$ を重複せず一列に並べたものを**順列**という．順列全体の個数は $n!=n(n-1)\cdots2\cdot1$ である．順列 $(i_1, i_2, \cdots, i_n)$ に対して，集合 $M_n=\{1,2,\cdots,n\}$ から M_n への 1 対 1 の対応 σ が

$$\sigma(1)=i_1,\quad \sigma(2)=i_2,\quad \cdots,\quad \sigma(n)=i_n$$

という対応によって得られる．これを

$$\sigma=\begin{pmatrix}1 & 2 & \cdots & n\\ i_1 & i_2 & \cdots & i_n\end{pmatrix}=\begin{pmatrix}1 & 2 & \cdots & n\\ \sigma(1) & \sigma(2) & \cdots & \sigma(n)\end{pmatrix}$$

と書き，M_n の**置換**という．

例 4.1　3 個の文字 1, 2, 3 の置換は次の 6 個である．

$$\begin{pmatrix}1&2&3\\1&2&3\end{pmatrix},\quad \begin{pmatrix}1&2&3\\1&3&2\end{pmatrix},\quad \begin{pmatrix}1&2&3\\2&1&3\end{pmatrix},$$
$$\begin{pmatrix}1&2&3\\2&3&1\end{pmatrix},\quad \begin{pmatrix}1&2&3\\3&1&2\end{pmatrix},\quad \begin{pmatrix}1&2&3\\3&2&1\end{pmatrix}.\qquad ◆$$

置換の表し方は n 個の文字がどのように置き換えられるかを示すものなので，上段の文字を $1,2,\cdots,n$ の順に並べなくてもよい．例えば，

$$\begin{pmatrix}1&2&3\\2&3&1\end{pmatrix}=\begin{pmatrix}1&3&2\\2&1&3\end{pmatrix}=\begin{pmatrix}3&1&2\\1&2&3\end{pmatrix}.$$

置換 σ に対して，σ で替えられた文字を元に戻す置換を，σ の**逆置換**といい，σ^{-1} で表す．すなわち，

$$\sigma=\begin{pmatrix}1 & 2 & \cdots & n\\ i_1 & i_2 & \cdots & i_n\end{pmatrix}\implies \sigma^{-1}=\begin{pmatrix}i_1 & i_2 & \cdots & i_n\\ 1 & 2 & \cdots & n\end{pmatrix}.$$

例 4.2　$\begin{pmatrix} 1 & 2 & 3 \\ 2 & 3 & 1 \end{pmatrix}^{-1} = \begin{pmatrix} 2 & 3 & 1 \\ 1 & 2 & 3 \end{pmatrix} = \begin{pmatrix} 1 & 2 & 3 \\ 3 & 1 & 2 \end{pmatrix}$.　◆

どの文字も替えない置換を**単位置換**といい，ε で表す．すなわち，

$$\varepsilon = \begin{pmatrix} 1 & 2 & \cdots & n \\ 1 & 2 & \cdots & n \end{pmatrix}.$$

n 個の文字の置換 σ, τ について，文字 i を，まず σ によって $\sigma(i)$ に置き換え，次に $\sigma(i)$ を τ によって $\tau(\sigma(i))$ に置き換えてみよう．対応

$$i \to \tau(\sigma(i)) \qquad (i = 1, 2, \cdots, n)$$

も M_n の置換である．この置換を $\tau\sigma$ と書き，σ と τ の**積**という．

例 4.3　$\sigma = \begin{pmatrix} 1 & 2 & 3 \\ 2 & 3 & 1 \end{pmatrix}$,　$\tau = \begin{pmatrix} 1 & 2 & 3 \\ 2 & 1 & 3 \end{pmatrix}$ に対して

$$\tau\sigma = \begin{pmatrix} 1 & 2 & 3 \\ 2 & 1 & 3 \end{pmatrix}\begin{pmatrix} 1 & 2 & 3 \\ 2 & 3 & 1 \end{pmatrix} = \begin{pmatrix} 2 & 3 & 1 \\ 1 & 3 & 2 \end{pmatrix}\begin{pmatrix} 1 & 2 & 3 \\ 2 & 3 & 1 \end{pmatrix} = \begin{pmatrix} 1 & 2 & 3 \\ 1 & 3 & 2 \end{pmatrix},$$

$$\sigma\tau = \begin{pmatrix} 1 & 2 & 3 \\ 2 & 3 & 1 \end{pmatrix}\begin{pmatrix} 1 & 2 & 3 \\ 2 & 1 & 3 \end{pmatrix} = \begin{pmatrix} 2 & 1 & 3 \\ 3 & 2 & 1 \end{pmatrix}\begin{pmatrix} 1 & 2 & 3 \\ 2 & 1 & 3 \end{pmatrix} = \begin{pmatrix} 1 & 2 & 3 \\ 3 & 2 & 1 \end{pmatrix}.$$　◆

この例からわかるように，積 $\tau\sigma$ と $\sigma\tau$ は一般には一致しない．

問 4.1　$\sigma = \begin{pmatrix} 1 & 2 & 3 & 4 \\ 2 & 3 & 4 & 1 \end{pmatrix}$, $\tau = \begin{pmatrix} 1 & 2 & 3 & 4 \\ 3 & 1 & 4 & 2 \end{pmatrix}$ から，次の置換を求めよ．

（1）$\tau\sigma$　　（2）$\sigma\tau$　　（3）σ^2　　（4）τ^2

（5）σ^3　　（6）σ^4

ここに，$\sigma^2 = \sigma\sigma$，$\sigma^3 = \sigma\sigma\sigma$ などである．

問 4.2　集合 M_n の置換の全体を $S_n = \{\sigma_1, \sigma_2, \cdots, \sigma_N\}$ とする．ここに，$N = n!$ である．次のことを示せ．

（1）$\{\sigma_1^{-1}, \sigma_2^{-1}, \cdots, \sigma_N^{-1}\} = S_n$

（2）M_n の任意の置換 τ に対して，

$$\{\sigma_1\tau, \sigma_2\tau, \cdots, \sigma_N\tau\} = S_n, \qquad \{\tau\sigma_1, \tau\sigma_2, \cdots, \tau\sigma_N\} = S_n.$$

互換の積　置換 $\begin{pmatrix} 1 & 2 & 3 & 4 & 5 \\ 1 & 3 & 2 & 4 & 5 \end{pmatrix}$ は2と3を入れ替えるが，他の文字には変化がない．このように，2つの文字のみを入れ替え，他の文字を変えない置換を**互換**といい，2つの文字 i と j を入れ替える互換を $(i\ j)$ と書く．いくつかの互換の積により，いろいろな置換を作ることができる．例えば，$(1\ 3)(1\ 2)(1\ 4) = \begin{pmatrix} 1 & 2 & 3 & 4 \\ 4 & 3 & 1 & 2 \end{pmatrix}$.

逆に，任意の置換は必ずいくつかの互換の積に表すことができる.

例題 4.1　置換　$\sigma = \begin{pmatrix} 1 & 2 & 3 & 4 & 5 & 6 \\ 4 & 5 & 2 & 3 & 6 & 1 \end{pmatrix}$ を互換の積に表せ.

【解答】

$$\begin{aligned}
\sigma &= (1\ 4)\begin{pmatrix} 1 & 2 & 3 & 4 & 5 & 6 \\ 1 & 5 & 2 & 3 & 6 & 4 \end{pmatrix} \\
&= (1\ 4)(2\ 5)\begin{pmatrix} 1 & 2 & 3 & 4 & 5 & 6 \\ 1 & 2 & 5 & 3 & 6 & 4 \end{pmatrix} \\
&= (1\ 4)(2\ 5)(3\ 5)\begin{pmatrix} 1 & 2 & 3 & 4 & 5 & 6 \\ 1 & 2 & 3 & 5 & 6 & 4 \end{pmatrix} \\
&= (1\ 4)(2\ 5)(3\ 5)(4\ 5)\begin{pmatrix} 1 & 2 & 3 & 4 & 5 & 6 \\ 1 & 2 & 3 & 4 & 6 & 5 \end{pmatrix} \\
&= (1\ 4)(2\ 5)(3\ 5)(4\ 5)(5\ 6).
\end{aligned}$$
◆

▶**注**　与えられた置換を左側から観察し，上下の文字が最初に異なるのが上段の i と下段の j のペアであるとする．まず，下段の i と j を入れ替えた置換を作る．この入れ替えた置換と互換 $(i\ j)$ の積が元の置換に一致している.

問 4.3　次の置換をいくつかの互換の積に表せ.

（1）$\begin{pmatrix} 1 & 2 & 3 & 4 \\ 4 & 3 & 1 & 2 \end{pmatrix}$　　（2）$\begin{pmatrix} 1 & 2 & 3 & 4 & 5 & 6 \\ 2 & 3 & 1 & 6 & 4 & 5 \end{pmatrix}$

置換の符号　n 文字の置換 $\sigma = \begin{pmatrix} 1 & 2 & \cdots & n \\ \sigma(1) & \sigma(2) & \cdots & \sigma(n) \end{pmatrix}$ に対して

$$\mathrm{sgn}(\sigma) = \prod_{1 \leqq i < j \leqq n} \frac{\sigma(i) - \sigma(j)}{i - j}$$

を置換 σ の**符号**という．ここに，右辺の記号は $1 \leqq i < j \leqq n$ を満たす i, j の組のすべてにわたって積を作るという記号である．

実は，逆転現象：$i < j$ かつ $\sigma(i) > \sigma(j)$ が起きている組 $\{i, j\}$ が K 組ある場合，

$$\mathrm{sgn}(\sigma) = (-1)^K$$

となる．とくに，任意の置換に対して $\mathrm{sgn}(\sigma) = \pm 1$ が成り立っている．

例 4.4　$\sigma = \begin{pmatrix} 1 & 2 & 3 \\ 3 & 1 & 2 \end{pmatrix}$ の符号は次の通りである．

$$\begin{aligned} \mathrm{sgn}(\sigma) &= \frac{\sigma(1) - \sigma(2)}{1 - 2} \cdot \frac{\sigma(1) - \sigma(3)}{1 - 3} \cdot \frac{\sigma(2) - \sigma(3)}{2 - 3} \\ &= \frac{(3-1)(3-2)(1-2)}{(1-2)(1-3)(2-3)} = 1. \end{aligned}$$

この場合，逆転現象が起きている組は $\{1, 2\}$, $\{1, 3\}$ の 2 組である．◆

▶**注**　n 文字の順列 $(i_1, i_2, \cdots, i_n)$ および n 文字の置換 σ に対して，次の等式が成り立つ：

$$\mathrm{sgn}(\sigma) = \prod_{1 \leqq s < t \leqq n} \frac{\sigma(i_s) - \sigma(i_t)}{i_s - i_t}.$$

実際，次式を使って示すことができる：

$$\frac{\sigma(i) - \sigma(j)}{i - j} = \frac{\sigma(j) - \sigma(i)}{j - i}.$$

問 4.4　次の置換の符号を求めよ．

（1）$\begin{pmatrix} 1 & 2 & 3 & 4 \\ 4 & 3 & 1 & 2 \end{pmatrix}$　　（2）$\begin{pmatrix} 1 & 2 & 3 & 4 & 5 & 6 \\ 2 & 3 & 1 & 6 & 4 & 5 \end{pmatrix}$

（3）$\begin{pmatrix} 1 & 2 & 3 & 4 & 5 & 6 \\ 6 & 4 & 5 & 2 & 3 & 1 \end{pmatrix}$

偶置換・奇置換　置換の符号が $+1$ となる置換を**偶置換**といい，その符号が -1 となる置換を**奇置換**という．単位置換の符号はその定義から直接 $+1$ であることがわかるので，単位置換は偶置換である．

ここで，すべての互換は奇置換であることを示してみよう．互換

$$(a\ b) = \begin{pmatrix} 1 & \cdots & a-1 & a & a+1 & \cdots & b-1 & b & b+1 & \cdots & n \\ 1 & \cdots & a-1 & b & a+1 & \cdots & b-1 & a & b+1 & \cdots & n \end{pmatrix}$$

について逆転現象が起きている組 $\{i, j\}$ が何組あるかを調べよう．ただし $a < b$ とする．このような組は

$$\begin{cases} i = a \quad \text{かつ} \quad j = a+1,\ \cdots,\ b-1,\ b & \text{の場合} \\ j = b \quad \text{かつ} \quad i = a,\ a+1,\ \cdots,\ b-1 & \text{の場合} \end{cases}$$

のみであり，$i = a$ かつ $j = b$ の場合は両方に数えられているので，逆転現象が起きている組は全部で $2(b-a)-1$ ($=$ 奇数) 組である．よって，互換の符号は -1 であり，すべての互換は奇置換であることがわかった．

次に，n 文字の置換 σ, τ について

$$\mathrm{sgn}(\sigma\tau) = \mathrm{sgn}(\sigma)\,\mathrm{sgn}(\tau)$$

が成り立つことを示そう．

$$\begin{aligned} \mathrm{sgn}(\sigma\tau) &= \prod_{1 \leqq i < j \leqq n} \frac{\sigma\tau(i) - \sigma\tau(j)}{i-j} \\ &= \prod_{1 \leqq i < j \leqq n} \frac{\sigma\tau(i) - \sigma\tau(j)}{\tau(i) - \tau(j)} \prod_{1 \leqq i < j \leqq n} \frac{\tau(i) - \tau(j)}{i-j} \\ &= \mathrm{sgn}(\sigma)\,\mathrm{sgn}(\tau)\,. \end{aligned}$$

この結果を使うと，n 文字の置換 σ が t 個の互換の積 $\sigma = \sigma_1\sigma_2\cdots\sigma_t$ に分解できれば，

$$\mathrm{sgn}(\sigma) = (-1)^t$$

と表示できる．よって，偶数個の互換の積に分解できる置換が偶置換で，奇数個の互換の積に分解できる置換が奇置換である．

問 4.5　$\sigma = \sigma_1\sigma_2\cdots\sigma_t$ と互換の積に分解できれば，逆置換は $\sigma^{-1} = \sigma_t\cdots\sigma_2\sigma_1$ と分解できることを示し，$\mathrm{sgn}(\sigma) = \mathrm{sgn}(\sigma^{-1})$ を示せ．

4.2 行列式

行列式の定義　n 次の正方行列

$$A = \begin{bmatrix} a_{11} & a_{12} & \cdots & a_{1n} \\ a_{21} & a_{22} & \cdots & a_{2n} \\ \vdots & \vdots & & \vdots \\ a_{n1} & a_{n2} & \cdots & a_{nn} \end{bmatrix} = [\, A_{\bullet 1}, A_{\bullet 2}, \cdots, A_{\bullet n} \,]$$

に対して，

$$\sum_{\sigma} \mathrm{sgn}(\sigma)\, a_{\sigma(1)1}\, a_{\sigma(2)2} \cdots a_{\sigma(n)n}$$

の形の和を考える．ここに，$\sum_{\sigma}$ は n 文字の置換すべてにわたる $n!$ 個の項の和を表す．この和を A の**行列式**といい，

$$|A|, \quad \det A, \quad D[\, A_{\bullet 1}, A_{\bullet 2}, \cdots, A_{\bullet n} \,],$$

$$\begin{vmatrix} a_{11} & a_{12} & \cdots & a_{1n} \\ a_{21} & a_{22} & \cdots & a_{2n} \\ \vdots & \vdots & & \vdots \\ a_{n1} & a_{n2} & \cdots & a_{nn} \end{vmatrix}$$

などと書き表す．ここに，$A_{\bullet j}$ は行列 A の第 j 列ベクトルを表している．また，n 次の正方行列の行列式を，単に **n 次の行列式**という．

例 4.5　(1)　2 次の行列式は次の通りである．

$$\begin{vmatrix} a_{11} & a_{12} \\ a_{21} & a_{22} \end{vmatrix} = a_{11}a_{22} - a_{21}a_{12}\,.$$

(2)　3 次の行列式は次の通りである．

$$\begin{vmatrix} a_{11} & a_{12} & a_{13} \\ a_{21} & a_{22} & a_{23} \\ a_{31} & a_{32} & a_{33} \end{vmatrix} = \begin{array}{l} a_{11}a_{22}a_{33} + a_{21}a_{32}a_{13} + a_{31}a_{12}a_{23} \\ - a_{21}a_{12}a_{33} - a_{31}a_{22}a_{13} - a_{11}a_{32}a_{23}\,. \end{array}$$ ◆

問 4.6　2 次，3 次の行列式が上の例の通りであることを，置換の符号を調べて確かめよ．

高次の行列式　4 次の行列式を計算するには 24 個の項の和を求めることになり，さらに高次の行列式を定義に従って直接計算するのは大変である．そのため，いろいろな工夫が施されることになる．その方法については次節以降でも論じるが，ここでは最も単純な場合について考察しよう．

例題 4.2　三角行列

$$\begin{bmatrix} a_{11} & a_{12} & \cdots & a_{1n} \\ 0 & a_{22} & \cdots & a_{2n} \\ \vdots & \ddots & \ddots & \vdots \\ 0 & \cdots & 0 & a_{nn} \end{bmatrix} \quad \text{および} \quad \begin{bmatrix} a_{11} & 0 & \cdots & 0 \\ a_{21} & a_{22} & \ddots & \vdots \\ \vdots & \vdots & \ddots & 0 \\ a_{n1} & a_{n2} & \cdots & a_{nn} \end{bmatrix}$$

の行列式の値は $a_{11}a_{22}\cdots a_{nn}$ であることを示せ．

【解答】　定義式

$$\sum_{\sigma} \operatorname{sgn}(\sigma)\, a_{\sigma(1)1}\, a_{\sigma(2)2} \cdots a_{\sigma(n)n}$$

について考察しよう．

第 1 の行列（上三角行列）の場合には，$\sigma(i) > i$ となる番号 i があるような置換 σ に関する項の値は 0 である．残るのは，すべての番号 i に対して $\sigma(i) \leqq i$ となる置換であるが，このような置換は単位置換のみである．よって，行列式の値は $a_{11}a_{22}\cdots a_{nn}$ である．

第 2 の行列（下三角行列）の場合には，$\sigma(i) < i$ となる番号 i があるような置換 σ に関する項の値は 0 である．残るのは，すべての番号 i に対して $\sigma(i) \geqq i$ となる置換であるが，このような置換も単位置換のみである．よって，行列式の値は $a_{11}a_{22}\cdots a_{nn}$ である．　◆

問 4.7　次の行列式の値を求めよ．

（1）$\begin{vmatrix} 1 & 2 & 3 & 4 \\ 0 & 5 & 6 & 7 \\ 0 & 0 & 8 & 9 \\ 0 & 0 & 0 & 10 \end{vmatrix}$　　（2）$\begin{vmatrix} 1 & 2 & 3 & 0 \\ 1 & 2 & 4 & 0 \\ 1 & 3 & 5 & 0 \\ 5 & 4 & 3 & 2 \end{vmatrix}$

例題 4.3 次の等式が成り立つことを示せ．

$$\left|\begin{array}{ccc|c} a_{11} & \cdots & a_{1\,n-1} & 0 \\ \vdots & & \vdots & \vdots \\ a_{n-1\,1} & \cdots & a_{n-1\,n-1} & 0 \\ \hline a_{n1} & \cdots & a_{n\,n-1} & a_{nn} \end{array}\right| = a_{nn}\left|\begin{array}{ccc} a_{11} & \cdots & a_{1\,n-1} \\ \vdots & & \vdots \\ a_{n-1\,1} & \cdots & a_{n-1\,n-1} \end{array}\right|.$$

【解答】 定義式

$$\sum_{\sigma} \mathrm{sgn}(\sigma)\, a_{\sigma(1)\,1}\, a_{\sigma(2)\,2} \cdots a_{\sigma(n)\,n}$$

について考察しよう．$\sigma(n) < n$ となるような置換 σ に関する項の値は 0 である．残るのは $\sigma(n) = n$ となる置換に関する項の和である．このような置換は $n-1$ 文字の置換とみなすことができる．よって，行列式の値は

$$\left(\sum_{\sigma} \mathrm{sgn}(\sigma)\, a_{\sigma(1)\,1}\, a_{\sigma(2)\,2} \cdots a_{\sigma(n-1)\,n-1}\right) a_{nn}$$

となる．ここに，$\sum_{\sigma}$ は $n-1$ 文字の置換すべてにわたる和である． ◆

問 4.8 次の等式が成り立つことを示せ．

$$\left|\begin{array}{ccc|c} a_{11} & \cdots & a_{1\,n-1} & a_{1n} \\ \vdots & & \vdots & \vdots \\ a_{n-1\,1} & \cdots & a_{n-1\,n-1} & a_{n-1\,n} \\ \hline 0 & \cdots & 0 & a_{nn} \end{array}\right| = a_{nn}\left|\begin{array}{ccc} a_{11} & \cdots & a_{1\,n-1} \\ \vdots & & \vdots \\ a_{n-1\,1} & \cdots & a_{n-1\,n-1} \end{array}\right|.$$

問 4.9 次の行列式の値を求めよ．

$$\begin{vmatrix} 1 & 2 & 3 & 4 & 0 & 5 \\ 1 & 3 & 3 & 2 & 0 & 1 \\ 2 & 0 & 5 & 9 & 0 & 7 \\ 0 & 0 & 0 & 2 & 0 & 6 \\ 8 & 7 & 6 & 5 & 3 & 0 \\ 0 & 0 & 0 & 0 & 0 & 2 \end{vmatrix}$$

サラスの方法　先に，2 次，3 次の行列式の値の一般形を与えたが，この結果を次図のように記憶しておくと便利である．これを**サラスの方法**という．ただし，4 次以上の行列式に対しては，このような，斜めに掛けて和・差をとるという規則は成り立たないので注意しよう．

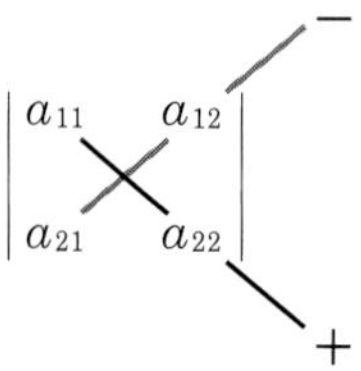

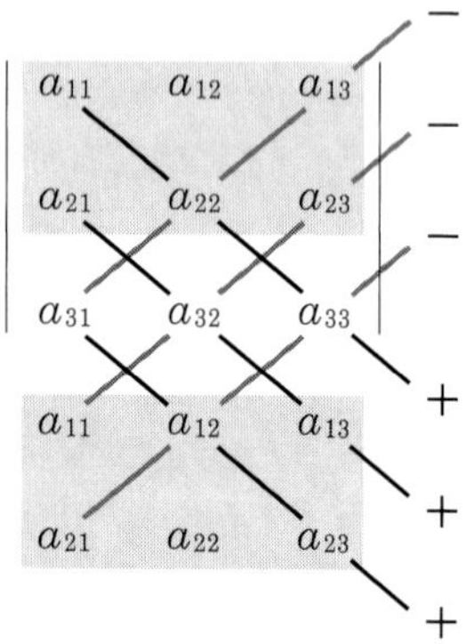

《**参考**》 4 次の行列式は次の通りである：

$$
\begin{vmatrix} a_{11} & a_{12} & a_{13} & a_{14} \\ a_{21} & a_{22} & a_{23} & a_{24} \\ a_{31} & a_{32} & a_{33} & a_{34} \\ a_{41} & a_{42} & a_{43} & a_{44} \end{vmatrix}
= \begin{aligned}[t]
& a_{11}a_{22}a_{33}a_{44} - a_{11}a_{22}a_{43}a_{34} \\
& - a_{11}a_{32}a_{23}a_{44} + a_{11}a_{32}a_{43}a_{24} \\
& + a_{11}a_{42}a_{23}a_{34} - a_{11}a_{42}a_{33}a_{24} \\
& - a_{21}a_{12}a_{33}a_{44} + a_{21}a_{12}a_{43}a_{34} \\
& + a_{21}a_{32}a_{13}a_{44} - a_{21}a_{32}a_{43}a_{14} \\
& - a_{21}a_{42}a_{13}a_{34} + a_{21}a_{42}a_{33}a_{14} \\
& + a_{31}a_{12}a_{23}a_{44} - a_{31}a_{12}a_{43}a_{24} \\
& - a_{31}a_{22}a_{13}a_{44} + a_{31}a_{22}a_{43}a_{14} \\
& + a_{31}a_{42}a_{13}a_{24} - a_{31}a_{42}a_{23}a_{14} \\
& - a_{41}a_{12}a_{23}a_{34} + a_{41}a_{12}a_{33}a_{24} \\
& + a_{41}a_{22}a_{13}a_{34} - a_{41}a_{22}a_{33}a_{14} \\
& - a_{41}a_{32}a_{13}a_{24} + a_{41}a_{32}a_{23}a_{14}.
\end{aligned}
$$

右辺では，順列 $\sigma(1)$，$\sigma(2)$，$\sigma(3)$，$\sigma(4)$ を辞書式順序（ここでは $1, 2, 3, 4$ の順序）に並べてある．

練習問題 4

1. 次の置換を互換の積に表せ.

（1） $\begin{pmatrix} 1 & 2 & 3 & 4 & 5 & 6 & 7 \\ 2 & 3 & 4 & 5 & 6 & 7 & 1 \end{pmatrix}$　　（2） $\begin{pmatrix} 1 & 2 & 3 & 4 & 5 & 6 & 7 \\ 4 & 1 & 2 & 3 & 7 & 5 & 6 \end{pmatrix}$

2. 次の行列式を計算せよ.

（1） $\begin{vmatrix} 1 & 3 & 5 \\ -1 & 1 & 3 \\ 2 & 0 & -2 \end{vmatrix}$　　（2） $\begin{vmatrix} 1 & 1 & 1 \\ 1 & 3 & 0 \\ 2 & 2 & 1 \end{vmatrix}$

3. 次の行列式を計算せよ.

（1） $\begin{vmatrix} a & b & c \\ c & a & b \\ b & c & a \end{vmatrix}$　　（2） $\begin{vmatrix} 1 & 1 & 1 \\ a & b & c \\ a^2 & b^2 & c^2 \end{vmatrix}$

4. 次の行列式を計算せよ.

（1） $\begin{vmatrix} a & b & c & d \\ 0 & b & c & d \\ 0 & 0 & c & d \\ 0 & 0 & 0 & d \end{vmatrix}$　　（2） $\begin{vmatrix} 0 & 1 & 0 & 0 \\ 0 & 0 & 0 & 1 \\ 1 & 0 & 0 & 0 \\ 0 & 0 & 1 & 0 \end{vmatrix}$

5. 次の等式が成り立つことを示せ.

$$\left|\begin{array}{cc|cc} a_{11} & a_{12} & * & * \\ a_{21} & a_{22} & * & * \\ \hline 0 & 0 & b_{11} & b_{12} \\ 0 & 0 & b_{21} & b_{22} \end{array}\right| = \begin{vmatrix} a_{11} & a_{12} \\ a_{21} & a_{22} \end{vmatrix} \times \begin{vmatrix} b_{11} & b_{12} \\ b_{21} & b_{22} \end{vmatrix}$$

《**参考**》 **5** で示された等式は，一般に

$$\left|\begin{array}{c|c} A & * \\ \hline O & B \end{array}\right| = |A|\,|B| \qquad (A\,,B \text{ は正方行列})$$

の形で成り立つ（ ➡ 補充問題 **4.3** ）. これは定理 6.3 の別証明にも利用される.

第 5 節　行列式の基本的性質

5.1　行列式の基本的性質

n 次の正方行列

$$A = \begin{bmatrix} a_{11} & a_{12} & \cdots & a_{1n} \\ a_{21} & a_{22} & \cdots & a_{2n} \\ \vdots & \vdots & & \vdots \\ a_{n1} & a_{n2} & \cdots & a_{nn} \end{bmatrix} = [A_{\bullet 1}, A_{\bullet 2}, \cdots, A_{\bullet n}]$$

に対して，その行列式とは，次の形の和で表される値であった：

$$\sum_{\sigma} \mathrm{sgn}(\sigma)\, a_{\sigma(1)1}\, a_{\sigma(2)2} \cdots a_{\sigma(n)n}\,.$$

ここに $\sum_{\sigma}$ は n 文字の置換すべてにわたる $n!$ 個の項の和を表し，この値を $|A|$, $D[A_{\bullet 1}, A_{\bullet 2}, \cdots, A_{\bullet n}]$ などと書くのであった.

行列式の定義から導かれる基本的な性質を以下にまとめておこう.

定理 5.1

（1）　1つの列を c 倍すると，行列式の値は c 倍になる．すなわち，

$$\begin{aligned} &D[A_{\bullet 1}, \cdots, A_{\bullet j-1}, cA_{\bullet j}, A_{\bullet j+1}, \cdots, A_{\bullet n}] \\ &\quad = c\,D[A_{\bullet 1}, \cdots, A_{\bullet j-1}, A_{\bullet j}, A_{\bullet j+1}, \cdots, A_{\bullet n}] \end{aligned}$$

（2）　1つの列（第 j 列）が 2 つの列ベクトルの和 $A_{\bullet j}{}^{(1)} + A_{\bullet j}{}^{(2)}$ である行列の行列式は，他の列は同じで，その列（第 j 列）におのおのの列ベクトル $A_{\bullet j}{}^{(1)}, A_{\bullet j}{}^{(2)}$ を入れた行列の行列式の和になる．すなわち，

$$\begin{aligned} &D[A_{\bullet 1}, \cdots, A_{\bullet j-1}, A_{\bullet j}{}^{(1)} + A_{\bullet j}{}^{(2)}, A_{\bullet j+1}, \cdots, A_{\bullet n}] \\ &\quad = D[A_{\bullet 1}, \cdots, A_{\bullet j-1}, A_{\bullet j}{}^{(1)}, A_{\bullet j+1}, \cdots, A_{\bullet n}] \\ &\qquad + D[A_{\bullet 1}, \cdots, A_{\bullet j-1}, A_{\bullet j}{}^{(2)}, A_{\bullet j+1}, \cdots, A_{\bullet n}] \end{aligned}$$

［証明］

$$A_{\bullet j} = \begin{bmatrix} a_{1j} \\ a_{2j} \\ \vdots \\ a_{nj} \end{bmatrix}; \qquad A_{\bullet j}{}^{(1)} = \begin{bmatrix} a_{1j}{}^{(1)} \\ a_{2j}{}^{(1)} \\ \vdots \\ a_{nj}{}^{(1)} \end{bmatrix}, \qquad A_{\bullet j}{}^{(2)} = \begin{bmatrix} a_{1j}{}^{(2)} \\ a_{2j}{}^{(2)} \\ \vdots \\ a_{nj}{}^{(2)} \end{bmatrix}$$

とすれば，

$$\begin{aligned} & D[\, A_{\bullet 1}, \cdots, A_{\bullet j-1}, c\, A_{\bullet j}, A_{\bullet j+1}, \cdots, A_{\bullet n} \,] \\ &\quad = \sum_{\sigma} \operatorname{sgn}(\sigma)\, a_{\sigma(1)\,1} \cdots (\, c\, a_{\sigma(j)\,j} \,) \cdots a_{\sigma(n)\,n} \\ &\quad = c \sum_{\sigma} \operatorname{sgn}(\sigma)\, a_{\sigma(1)\,1} \cdots a_{\sigma(j)\,j} \cdots a_{\sigma(n)\,n} \\ &\quad = c\, D[\, A_{\bullet 1}, \cdots, A_{\bullet j-1}, A_{\bullet j}, A_{\bullet j+1}, \cdots, A_{\bullet n} \,]. \end{aligned}$$

さらに，

$$\begin{aligned} & D[\, A_{\bullet 1}, \cdots, A_{\bullet j-1}, A_{\bullet j}{}^{(1)} + A_{\bullet j}{}^{(2)}, A_{\bullet j+1}, \cdots, A_{\bullet n} \,] \\ &\quad = \sum_{\sigma} \operatorname{sgn}(\sigma)\, a_{\sigma(1)\,1} \cdots (\, a_{\sigma(j)\,j}{}^{(1)} + a_{\sigma(j)\,j}{}^{(2)} \,) \cdots a_{\sigma(n)\,n} \\ &\quad = \sum_{\sigma} \operatorname{sgn}(\sigma)\, a_{\sigma(1)\,1} \cdots a_{\sigma(j)\,j}{}^{(1)} \cdots a_{\sigma(n)\,n} \\ &\qquad\quad + \sum_{\sigma} \operatorname{sgn}(\sigma)\, a_{\sigma(1)\,1} \cdots a_{\sigma(j)\,j}{}^{(2)} \cdots a_{\sigma(n)\,n} \\ &\quad = D[\, A_{\bullet 1}, \cdots, A_{\bullet j-1}, A_{\bullet j}{}^{(1)}, A_{\bullet j+1}, \cdots, A_{\bullet n} \,] \\ &\qquad\quad + D[\, A_{\bullet 1}, \cdots, A_{\bullet j-1}, A_{\bullet j}{}^{(2)}, A_{\bullet j+1}, \cdots, A_{\bullet n} \,]. \qquad \Diamond \end{aligned}$$

例 5.1　この定理 5.1 の主張を 3 次の行列式で例示してみよう．

$$\begin{vmatrix} a_{11} & c\, a_{12} & a_{13} \\ a_{21} & c\, a_{22} & a_{23} \\ a_{31} & c\, a_{32} & a_{33} \end{vmatrix} = c \begin{vmatrix} a_{11} & a_{12} & a_{13} \\ a_{21} & a_{22} & a_{23} \\ a_{31} & a_{32} & a_{33} \end{vmatrix},$$

$$\begin{vmatrix} a_{11} & a_{12}' + a_{12}'' & a_{13} \\ a_{21} & a_{22}' + a_{22}'' & a_{23} \\ a_{31} & a_{32}' + a_{32}'' & a_{33} \end{vmatrix} = \begin{vmatrix} a_{11} & a_{12}' & a_{13} \\ a_{21} & a_{22}' & a_{23} \\ a_{31} & a_{32}' & a_{33} \end{vmatrix} + \begin{vmatrix} a_{11} & a_{12}'' & a_{13} \\ a_{21} & a_{22}'' & a_{23} \\ a_{31} & a_{32}'' & a_{33} \end{vmatrix}. \qquad \blacklozenge$$

定理 5.2 n 文字の置換 τ により，A の列ベクトル $A_{\bullet 1}, A_{\bullet 2}, \cdots, A_{\bullet n}$ を，それぞれ $A_{\bullet \tau(1)}, A_{\bullet \tau(2)}, \cdots, A_{\bullet \tau(n)}$ で置き換えて得られる行列の行列式の値は $\operatorname{sgn}(\tau)\,|A|$ に等しい．すなわち，

$$D[A_{\bullet \tau(1)}, A_{\bullet \tau(2)}, \cdots, A_{\bullet \tau(n)}] = \operatorname{sgn}(\tau)\, D[A_{\bullet 1}, A_{\bullet 2}, \cdots, A_{\bullet n}]$$

とくに，2 つの列を入れ換えると，行列式の符号が変わる．

［証明］ $\rho = \sigma\tau^{-1}$ すなわち $\rho\tau = \sigma$ とおこう．このとき，

$$\begin{aligned}
&D[A_{\bullet \tau(1)}, A_{\bullet \tau(2)}, \cdots, A_{\bullet \tau(n)}] \\
&= \sum_{\sigma} \operatorname{sgn}(\sigma)\, a_{\sigma(1)\tau(1)}\, a_{\sigma(2)\tau(2)} \cdots a_{\sigma(n)\tau(n)} \\
&= \sum_{\rho} \operatorname{sgn}(\rho\tau)\, a_{\rho(\tau(1))\tau(1)}\, a_{\rho(\tau(2))\tau(2)} \cdots a_{\rho(\tau(n))\tau(n)} \\
&= \sum_{\rho} \operatorname{sgn}(\rho)\operatorname{sgn}(\tau)\, a_{\rho(\tau(1))\tau(1)}\, a_{\rho(\tau(2))\tau(2)} \cdots a_{\rho(\tau(n))\tau(n)} \\
&= \operatorname{sgn}(\tau) \sum_{\rho} \operatorname{sgn}(\rho)\, a_{\rho(\tau(1))\tau(1)}\, a_{\rho(\tau(2))\tau(2)} \cdots a_{\rho(\tau(n))\tau(n)} \\
&= \operatorname{sgn}(\tau) \sum_{\rho} \operatorname{sgn}(\rho)\, a_{\rho(1)1}\, a_{\rho(2)2} \cdots a_{\rho(n)n} \\
&= \operatorname{sgn}(\tau)\, D[A_{\bullet 1}, A_{\bullet 2}, \cdots, A_{\bullet n}]. \qquad \diamond
\end{aligned}$$

例 5.2 この定理 5.2 の主張を 3 次の行列式で例示してみよう．

$$\begin{vmatrix} a_{12} & a_{13} & a_{11} \\ a_{22} & a_{23} & a_{21} \\ a_{32} & a_{33} & a_{31} \end{vmatrix} = \operatorname{sgn}\begin{pmatrix} 1 & 2 & 3 \\ 2 & 3 & 1 \end{pmatrix} \begin{vmatrix} a_{11} & a_{12} & a_{13} \\ a_{21} & a_{22} & a_{23} \\ a_{31} & a_{32} & a_{33} \end{vmatrix} = \begin{vmatrix} a_{11} & a_{12} & a_{13} \\ a_{21} & a_{22} & a_{23} \\ a_{31} & a_{32} & a_{33} \end{vmatrix},$$

$$\begin{vmatrix} a_{11} & a_{13} & a_{12} \\ a_{21} & a_{23} & a_{22} \\ a_{31} & a_{33} & a_{32} \end{vmatrix} = -\begin{vmatrix} a_{11} & a_{12} & a_{13} \\ a_{21} & a_{22} & a_{23} \\ a_{31} & a_{32} & a_{33} \end{vmatrix}. \qquad \blacklozenge$$

系 1　2つの列の列ベクトルが等しい行列の行列式の値は0である．すなわち，$A_{\bullet j} = A_{\bullet k}$（$j \neq k$）ならば，

$$D[\, A_{\bullet 1}\,, A_{\bullet 2}\,, \cdots, A_{\bullet n}\,] = 0\,.$$

［**証明**］　定理5.2により，第j列と第k列を入れ替えた行列の行列式の値は符号が変わるが，$A_{\bullet j} = A_{\bullet k}$ だから，この入れ替えで行列には何も変化が起こらない．よって，

$$-|\,A\,| = |\,A\,| \qquad \text{ゆえに，} \qquad |\,A\,| = 0\,. \quad \diamondsuit$$

系 2　1つの列の何倍かを他の列に加えても，行列式の値は変わらない．すなわち，$j \neq k$ とし，c をスカラーとすると，

$$\begin{aligned} &D[\, A_{\bullet 1}\,, \cdots, A_{\bullet j-1}\,, A_{\bullet j} + c\,A_{\bullet k}\,, A_{\bullet j+1}\,, \cdots, A_{\bullet n}\,] \\ &\quad = D[\, A_{\bullet 1}\,, \cdots, A_{\bullet j-1}\,, A_{\bullet j}\,, A_{\bullet j+1}\,, \cdots, A_{\bullet n}\,]\,. \end{aligned}$$

［**証明**］　定理5.1によって，

$$\begin{aligned} &D[\, A_{\bullet 1}\,, \cdots, A_{\bullet j-1}\,, A_{\bullet j} + c\,A_{\bullet k}\,, A_{\bullet j+1}\,, \cdots, A_{\bullet n}\,] \\ &\quad = D[\, A_{\bullet 1}\,, \cdots, A_{\bullet j-1}\,, A_{\bullet j}\,, A_{\bullet j+1}\,, \cdots, A_{\bullet n}\,] \\ &\qquad + c\,D[\, A_{\bullet 1}\,, \cdots, A_{\bullet j-1}\,, \overset{(j)}{A_{\bullet k}}\,, A_{\bullet j+1}\,, \cdots, A_{\bullet n}\,]\,. \end{aligned}$$

系1により，

$$D[\, A_{\bullet 1}\,, \cdots, A_{\bullet j-1}\,, \overset{(j)}{A_{\bullet k}}\,, A_{\bullet j+1}\,, \cdots, A_{\bullet n}\,] = 0$$

であるから，系2が成り立つ．　$\diamondsuit$

例 5.3　この系2の主張を3次の行列式で例示してみよう．

$$\begin{vmatrix} a_{11} & a_{12} + c\,a_{13} & a_{13} \\ a_{21} & a_{22} + c\,a_{23} & a_{23} \\ a_{31} & a_{32} + c\,a_{33} & a_{33} \end{vmatrix} = \begin{vmatrix} a_{11} & a_{12} & a_{13} \\ a_{21} & a_{22} & a_{23} \\ a_{31} & a_{32} & a_{33} \end{vmatrix}. \quad \blacklozenge$$

5.2　行列式の計算

ここまでに準備した行列式の基本的な性質と，前節の例題4.2，例題4.3を使えば，高次の行列式の計算も可能になる．

例題 5.1　次の行列式の値を求めよ．

(1) $\begin{vmatrix} 1 & 2 & 0 \\ 0 & 1 & 2 \\ 1 & 0 & 1 \end{vmatrix}$　　(2) $\begin{vmatrix} a & b & c \\ c & a & b \\ b & c & a \end{vmatrix}$

(3) $\begin{vmatrix} 1 & 2 & 3 & 4 \\ 8 & 7 & 6 & 5 \\ 1 & 3 & 5 & 7 \\ 2 & 4 & 8 & 6 \end{vmatrix}$

【解答】　(1)　サラスの方法でできるが，基本的性質を使って計算してみよう．

$$\begin{vmatrix} 1 & 2 & 0 \\ 0 & 1 & 2 \\ 1 & 0 & 1 \end{vmatrix} = \begin{vmatrix} 1 & 0 & 0 \\ 0 & 1 & 2 \\ 1 & -2 & 1 \end{vmatrix}$$
●第1列の -2 倍を第2列に加える

$$= \begin{vmatrix} 1 & 0 & 0 \\ 0 & 1 & 0 \\ 1 & -2 & 5 \end{vmatrix}$$
●第2列の -2 倍を第3列に加える

$$= 5.$$
●三角行列の行列式

(2)

$$\begin{vmatrix} a & b & c \\ c & a & b \\ b & c & a \end{vmatrix} = \begin{vmatrix} a & b & a+b+c \\ c & a & a+b+c \\ b & c & a+b+c \end{vmatrix}$$
●第1列，第2列を第3列に加える

$$= (a+b+c)\begin{vmatrix} a & b & 1 \\ c & a & 1 \\ b & c & 1 \end{vmatrix}$$
●第3列から $a+b+c$ をくくり出す

$$=(a+b+c)\begin{vmatrix} a-b & b-c & 1 \\ c-b & a-c & 1 \\ 0 & 0 & 1 \end{vmatrix}$$

●第3列の $-b$ 倍を第1列に加える
●第3列の $-c$ 倍を第2列に加える

$$=(a+b+c)\begin{vmatrix} a-b & b-c \\ c-b & a-c \end{vmatrix}$$

●問 4.8 (例題 4.3 参照)より

$$=(a+b+c)\{(a-b)(a-c)+(b-c)^2\}$$
$$=(a+b+c)(a^2+b^2+c^2-ab-bc-ca).$$

(3)

$$\begin{vmatrix} 1 & 2 & 3 & 4 \\ 8 & 7 & 6 & 5 \\ 1 & 3 & 5 & 7 \\ 2 & 4 & 8 & 6 \end{vmatrix}$$

$$=\begin{vmatrix} 1 & 0 & 0 & 0 \\ 8 & -9 & -18 & -27 \\ 1 & 1 & 2 & 3 \\ 2 & 0 & 2 & -2 \end{vmatrix}$$

●第1列の -2 倍を第2列に加える
●第1列の -3 倍を第3列に加える
●第1列の -4 倍を第4列に加える

$$=\begin{vmatrix} 1 & 0 & 0 & 0 \\ 8 & -9 & 0 & 0 \\ 1 & 1 & 0 & 0 \\ 2 & 0 & 2 & -2 \end{vmatrix}$$

●第2列の -2 倍を第3列に加える
●第2列の -3 倍を第4列に加える

$$=0$$

●三角行列の行列式 ◆

▶**注** 上記(3)の変形には掃き出し法の考え方が使われている.

問 5.1 次の行列式の値を求めよ.

(1) $\begin{vmatrix} 1 & 1 & 0 & 0 \\ 0 & 1 & 1 & 0 \\ 0 & 0 & 1 & 1 \\ 1 & 0 & 0 & 1 \end{vmatrix}$ (2) $\begin{vmatrix} 1 & a & d & b+c \\ 1 & b & a & c+d \\ 1 & c & b & d+a \\ 1 & d & c & a+b \end{vmatrix}$

5.3 転置行列とその行列式

行列 A の行と列を入れ替えてできる行列を，A の**転置行列**といい，${}^tA$ で表す．すなわち，

$$ {}^tA \text{ の } (i,j)\text{-成分} = A \text{ の } (j,i)\text{-成分} $$

である．とくに，A が (n, m)-行列であれば，${}^tA$ は (m, n)-行列になる．

定理 5.3 行と列を入れ替えても，行列式の値は変わらない．すなわち

$$ |{}^tA| = |A| $$

［**証明**］ $A = [\,a_{ij}\,]$ とすれば，${}^tA$ の (i,j)-成分は a_{ji} だから，

$$ |{}^tA| = \sum_{\sigma} \operatorname{sgn}(\sigma)\, a_{1\sigma(1)}\, a_{2\sigma(2)} \cdots a_{n\sigma(n)}\,. $$

ところで，$\operatorname{sgn}(\sigma) = \operatorname{sgn}(\sigma^{-1})$ であり，順序を並べ替えることによって，

$$ a_{1\sigma(1)}\, a_{2\sigma(2)} \cdots a_{n\sigma(n)} = a_{\tau(1)1}\, a_{\tau(2)2} \cdots a_{\tau(n)n} $$

が成り立つ．ここに，$\tau = \sigma^{-1}$ である．また，σ が n 文字の置換全体を動くとき，$\tau = \sigma^{-1}$ も n 文字の置換全体を動くので，

$$ |{}^tA| = \sum_{\tau} \operatorname{sgn}(\tau)\, a_{\tau(1)1}\, a_{\tau(2)2} \cdots a_{\tau(n)n} = |A|. \qquad \diamondsuit $$

例 5.4 この定理 5.3 の主張を 3 次の行列式で例示してみよう．

$$ \begin{vmatrix} a_{11} & a_{21} & a_{31} \\ a_{12} & a_{22} & a_{32} \\ a_{13} & a_{23} & a_{33} \end{vmatrix} = \begin{vmatrix} a_{11} & a_{12} & a_{13} \\ a_{21} & a_{22} & a_{23} \\ a_{31} & a_{32} & a_{33} \end{vmatrix}. \qquad \blacklozenge $$

n 次の正方行列 $A = [\,a_{ij}\,]$ の行列式 $\sum_{\sigma} \operatorname{sgn}(\sigma)\, a_{\sigma(1)1}\, a_{\sigma(2)2} \cdots a_{\sigma(n)n}$ は，$\tau = \sigma^{-1}$ とおくことによって，$\sum_{\tau} \operatorname{sgn}(\tau)\, a_{1\tau(1)}\, a_{2\tau(2)} \cdots a_{n\tau(n)}$ と書き替えることができる．この事実を使うと，定理 5.1，定理 5.2 およびその系で述べた行列式についての結果は，列を行に置き換えても同じように成り立つことがわかる．

例題 5.2 次の等式を証明せよ．

$$\begin{vmatrix} 1 & 1 & \cdots & 1 \\ x_1 & x_2 & \cdots & x_n \\ {x_1}^2 & {x_2}^2 & \cdots & {x_n}^2 \\ \vdots & \vdots & & \vdots \\ {x_1}^{n-1} & {x_2}^{n-1} & \cdots & {x_n}^{n-1} \end{vmatrix} = \prod_{1 \leqq i < j \leqq n} (x_j - x_i)$$

この行列式を**ファンデルモンドの行列式**という．

【解答】 n についての数学的帰納法で証明する．

$n = 2$ のとき

$$\begin{vmatrix} 1 & 1 \\ x_1 & x_2 \end{vmatrix} = x_2 - x_1$$

だから正しい．

次に $n-1$ の場合に正しいと仮定して，n の場合について正しいことを示そう．与えられた行列式について，行列式の基本的性質による操作を順に行って次のように変形する：

$$\begin{vmatrix} 1 & 1 & \cdots & 1 \\ x_1 & x_2 & \cdots & x_n \\ {x_1}^2 & {x_2}^2 & \cdots & {x_n}^2 \\ \vdots & \vdots & & \vdots \\ {x_1}^{n-1} & {x_2}^{n-1} & \cdots & {x_n}^{n-1} \end{vmatrix}$$

●第 $n-1$ 行の x_n 倍を第 n 行から引き，第 $n-2$ 行の x_n 倍を第 $n-1$ 行から引く．これを続けて，最後に第 1 行の x_n 倍を第 2 行から引く．

$$= \begin{vmatrix} 1 & \cdots & 1 & 1 \\ x_1 - x_n & \cdots & x_{n-1} - x_n & 0 \\ {x_1}^2 - x_1 x_n & \cdots & {x_{n-1}}^2 - x_{n-1} x_n & 0 \\ \vdots & & \vdots & \vdots \\ {x_1}^{n-1} - {x_1}^{n-2} x_n & \cdots & {x_{n-1}}^{n-1} - {x_{n-1}}^{n-2} x_n & 0 \end{vmatrix}$$

●第 1 行を第 n 行に移し，第 i 行（$2 \leqq i \leqq n$）を第 $i-1$ 行に移す．

$$
= (-1)^{n-1} \begin{vmatrix} x_1 - x_n & \cdots & x_{n-1} - x_n & 0 \\ {x_1}^2 - x_1 x_n & \cdots & {x_{n-1}}^2 - x_{n-1} x_n & 0 \\ \vdots & & \vdots & \vdots \\ {x_1}^{n-1} - {x_1}^{n-2} x_n & \cdots & {x_{n-1}}^{n-1} - {x_{n-1}}^{n-2} x_n & 0 \\ 1 & \cdots & 1 & 1 \end{vmatrix}
$$

●例題 4.3 を適用して，$n-1$ 次の行列式を得る．

$$
= (-1)^{n-1} \begin{vmatrix} x_1 - x_n & \cdots & x_{n-1} - x_n \\ {x_1}^2 - x_1 x_n & \cdots & {x_{n-1}}^2 - x_{n-1} x_n \\ \vdots & & \vdots \\ {x_1}^{n-1} - {x_1}^{n-2} x_n & \cdots & {x_{n-1}}^{n-1} - {x_{n-1}}^{n-2} x_n \end{vmatrix}
$$

●各 j 列（$1 \leqq j < n$）から共通因子 $(x_j - x_n)$ をくくり出す．

$$
= (-1)^{n-1} \prod_{1 \leqq j < n} (x_j - x_n) \begin{vmatrix} 1 & 1 & \cdots & 1 \\ x_1 & x_2 & \cdots & x_{n-1} \\ {x_1}^2 & {x_2}^2 & \cdots & {x_{n-1}}^2 \\ \vdots & \vdots & & \vdots \\ {x_1}^{n-2} & {x_2}^{n-2} & \cdots & {x_{n-1}}^{n-2} \end{vmatrix}
$$

$$
= \prod_{1 \leqq j < n} (x_n - x_j) \begin{vmatrix} 1 & 1 & \cdots & 1 \\ x_1 & x_2 & \cdots & x_{n-1} \\ {x_1}^2 & {x_2}^2 & \cdots & {x_{n-1}}^2 \\ \vdots & \vdots & & \vdots \\ {x_1}^{n-2} & {x_2}^{n-2} & \cdots & {x_{n-1}}^{n-2} \end{vmatrix}.
$$

この最後の行列式の値は，帰納法の仮定によって

$$
\prod_{1 \leqq i < j < n} (x_j - x_i)
$$

に等しい．よって，最後の式の値は

$$
\prod_{1 \leqq j < n} (x_n - x_j) \times \prod_{1 \leqq i < j < n} (x_j - x_i) = \prod_{1 \leqq i < j \leqq n} (x_j - x_i)
$$

となって，求める値に一致する．　◆

▶**注**　実際に行列式の計算を行う場合には，この例題の解答のように，列に関する変形と行に関する変形を組み合わせて，実行することが多い．

《**研究**》 先に行列 A の転置行列 ${}^tA$ を定義したが，${}^t({}^tA) = A$ が成り立ち，さらに行列 A, B について積 AB が定義できる場合，

$$ {}^t(AB) = {}^tB\,{}^tA $$

が成り立つことがわかる（各自確かめよ）．

複素行列 $A = [\,a_{ij}\,]$ に対して，各成分 a_{ij} を共役複素数 $\bar{a}_{ij}$ に置き換えた行列を $\bar{A}$ と書く．さらに，$\bar{A}$ の転置行列を A^* で表し，A の**随伴行列**と呼ぶ．

$$ (A^*)^* = A, \qquad (AB)^* = B^*A^* $$

などが成り立つ（各自確かめよ）．

練習問題 5

1. 次の行列式の値を求めよ．

(1) $\begin{vmatrix} 1 & 1 & 1 & 1 \\ 1 & 2 & 1 & 1 \\ 1 & 1 & 3 & 1 \\ 1 & 1 & 1 & 4 \end{vmatrix}$ (2) $\begin{vmatrix} 1 & 1 & 1 & 1 \\ -2 & 2 & 2 & 2 \\ -3 & -3 & 3 & 3 \\ -4 & -4 & -4 & 4 \end{vmatrix}$

(3) $\begin{vmatrix} 1 & 2 & 3 & 4 \\ 2 & 3 & 4 & 1 \\ 3 & 4 & 1 & 2 \\ 4 & 1 & 2 & 3 \end{vmatrix}$ (4) $\begin{vmatrix} a & b & b & b \\ a & b & a & a \\ a & a & b & a \\ b & b & b & a \end{vmatrix}$

2. 次の等式が成り立つことを示せ．

(1) $\begin{vmatrix} a+b & b+c & c+a \\ b+c & c+a & a+b \\ c+a & a+b & b+c \end{vmatrix} = 2\begin{vmatrix} c & a & b \\ a & b & c \\ b & c & a \end{vmatrix}$

(2) $\begin{vmatrix} a+b & c & c \\ a & b+c & a \\ b & b & c+a \end{vmatrix} = 4abc$

3. 次の等式が成り立つことを示せ．

$|\,aI_n\,| = a^n, \qquad |\,aA\,| = a^m\,|\,A\,|$ （A は m 次の正方行列）

第6節　行列式の展開

6.1　行列式の展開

3次の行列式について次の等式の成り立つことが，サラスの方法で確かめられる（各自確かめよ）：

$$\begin{vmatrix} a_{11} & a_{12} & a_{13} \\ a_{21} & a_{22} & a_{23} \\ a_{31} & a_{32} & a_{33} \end{vmatrix} = a_{13}\begin{vmatrix} a_{21} & a_{22} \\ a_{31} & a_{32} \end{vmatrix} - a_{23}\begin{vmatrix} a_{11} & a_{12} \\ a_{31} & a_{32} \end{vmatrix} + a_{33}\begin{vmatrix} a_{11} & a_{12} \\ a_{21} & a_{22} \end{vmatrix},$$

$$\begin{vmatrix} a_{11} & a_{12} & a_{13} \\ a_{21} & a_{22} & a_{23} \\ a_{31} & a_{32} & a_{33} \end{vmatrix} = -a_{21}\begin{vmatrix} a_{12} & a_{13} \\ a_{32} & a_{33} \end{vmatrix} + a_{22}\begin{vmatrix} a_{11} & a_{13} \\ a_{31} & a_{33} \end{vmatrix} - a_{23}\begin{vmatrix} a_{11} & a_{12} \\ a_{31} & a_{32} \end{vmatrix}.$$

これらの等式においては，3次の行列式が2次の行列式によって表示されている．また，例題4.3および問4.8においては，特殊な形をした n 次の行列式が $n-1$ 次の行列式を使って表示できることが示された．

この節では，もっと一般に n 次の行列式を $n-1$ 次の行列式を使って表示する方法を学ぼう．

n 次の正方行列 $A=[\,a_{ij}\,]$ から，その第 i 行と第 j 列をとり除いて得られる $n-1$ 次の正方行列を A_{ij} と書くことにしよう．すなわち，

$$A_{ij} = \begin{bmatrix} a_{11} & \cdots & a_{1\,j-1} & a_{1\,j+1} & \cdots & a_{1n} \\ & \cdots\cdots\cdots & & & \cdots\cdots\cdots & \\ a_{i-1\,1} & \cdots & a_{i-1\,j-1} & a_{i-1\,j+1} & \cdots & a_{i-1\,n} \\ a_{i+1\,1} & \cdots & a_{i+1\,j-1} & a_{i+1\,j+1} & \cdots & a_{i+1\,n} \\ & \cdots\cdots\cdots & & & \cdots\cdots\cdots & \\ a_{n1} & \cdots & a_{n\,j-1} & a_{n\,j+1} & \cdots & a_{nn} \end{bmatrix}$$

さらに，この行列 A_{ij} の行列式を $|A_{ij}|$ と書くことにする．このような記号を使って，次の定理が成り立つことを示そう．

定理 6.1　n 次の正方行列 $A=[a_{ij}]$ について，次の 2 つの等式が成り立つ：

（1）　$$|A|=\sum_{i=1}^{n}(-1)^{i+j}a_{ij}|A_{ij}| \qquad (j=1,2,\cdots,n),$$

（2）　$$|A|=\sum_{j=1}^{n}(-1)^{i+j}a_{ij}|A_{ij}| \qquad (i=1,2,\cdots,n).$$

（1）を**第 j 列に関する余因子展開**，（2）を**第 i 行に関する余因子展開**という．

［**証明**］（1）の等式を証明しよう．行列 A の第 j 列ベクトルは

$$\begin{bmatrix} a_{1j} \\ a_{2j} \\ \vdots \\ \vdots \\ a_{nj} \end{bmatrix} = \begin{bmatrix} a_{1j} \\ 0 \\ \vdots \\ \vdots \\ 0 \end{bmatrix} + \begin{bmatrix} 0 \\ a_{2j} \\ 0 \\ \vdots \\ 0 \end{bmatrix} + \cdots + \begin{bmatrix} 0 \\ \vdots \\ \vdots \\ 0 \\ a_{nj} \end{bmatrix}$$

と n 個の列ベクトルの和に表せるから，定理 5.1（2）により，A の行列式は次の n 個の行列式の和になる：

$$(*) \qquad \begin{vmatrix} a_{11} & \cdots & a_{1\,j-1} & 0 & a_{1\,j+1} & \cdots & a_{1n} \\ \vdots & & \vdots & \vdots & \vdots & & \vdots \\ a_{i-1\,1} & \cdots & a_{i-1\,j-1} & 0 & a_{i-1\,j+1} & \cdots & a_{i-1\,n} \\ a_{i1} & \cdots & a_{i\,j-1} & a_{ij} & a_{i\,j+1} & \cdots & a_{in} \\ a_{i+1\,1} & \cdots & a_{i+1\,j-1} & 0 & a_{i+1\,j+1} & \cdots & a_{i+1\,n} \\ \vdots & & \vdots & \vdots & \vdots & & \vdots \\ a_{n1} & \cdots & a_{n\,j-1} & 0 & a_{n\,j+1} & \cdots & a_{nn} \end{vmatrix}$$

$$(i=1,2,\cdots,n).$$

次に，（*）の行列式について，第 i 行を順次それより下の行と入れ替え

て第 n 行に移し，続いて第 j 列を順次それより後ろの列と入れ替えて第 n 列に移す．この結果，定理5.2により，(＊)の行列式は次の行列式に $(-1)^{2n-i-j}$ を掛けた値に一致する：

$$
(**)\quad \left|\begin{array}{cccccc|c}
a_{11} & \cdots & a_{1\,j-1} & a_{1\,j+1} & \cdots & a_{1n} & 0 \\
\vdots & & \vdots & \vdots & & \vdots & \vdots \\
a_{i-1\,1} & \cdots & a_{i-1\,j-1} & a_{i-1\,j+1} & \cdots & a_{i-1\,n} & 0 \\
a_{i+1\,1} & \cdots & a_{i+1\,j-1} & a_{i+1\,j+1} & \cdots & a_{i+1\,n} & 0 \\
\vdots & & \vdots & \vdots & & \vdots & \vdots \\
a_{n1} & \cdots & a_{n\,j-1} & a_{n\,j+1} & \cdots & a_{nn} & 0 \\
\hline
a_{i1} & \cdots & a_{i\,j-1} & a_{i\,j+1} & \cdots & a_{in} & a_{ij}
\end{array}\right| \qquad (i = 1, 2, \cdots, n).
$$

この行列式(＊＊)に例題4.3を適用すると，行列式(＊＊)の値は

$$
a_{ij}\left|\begin{array}{cccccc}
a_{11} & \cdots & a_{1\,j-1} & a_{1\,j+1} & \cdots & a_{1n} \\
\vdots & & \vdots & \vdots & & \vdots \\
a_{i-1\,1} & \cdots & a_{i-1\,j-1} & a_{i-1\,j+1} & \cdots & a_{i-1\,n} \\
a_{i+1\,1} & \cdots & a_{i+1\,j-1} & a_{i+1\,j+1} & \cdots & a_{i+1\,n} \\
\vdots & & \vdots & \vdots & & \vdots \\
a_{n1} & \cdots & a_{n\,j-1} & a_{n\,j+1} & \cdots & a_{nn}
\end{array}\right|
$$

となる．この値は，$a_{ij}\,|\,A_{ij}\,|$ である．ここまでの計算と

$$(-1)^{2n-i-j} = (-1)^{i+j}$$

であることを使ってまとめると，

$$|\,A\,| = \sum_{i=1}^{n} (-1)^{i+j} a_{ij}\,|\,A_{ij}\,| \qquad (j = 1, 2, \cdots, n)$$

の成り立つことが示された．行と列の立場を入れ替えて計算すると，(2)の等式が示される(各自確かめよ)．　◇

▶**注**　ここに示した余因子展開の式は，行列式を計算する際の重要な公式である．符号の変化を込めて，間違わずに計算できるように慎重に計算しよう．

例題 6.1 次の等式が成り立つことを示せ．

$$\begin{vmatrix} a & b & 0 & \cdots\cdots\cdots & & & 0 \\ 0 & a & b & 0 & & \cdots\cdots & 0 \\ 0 & 0 & a & b & 0 & \cdots & 0 \\ \vdots & \vdots & \ddots & \ddots & \ddots & \ddots & \vdots \\ 0 & 0 & \cdots & 0 & a & b & 0 \\ 0 & 0 & \cdots\cdots & & 0 & a & b \\ b & 0 & \cdots\cdots\cdots & & & 0 & a \end{vmatrix} = a^n + (-1)^{n+1} b^n$$

ここで n は行列式の次数である．

【解答】 第 1 列で余因子展開すると，この行列式の値は

$$a \begin{vmatrix} a & b & 0 & \cdots\cdots & & 0 \\ 0 & a & b & 0 & \cdots & 0 \\ \vdots & \ddots & \ddots & \ddots & \ddots & \vdots \\ 0 & \cdots & 0 & a & b & 0 \\ 0 & \cdots\cdots & & 0 & a & b \\ 0 & \cdots\cdots\cdots & & & 0 & a \end{vmatrix} + (-1)^{n+1} b \begin{vmatrix} b & 0 & \cdots\cdots\cdots & & & 0 \\ a & b & 0 & & \cdots\cdots & 0 \\ 0 & a & b & 0 & \cdots & 0 \\ \vdots & \ddots & \ddots & \ddots & \ddots & \vdots \\ 0 & \cdots & 0 & a & b & 0 \\ 0 & \cdots\cdots\cdots & & 0 & a & b \end{vmatrix}$$

となり，三角行列の行列式で表示される．したがって，この式の値は

$$a^n + (-1)^{n+1} b^n$$

となる． ◆

この例題では，1 回の余因子展開のみで結果が出せたが，一般的には基本的性質による変形と余因子展開を組み合わせた計算を何回か行って求めることが多い．

すなわち，余因子展開をする行または列に 0 が多いほど計算が楽になるので，まず基本性質を使って 0 の数を増やすことを実行するのである．

実例によって，それを示そう．

例題 6.2　次の行列式を計算せよ．

$$\begin{vmatrix} 3 & 1 & 2 & -3 \\ -2 & 3 & -5 & 2 \\ 5 & 2 & -1 & 3 \\ 1 & 5 & 4 & 2 \end{vmatrix}$$

【解答】

$$\begin{vmatrix} 3 & 1 & 2 & -3 \\ -2 & 3 & -5 & 2 \\ 5 & 2 & -1 & 3 \\ 1 & 5 & 4 & 2 \end{vmatrix}$$

●第1列に第2列の -3 倍を加える
●第3列に第2列の -2 倍を加える
●第4列に第2列の3倍を加える

$$= \begin{vmatrix} 0 & 1 & 0 & 0 \\ -11 & 3 & -11 & 11 \\ -1 & 2 & -5 & 9 \\ -14 & 5 & -6 & 17 \end{vmatrix}$$

●第1行で余因子展開する

$$= -\begin{vmatrix} -11 & -11 & 11 \\ -1 & -5 & 9 \\ -14 & -6 & 17 \end{vmatrix}$$

●第1列と第2列に第3列を加える

$$= -\begin{vmatrix} 0 & 0 & 11 \\ 8 & 4 & 9 \\ 3 & 11 & 17 \end{vmatrix}$$

●第1行で余因子展開する

$$= -11\begin{vmatrix} 8 & 4 \\ 3 & 11 \end{vmatrix} = -836.$$ ◆

問 6.1　次の行列式を計算せよ．

(1) $\begin{vmatrix} 3 & 1 & -2 & 3 \\ -5 & 3 & 1 & -2 \\ 4 & 2 & 3 & 6 \\ 1 & -4 & -1 & 9 \end{vmatrix}$　　(2) $\begin{vmatrix} 1 & 2 & 3 & 4 \\ 2 & 3 & 4 & 5 \\ 1 & 3 & 4 & 2 \\ 4 & 5 & 2 & 3 \end{vmatrix}$

定理 6.2 n 次の正方行列 $A=[\,a_{ij}\,]$ について，次の 2 つの等式が成り立つ：

(1) $$\sum_{i=1}^{n}(-1)^{i+j}a_{ik}\,|\,A_{ij}\,|=\delta_{kj}\,|\,A\,| \qquad (j=1,2,\cdots,n),$$

(2) $$\sum_{j=1}^{n}(-1)^{i+j}a_{kj}\,|\,A_{ij}\,|=\delta_{ki}\,|\,A\,| \qquad (i=1,2,\cdots,n).$$

ここに，δ_{kj} は**クロネッカーのデルタ**と呼ばれ，$k=j$ ならば 1 であり，$k\neq j$ ならば 0 の値をとるという記号である．

[**証明**] (1) において $k=j$ の場合 および (2) において $k=i$ の場合が，定理 6.1 の (1), (2) にあたる．よって，$k\neq j$ の場合の (1) および $k\neq i$ の場合の (2) を示せばよい．

定理 6.1 の (1) と比較すると，本定理の (1) の左辺の値は次の行列式の値に一致することがわかる（各自確かめよ）：

$$\begin{vmatrix} a_{11} & \cdots & a_{1\,j-1} & a_{1k} & a_{1\,j+1} & \cdots & a_{1n} \\ \vdots & & \vdots & \vdots & \vdots & & \vdots \\ a_{i1} & \cdots & a_{i\,j-1} & a_{ik} & a_{i\,j+1} & \cdots & a_{in} \\ \vdots & & \vdots & \vdots & \vdots & & \vdots \\ a_{n1} & \cdots & a_{n\,j-1} & a_{nk} & a_{n\,j+1} & \cdots & a_{nn} \end{vmatrix}.$$

$k\neq j$ の場合，k 列と j 列が等しい行列の行列式になっているので，値は 0 である．よって (1) の場合が示された．

全く同じように，定理 6.1 の (2) と比較すると，本定理の (2) の左辺の値は，$k\neq i$ の場合には k 行と i 行が等しい行列の行列式になっているので，値は 0 である．よって (2) の場合も示された． ◇

▶**注** クロネッカーのデルタは便利な記号である．例えば，次式が成り立つ：

$$\sum_{i=1}^{n}\delta_{ik}=1,\quad \sum_{i=1}^{n}\delta_{ik}\delta_{ij}=\delta_{kj} \qquad (1\leqq k,j\leqq n).$$

6.2 積の行列式

n 次の正方行列 A, B について，積 AB の行列式を A, B の行列式で表示することを考えてみよう．

$A = [\, a_{ij} \,] = [\, A_{\bullet 1}, A_{\bullet 2}, \cdots, A_{\bullet n} \,]$，$B = [\, b_{ij} \,]$ とする．このとき，積 AB の第 j 列ベクトルは次のように表示できる：

$$\begin{bmatrix} \sum_{k=1}^{n} a_{1k} b_{kj} \\ \sum_{k=1}^{n} a_{2k} b_{kj} \\ \vdots \\ \sum_{k=1}^{n} a_{nk} b_{kj} \end{bmatrix} = \sum_{k=1}^{n} b_{kj} A_{\bullet k} .$$

> **定理 6.3** n 次の正方行列 A, B について，次が成り立つ：
> $$|\, AB \,| = |\, A \,|\,|\, B \,| .$$

［**証明**］ まず，定理 5.1 を繰り返し使うと

$$\begin{aligned} |\, AB \,| &= D[\, \sum_{k_1=1}^{n} b_{k_1 1} A_{\bullet k_1}, \ \cdots, \ \sum_{k_n=1}^{n} b_{k_n n} A_{\bullet k_n} \,] \\ &= \sum_{(k_1, \dots, k_n)} b_{k_1 1} \cdots b_{k_n n} \, D[\, A_{\bullet k_1}, \cdots, A_{\bullet k_n} \,] \end{aligned}$$

と変形できる．この最後の和の記号は $k_1, \cdots, k_n$ をそれぞれ 1 から n まで動かした和をとるという意味である．$k_1, \cdots, k_n$ の中に同じ数が現れれば，定理 5.2 の系 1 により，

$$D[\, A_{\bullet k_1}, \cdots, A_{\bullet k_n} \,] = 0 .$$

したがって，$k_1, \cdots, k_n$ がすべて異なる場合についての和を考えればよいことになる．この場合，n 文字の置換 σ を使って，$k_j = \sigma(j)$ $(\, j = 1, \cdots, n \,)$ と表せるので，

$$|\, AB \,| = \sum_{\sigma} b_{\sigma(1)1} \cdots b_{\sigma(n)n} \, D[\, A_{\bullet \sigma(1)}, \cdots, A_{\bullet \sigma(n)} \,]$$

となる．ここで，定理 5.2 を使うと，

$$D[\,A_{\bullet\sigma(1)}\,,\cdots,A_{\bullet\sigma(n)}\,] = \mathrm{sgn}(\sigma)\,D[\,A_{\bullet 1}\,,\cdots,A_{\bullet n}\,]$$

だから，

$$\begin{aligned}|\,AB\,| &= \sum_{\sigma}\mathrm{sgn}(\sigma)\,b_{\sigma(1)1}\cdots b_{\sigma(n)n}\,D[\,A_{\bullet 1}\,,\cdots,A_{\bullet n}\,]\\ &= D[\,A_{\bullet 1}\,,\cdots,A_{\bullet n}\,]\,\sum_{\sigma}\mathrm{sgn}(\sigma)\,b_{\sigma(1)1}\cdots b_{\sigma(n)n}\\ &= |\,A\,|\,|\,B\,|.\quad \diamondsuit\end{aligned}$$

第 3 節において，正方行列が逆行列をもつ場合に正則行列と呼ぶことを学んでいる．すなわち，n 次の正方行列 A は，

$$AB = BA = I_n \qquad (\text{単位行列})$$

となる行列 B が存在する場合に，正則行列と呼ばれるのであった．単位行列の行列式の値は 1 だから，

$$|\,A\,|\,|\,B\,| = |\,B\,|\,|\,A\,| = 1$$

となる．とくに，<u>正則行列の行列式の値は 0 でない</u>ことがわかる．

次節において，逆に行列式の値が 0 でなければ，その行列は正則行列になることを示そう．

［定理 6.3 の別証明］　n 次の正方行列 A, B，零行列 O および単位行列 I_n を使うと，$2n$ 次の行列式として，次の等式が成り立つ：

$$(*)\qquad \begin{vmatrix} B & -I_n \\ O & A \end{vmatrix} \overset{①}{=} \begin{vmatrix} O & -I_n \\ AB & A \end{vmatrix} \overset{②}{=} \begin{vmatrix} AB & A \\ O & I_n \end{vmatrix}.$$

実際，行列式の基本的性質による変形を次のように行えばよい．

①：　$k = 1, 2, \cdots, n$ に対して，順次 $n + k$ 列の b_{kj} 倍を第 j 列に加える．

②：　第 1 行から第 n 行までについて，それぞれ -1 をくくり出し，続いて第 1 行から第 n 行までと，第 $n + 1$ 行から第 $2n$ 行までを順次入れ替える．

一方，行列式の定義から直接，次の等式が示される．ただし，C, D は正方行列とする：

$$\begin{vmatrix} C & * \\ O & D \end{vmatrix} = |\,C\,| \times |\,D\,|.$$

$(*)$ の両端の行列式に，この結果を当てはめると，$|\,A\,| \times |\,B\,| = |\,AB\,|$.　◇

例題 6.3 行列

$$A = \begin{bmatrix} a & b & c & d \\ -b & a & -d & c \\ -c & d & a & -b \\ -d & -c & b & a \end{bmatrix}$$

について，転置行列 ${}^tA$ との積を計算して，行列式 $|A|$ の値を求めよ.

【解答】

$$A\,{}^tA = \begin{bmatrix} a & b & c & d \\ -b & a & -d & c \\ -c & d & a & -b \\ -d & -c & b & a \end{bmatrix}\begin{bmatrix} a & -b & -c & -d \\ b & a & d & -c \\ c & -d & a & b \\ d & c & -b & a \end{bmatrix}$$

$$= (a^2+b^2+c^2+d^2)\begin{bmatrix} 1 & 0 & 0 & 0 \\ 0 & 1 & 0 & 0 \\ 0 & 0 & 1 & 0 \\ 0 & 0 & 0 & 1 \end{bmatrix}.$$

よって，練習問題5，**3** より

$$|A|^2 = |A\,{}^tA| = (a^2+b^2+c^2+d^2)^4$$

$$\therefore \quad |A| = \pm(a^2+b^2+c^2+d^2)^2.$$

一方，行列式の定義により $|A|$ は a, b, c, d についての多項式になり，a, b, c, d について連続的に変化することがわかっている．とくに，$b=c=d=0$ の場合，$|A| = a^4$ であるから，

$$|A| = (a^2+b^2+c^2+d^2)^2. \quad ◆$$

問 6.2 次の行列 A に対して，

$$A = \begin{bmatrix} 0 & c & b \\ c & 0 & a \\ b & a & 0 \end{bmatrix}, \qquad A^2 = \begin{bmatrix} b^2+c^2 & ab & ca \\ ab & c^2+a^2 & bc \\ ca & bc & a^2+b^2 \end{bmatrix}$$

となることを確かめ，行列式 $|A^2|$ の値を求めよ.

練習問題 6

1. 次の等式を証明せよ.

（1）
$$\begin{vmatrix} 1+a^2 & ab & ac & ad \\ ba & 1+b^2 & bc & bd \\ ca & cb & 1+c^2 & cd \\ da & db & dc & 1+d^2 \end{vmatrix} = 1+a^2+b^2+c^2+d^2$$

（2）
$$\begin{vmatrix} a & -b & -a & b \\ b & a & -b & -a \\ c & -d & c & -d \\ d & c & d & c \end{vmatrix} = 4(a^2+b^2)(c^2+d^2)$$

2. n 次の正方行列

$$A_n(x) = \begin{bmatrix} 1+x^2 & x & & & & \Large 0 \\ x & 1+x^2 & x & & & \\ & \ddots & \ddots & \ddots & & \\ & & \ddots & \ddots & \ddots & \\ & & & x & 1+x^2 & x \\ \Large 0 & & & & x & 1+x^2 \end{bmatrix}$$

の行列式の値が

$$1+x^2+x^4+\cdots+x^{2n-2}+x^{2n}$$

となることを証明せよ.

第 7 節　クラメールの公式

7.1　クラメールの公式

第 3 節で考察したように，A が n 次の正則行列であれば，任意の n 項列ベクトル $\boldsymbol{b}$ に対して，連立 1 次方程式 $A\boldsymbol{x} = \boldsymbol{b}$ はただ 1 つの解 $\boldsymbol{x} = A^{-1}\boldsymbol{b}$ をもつことがわかっている．この解を行列式を用いて表示してみよう．

$A = [\,a_{ij}\,] = [\,A_{\bullet 1}, \cdots, A_{\bullet n}\,]$ を n 次の正方行列とし，　$\boldsymbol{x} = \begin{bmatrix} x_1 \\ x_2 \\ \vdots \\ x_n \end{bmatrix}$，$\boldsymbol{b} = \begin{bmatrix} b_1 \\ b_2 \\ \vdots \\ b_n \end{bmatrix}$

とする．

定理 7.1　$A\boldsymbol{x} = \boldsymbol{b}$ ならば，各 $j = 1, 2, \cdots, n$ について

$$D[\,A_{\bullet 1}, \cdots, A_{\bullet j-1}, \boldsymbol{b}, A_{\bullet j+1}, \cdots, A_{\bullet n}\,] = x_j\,|\,A\,|$$

となる．とくに，$|\,A\,| \neq 0$ ならば，各 $j = 1, 2, \cdots, n$ について

$$x_j = |\,A\,|^{-1}\,D[\,A_{\bullet 1}, \cdots, A_{\bullet j-1}, \boldsymbol{b}, A_{\bullet j+1}, \cdots, A_{\bullet n}\,].$$

これを**クラメールの公式**という．

［**証明**］　第 3 節で考察したように，$A\boldsymbol{x} = \boldsymbol{b}$ が成り立つことを書き替えると次のようになる：

$$\boldsymbol{b} = x_1 A_{\bullet 1} + x_2 A_{\bullet 2} + \cdots + x_n A_{\bullet n}.$$

行列式　$D[\,A_{\bullet 1}, \cdots, A_{\bullet j-1}, \boldsymbol{b}, A_{\bullet j+1}, \cdots, A_{\bullet n}\,]$　の $\boldsymbol{b}$ を上の表示に置き換えて，定理 5.1 および定理 5.2 の系 1 を使って変形すると

$$\begin{aligned} &D[\,A_{\bullet 1}, \cdots, A_{\bullet j-1}, \boldsymbol{b}, A_{\bullet j+1}, \cdots, A_{\bullet n}\,] \\ &\quad = \sum_{k=1}^{n} x_k\, D[\,A_{\bullet 1}, \cdots, A_{\bullet j-1}, A_{\bullet k}, A_{\bullet j+1}, \cdots, A_{\bullet n}\,] \\ &\quad = x_j\, D[\,A_{\bullet 1}, \cdots, A_{\bullet j-1}, A_{\bullet j}, A_{\bullet j+1}, \cdots, A_{\bullet n}\,]. \qquad \diamondsuit \end{aligned}$$

例題 7.1　クラメールの公式を用いて，次の連立1次方程式を解け．

$$\begin{cases} 2x + 2y + 3z = 6 \\ 2x + y + 5z = 7 \\ 3x - 2y - 2z = 8 \end{cases}$$

【解答】　$A_{\bullet 1} = \begin{bmatrix} 2 \\ 2 \\ 3 \end{bmatrix}$，$A_{\bullet 2} = \begin{bmatrix} 2 \\ 1 \\ -2 \end{bmatrix}$，$A_{\bullet 3} = \begin{bmatrix} 3 \\ 5 \\ -2 \end{bmatrix}$，$\boldsymbol{b} = \begin{bmatrix} 6 \\ 7 \\ 8 \end{bmatrix}$　とすれば，

$$|A| = D[A_{\bullet 1}, A_{\bullet 2}, A_{\bullet 3}] = \begin{vmatrix} 2 & 2 & 3 \\ 2 & 1 & 5 \\ 3 & -2 & -2 \end{vmatrix} = 33,$$

$$D[\boldsymbol{b}, A_{\bullet 2}, A_{\bullet 3}] = \begin{vmatrix} 6 & 2 & 3 \\ 7 & 1 & 5 \\ 8 & -2 & -2 \end{vmatrix} = 90,$$

$$D[A_{\bullet 1}, \boldsymbol{b}, A_{\bullet 3}] = \begin{vmatrix} 2 & 6 & 3 \\ 2 & 7 & 5 \\ 3 & 8 & -2 \end{vmatrix} = -9,$$

$$D[A_{\bullet 1}, A_{\bullet 2}, \boldsymbol{b}] = \begin{vmatrix} 2 & 2 & 6 \\ 2 & 1 & 7 \\ 3 & -2 & 8 \end{vmatrix} = 12.$$

よって，クラメールの公式から

$$x = \frac{90}{33} = \frac{30}{11}, \qquad y = \frac{-9}{33} = \frac{-3}{11}, \qquad z = \frac{12}{33} = \frac{4}{11}. \qquad ◆$$

問 7.1　クラメールの公式を用いて，次の連立1次方程式を解け．

（1）$\begin{cases} 9x + 13y + 10z = 1 \\ 7x + 9y + 6z = 2 \\ 5x + 7y + 4z = 3 \end{cases}$　　（2）$\begin{cases} 2x - 5y + 3z = 4 \\ x + 2y + 2z = 3 \\ 3x - 2y - z = 2 \end{cases}$

定理 7.2 $A = [\, a_{ij} \,]$ を n 次の正方行列とする．A が正則行列であるための必要十分条件は，$|\, A \,| \neq 0$ なることである．さらに，$|\, A \,| \neq 0$ なる場合，A の逆行列 A^{-1} は次の公式で与えられる：

$$A^{-1} = |\, A \,|^{-1} \begin{bmatrix} \alpha_{11} & \alpha_{21} & \cdots & \alpha_{n1} \\ \alpha_{12} & \alpha_{22} & \cdots & \alpha_{n2} \\ \vdots & \vdots & & \vdots \\ \alpha_{1n} & \alpha_{2n} & \cdots & \alpha_{nn} \end{bmatrix}.$$

ここに，$\alpha_{ij} = (-1)^{i+j} |\, A_{ij} \,|$ であり，A_{ij} は A から i 行と j 列を除いた $n-1$ 次の正方行列である．α_{ij} を A における a_{ij} の**余因子**という．

［**証明**］ A が正則行列ならば，$|\, A \,| \neq 0$ であることは，定理6.3を使って示してある．逆に，$|\, A \,| \neq 0$ であると仮定しよう．定理6.2により，

$$\sum_{i=1}^{n} a_{ik} |\, A \,|^{-1} \alpha_{ij} = \delta_{kj}\,, \qquad \sum_{j=1}^{n} a_{kj} |\, A \,|^{-1} \alpha_{ij} = \delta_{ki}\,.$$

ここで，n 次の正方行列 $B = [\, b_{ij} \,]$ を，$b_{ij} = |\, A \,|^{-1} \alpha_{ji}$ により定義すると，上の 2 式はそれぞれ $BA = I_n$，$AB = I_n$ を意味している．よって，$|\, A \,|^{-1} \alpha_{ji}$ を (i, j)-成分にもつ行列 B が A の逆行列になる． ◇

系 正方行列 A に対して，連立 1 次方程式 $A\boldsymbol{x} = \boldsymbol{0}$ が自明でない解（$\boldsymbol{x} \neq \boldsymbol{0}$ なる解）をもつための必要十分条件は $|\, A \,| = 0$ なることである．

［**証明**］ A が正則であれば，$A\boldsymbol{x} = \boldsymbol{0}$ の解は $\boldsymbol{x} = A^{-1}\boldsymbol{0} = \boldsymbol{0}$ となるので，自明でない解をもてば，$|\, A \,| = 0$ である．

逆に $|\, A \,| = 0$ ならば，A は正則でなく，定理3.1により，A の列ベクトルの組 $\{ A_{\bullet 1}, \cdots, A_{\bullet n} \}$ は 1 次従属であり，$x_1 A_{\bullet 1} + \cdots + x_n A_{\bullet n} = \boldsymbol{0}$ を満たすどれかが 0 と異なる数 $x_1, \cdots, x_n$ が存在する．

よって，$A\boldsymbol{x} = \boldsymbol{0}$ が自明でない解をもつ． ◇

例題 7.2 余因子を計算することにより，次の行列の逆行列を求めよ．

$$A = \begin{bmatrix} 1 & 4 & 3 \\ 1 & 1 & 1 \\ 3 & 2 & 1 \end{bmatrix}$$

【解答】 $|A| = 4$ である．余因子は

$$\alpha_{11} = \begin{vmatrix} 1 & 1 \\ 2 & 1 \end{vmatrix} = -1, \quad \alpha_{12} = -\begin{vmatrix} 1 & 1 \\ 3 & 1 \end{vmatrix} = 2, \quad \alpha_{13} = \begin{vmatrix} 1 & 1 \\ 3 & 2 \end{vmatrix} = -1,$$

$$\alpha_{21} = -\begin{vmatrix} 4 & 3 \\ 2 & 1 \end{vmatrix} = 2, \quad \alpha_{22} = \begin{vmatrix} 1 & 3 \\ 3 & 1 \end{vmatrix} = -8, \quad \alpha_{23} = -\begin{vmatrix} 1 & 4 \\ 3 & 2 \end{vmatrix} = 10,$$

$$\alpha_{31} = \begin{vmatrix} 4 & 3 \\ 1 & 1 \end{vmatrix} = 1, \quad \alpha_{32} = -\begin{vmatrix} 1 & 3 \\ 1 & 1 \end{vmatrix} = 2, \quad \alpha_{33} = \begin{vmatrix} 1 & 4 \\ 1 & 1 \end{vmatrix} = -3.$$

したがって，逆行列 A^{-1} は

$$A^{-1} = \frac{1}{4}\begin{bmatrix} -1 & 2 & 1 \\ 2 & -8 & 2 \\ -1 & 10 & -3 \end{bmatrix}. \quad ◆$$

問 7.2 余因子を計算して，次の行列の逆行列を求めよ．

（1） $\begin{bmatrix} 1 & 0 & 1 \\ 2 & 1 & 0 \\ 3 & 1 & 4 \end{bmatrix}$ （2） $\begin{bmatrix} 1 & 1 & 1 \\ 0 & 1 & 1 \\ 1 & 0 & 2 \end{bmatrix}$

（3） $\begin{bmatrix} 0 & 0 & 1 \\ 0 & 2 & 3 \\ 4 & 5 & 6 \end{bmatrix}$ （4） $\begin{bmatrix} 1 & 2 & 3 \\ 4 & 5 & 0 \\ 6 & 0 & 0 \end{bmatrix}$

▶**注** 行列式が 0 でないならば，正則行列になる（定理 7.2）ことを示す際には，余因子の利用価値があるが，高次の行列の逆行列を求めるには，一般的には第 3 節で紹介したように，掃き出し法を使って計算するほうが容易である．

7.2 図形と行列式

平面図形と行列式　xy -平面における直線の方程式は定数 a, b, c を使って

$$ax + by + c = 0, \qquad [a, b] \neq [0, 0]$$

と表示される．3点 (x_1, y_1), (x_2, y_2), (x_3, y_3) が，同一直線上にあれば，a, b, c を未知数とする連立1次方程式

$$\text{(a)} \qquad \begin{cases} ax_1 + by_1 + c = 0 \\ ax_2 + by_2 + c = 0 \\ ax_3 + by_3 + c = 0 \end{cases}$$

が自明でない解をもつので，定理7.2の系により

$$(7.1) \qquad \begin{vmatrix} x_1 & y_1 & 1 \\ x_2 & y_2 & 1 \\ x_3 & y_3 & 1 \end{vmatrix} = 0$$

となる．逆に，(7.1) が成り立てば，連立1次方程式（a）が自明でない解をもつことも，定理7.2の系によりわかる．

よって，3点 $(x_1, y_1), (x_2, y_2), (x_3, y_3)$ が，同一直線上にある必要十分条件は，(7.1) が成り立つことである．

ここで，x, y についての方程式

$$(7.2) \qquad \begin{vmatrix} x & y & 1 \\ x_1 & y_1 & 1 \\ x_2 & y_2 & 1 \end{vmatrix} = 0$$

について考えてみよう．第1行について展開すると，

$$(y_1 - y_2)x + (x_2 - x_1)y + (x_1 y_2 - x_2 y_1) = 0 .$$

2点 $(x_1, y_1), (x_2, y_2)$ が異なれば，上の方程式の x, y の係数のどちらかは0でない．この場合，(7.2) は直線の方程式を表し，行列式の性質から，(7.2) は2点 $(x_1, y_1), (x_2, y_2)$ を通ることがわかる．よって，(7.2) は異なる2点 $(x_1, y_1), (x_2, y_2)$ を通る直線の方程式である．

xy-平面における円の方程式は一般に定数 a, b, c, d を使って

$$a(x^2+y^2)+bx+cy+d=0 \qquad (a\neq 0)$$

と表示される．

4点 $(x_1, y_1), (x_2, y_2), (x_3, y_3), (x_4, y_4)$ が，同一円上にあれば，a, b, c, d を未知数とする連立1次方程式

$$\text{(b)} \qquad \begin{cases} a({x_1}^2+{y_1}^2)+bx_1+cy_1+d=0 \\ a({x_2}^2+{y_2}^2)+bx_2+cy_2+d=0 \\ a({x_3}^2+{y_3}^2)+bx_3+cy_3+d=0 \\ a({x_4}^2+{y_4}^2)+bx_4+cy_4+d=0 \end{cases}$$

が自明でない解をもつので，定理7.2の系により

$$(7.3) \qquad \begin{vmatrix} {x_1}^2+{y_1}^2 & x_1 & y_1 & 1 \\ {x_2}^2+{y_2}^2 & x_2 & y_2 & 1 \\ {x_3}^2+{y_3}^2 & x_3 & y_3 & 1 \\ {x_4}^2+{y_4}^2 & x_4 & y_4 & 1 \end{vmatrix} = 0$$

となる．逆に，(7.3) が成り立てば，連立1次方程式 (b) が自明でない解をもつことも，定理7.2の系によりわかる．

よって，4点 $(x_1, y_1), (x_2, y_2), (x_3, y_3), (x_4, y_4)$ が，同一円上にある必要十分条件は，(7.3) が成り立つことである．

ここで，x, y についての方程式

$$(7.4) \qquad \begin{vmatrix} x^2+y^2 & x & y & 1 \\ {x_1}^2+{y_1}^2 & x_1 & y_1 & 1 \\ {x_2}^2+{y_2}^2 & x_2 & y_2 & 1 \\ {x_3}^2+{y_3}^2 & x_3 & y_3 & 1 \end{vmatrix} = 0$$

について考えてみよう．第1行について展開すると次の形に表示できる：

$$A(x^2+y^2)+Bx+Cy+D=0\,.$$

ただし, $A=\begin{vmatrix} x_1 & y_1 & 1 \\ x_2 & y_2 & 1 \\ x_3 & y_3 & 1 \end{vmatrix}$ であり，B, C, D も x_i, y_i から定まる定数である．

先の考察により，３点 $(x_1, y_1), (x_2, y_2), (x_3, y_3)$ が同一直線上になければ，$A \neq 0$ になる．この場合，(7.4) は円の方程式を表し，行列式の性質から，$(x_1, y_1), (x_2, y_2), (x_3, y_3)$ はこの円上にある．

よって，(7.4) は同一直線上にない３点 $(x_1, y_1), (x_2, y_2), (x_3, y_3)$ を通る円の方程式である．

次に，３頂点 A, B, C の座標を用いて三角形の面積を表示してみよう．$\mathrm{A}(a_1, a_2)$，$\mathrm{B}(b_1, b_2)$，$\mathrm{C}(c_1, c_2)$ とすれば，

(7.5) $$\triangle \mathrm{ABC}\text{の面積} = \frac{1}{2}\begin{vmatrix} a_1 & a_2 & 1 \\ b_1 & b_2 & 1 \\ c_1 & c_2 & 1 \end{vmatrix}$$

となることを示そう．

ただし，△ABC の面積は３頂点 A, B, C がこの順に時計の針の動きと反対に並んでいる場合に正の値，時計の針の動きと同じに並んでいる場合に負の値をとるものとする．

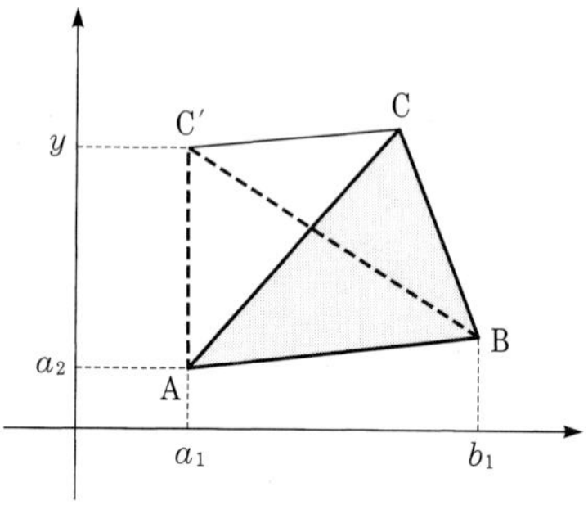

面積を計算しやすくするため，２点 A, B を通る直線に平行な点 C を通る直線上に点 C′ を，２点 A, C′ の x 座標が等しくなるようにとる．点 C′ の y 座標は

$$y = c_2 + \frac{(b_2 - a_2)(a_1 - c_1)}{b_1 - a_1} \qquad ①$$

となる（各自確かめよ）．このとき，

$$\triangle \mathrm{ABC}\text{の面積} = \triangle \mathrm{ABC'}\text{の面積} = \frac{(y - a_2)(b_1 - a_1)}{2}.$$

右辺に ① を代入してまとめると，(7.5) の成り立つことがわかる．

空間図形と行列式　xyz-空間における平面の方程式は一般に定数 a, b, c, d を使って次のように表される：

$$ax + by + cz + d = 0, \qquad [a, b, c] \neq [0, 0, 0]$$

例題 7.3　4点 (x_j, y_j, z_j) ($j = 1, 2, 3, 4$) が同一平面上にあるための必要十分条件は

$$(*) \qquad \begin{vmatrix} x_1 & y_1 & z_1 & 1 \\ x_2 & y_2 & z_2 & 1 \\ x_3 & y_3 & z_3 & 1 \\ x_4 & y_4 & z_4 & 1 \end{vmatrix} = 0$$

が成り立つことである．これを示せ．

【解答】　4点 (x_j, y_j, z_j) ($j = 1, 2, 3, 4$) が同一平面

$$ax + by + cz + d = 0, \qquad [a, b, c] \neq [0, 0, 0]$$

上にあれば，a, b, c, d についての連立1次方程式

$$(**) \qquad \begin{cases} ax_1 + by_1 + cz_1 + d = 0 \\ ax_2 + by_2 + cz_2 + d = 0 \\ ax_3 + by_3 + cz_3 + d = 0 \\ ax_4 + by_4 + cz_4 + d = 0 \end{cases}$$

が自明でない解をもつ．よって，$(*)$ が成り立つ．逆に $(*)$ が成り立つ場合には $(**)$ が自明でない解をもつ．よって，この4点は同一平面上にある．いずれも，定理7.2の系により確かめられる．　◆

xyz-空間の点 (x, y, z) を，xy-平面の点 (x, y) に写す対応を，xy-平面への**正射影**という．同様に，yz-平面への正射影，xz-平面への正射影がある．

xyz-空間の3点 (x_j, y_j, z_j) ($j = 1, 2, 3$) が一直線上に並んでいれば，xy-平面へ正射影した3点 (x_j, y_j) ($j = 1, 2, 3$) も一直線上に並ぶ．yz-平面および xz-平面へ正射影した場合も同様である．

よって，(7.1) により

$$\begin{vmatrix} x_1 & y_1 & 1 \\ x_2 & y_2 & 1 \\ x_3 & y_3 & 1 \end{vmatrix} = 0, \quad \begin{vmatrix} y_1 & z_1 & 1 \\ y_2 & z_2 & 1 \\ y_3 & z_3 & 1 \end{vmatrix} = 0, \quad \begin{vmatrix} x_1 & z_1 & 1 \\ x_2 & z_2 & 1 \\ x_3 & z_3 & 1 \end{vmatrix} = 0$$

が成り立つ.

逆に，この3つの等式が成り立てば，xyz-空間の3点 (x_j, y_j, z_j) ($j = 1, 2, 3$) が一直線上に並ぶこともわかる（各自確かめよ）.

このような考察の下に，x, y, z についての方程式

$$(7.6) \qquad \begin{vmatrix} x & y & z & 1 \\ x_1 & y_1 & z_1 & 1 \\ x_2 & y_2 & z_2 & 1 \\ x_3 & y_3 & z_3 & 1 \end{vmatrix} = 0$$

を考えてみよう．先の考察から，3点 (x_j, y_j, z_j) ($j = 1, 2, 3$) が一直線上に並んでいなければ，方程式 (7.6) の x, y, z の係数の中に0でないものが存在することになり，この場合 (7.6) は平面の方程式になる．さらに行列式の性質から，3点 (x_j, y_j, z_j) ($j = 1, 2, 3$) はこの平面上にあることがわかる.

よって，(7.6) は一直線上にない3点 (x_j, y_j, z_j) ($j = 1, 2, 3$) が張る平面の方程式である.

《**参考**》 先に三角形の面積を3頂点の座標を用いて行列式で表示したが，四面体の体積は4頂点の座標 (a_j, b_j, c_j) ($j = 1, 2, 3, 4$) を用いて

$$\frac{1}{6}\begin{vmatrix} a_1 & b_1 & c_1 & 1 \\ a_2 & b_2 & c_2 & 1 \\ a_3 & b_3 & c_3 & 1 \\ a_4 & b_4 & c_4 & 1 \end{vmatrix}$$

と表示される.

練習問題 7

1. クラメールの公式を用いて，次の連立 1 次方程式を解け．

（1） $\begin{cases} 9x + 13y + 10z = 4 \\ 7x + \ \ 9y + \ \ 6z = 2 \\ 5x + \ \ 7y + \ \ 4z = 1 \end{cases}$ （2） $\begin{cases} 2x - 5y + 3z = 1 \\ x + 2y + 2z = 3 \\ 3x - 2y - \ \ z = 5 \end{cases}$

（3） $\begin{cases} 3x + 8y - 2z = 5 \\ 9x + 5y - 7z = 4 \\ 4x + 5y - 3z = 3 \end{cases}$ （4） $\begin{cases} -x + 4y - 2z = 1 \\ 3x - 9y + \ \ z = 2 \\ 2x - 6y + 5z = 3 \end{cases}$

2. 余因子を計算して，次の行列の逆行列を求めよ．

（1） $\begin{bmatrix} 1 & 3 & 1 \\ 2 & 2 & 3 \\ 1 & 4 & 2 \end{bmatrix}$ （2） $\begin{bmatrix} 1 & 0 & 1 \\ 0 & 1 & 1 \\ 1 & 1 & 1 \end{bmatrix}$

3. xyz -空間において，球面の方程式は一般に定数 a, b, c, d, e を使って

$$a(x^2 + y^2 + z^2) + bx + cy + dz + e = 0 \qquad (a \neq 0)$$

と表示される．同一平面上にない 4 点 (x_j, y_j, z_j) （$j = 1, 2, 3, 4$）を通る球面の方程式は

$$\begin{vmatrix} x^2 + y^2 + z^2 & x & y & z & 1 \\ {x_1}^2 + {y_1}^2 + {z_1}^2 & x_1 & y_1 & z_1 & 1 \\ {x_2}^2 + {y_2}^2 + {z_2}^2 & x_2 & y_2 & z_2 & 1 \\ {x_3}^2 + {y_3}^2 + {z_3}^2 & x_3 & y_3 & z_3 & 1 \\ {x_4}^2 + {y_4}^2 + {z_4}^2 & x_4 & y_4 & z_4 & 1 \end{vmatrix} = 0$$

と表示できることを示せ．

第8節　線形写像

8.1　線形写像

写像　集合 X の元 x に対して，集合 Y の元 y を定める対応 f のことを**写像**と呼び，$y=f(x)$ と表し，$f: X \to Y$ と書く．Y の部分集合

$$f(X) := \{ f(x) \in Y \mid x \in X \}$$

を f の**像**と呼ぶ．とくに $f(X)=Y$ のとき，f は**全射**であると呼ばれる．X の異なる2元 x, y に対し常に $f(x) \neq f(y)$ となるとき，f は**単射**であるといい，全射でかつ単射であるような写像 f を**全単射**と呼ぶ．

$f: X \to Y$ が全単射なら，Y の任意の元 y に対して，$y=f(x)$ となる X の元 x がただ1つ存在するので，$g: Y \to X$ を $g(y)=x$（ただし $y=f(x)$）と定義できる．この g を f の**逆写像**と呼び，$g=f^{-1}$ と書く．

2つの写像 $f: Y \to Z$，$g: X \to Y$ の**合成写像** $f \circ g: X \to Z$ を

$$(f \circ g)(x) = f(g(x)) \qquad (x \in X)$$

と定義する．

線形写像　$A=[a_{ij}] \in M(n, m; \mathbf{K})$ を n 行 m 列の行列とする．$\mathbf{K}^m$ の任意のベクトル $\boldsymbol{v}$ を，$\mathbf{K}^n$ のベクトル $A\boldsymbol{v}$ に写す写像を $L_A: \mathbf{K}^m \to \mathbf{K}^n$ で表し，行列 A が定める $\mathbf{K}^m$ から $\mathbf{K}^n$ への**線形写像**という．すなわち，

$$\boldsymbol{v} = \begin{bmatrix} v_1 \\ \vdots \\ v_m \end{bmatrix}$$

$$\longmapsto \quad A\boldsymbol{v} = \begin{bmatrix} a_{11} & \cdots & a_{1m} \\ \vdots & & \vdots \\ a_{n1} & \cdots & a_{nm} \end{bmatrix} \begin{bmatrix} v_1 \\ \vdots \\ v_m \end{bmatrix} = \begin{bmatrix} a_{11}v_1 + a_{12}v_2 + \cdots + a_{1m}v_m \\ \vdots \\ a_{n1}v_1 + a_{n2}v_2 + \cdots + a_{nm}v_m \end{bmatrix}$$

のことであり，これを $L_A(\boldsymbol{v}) = A\boldsymbol{v}$ と書く．

行列の積に関する性質より，$\boldsymbol{v}, \boldsymbol{v}_1, \boldsymbol{v}_2 \in \mathbf{K}^m$，$k \in \mathbf{K}$ に対して

$$L_A(\boldsymbol{v}_1 + \boldsymbol{v}_2) = L_A(\boldsymbol{v}_1) + L_A(\boldsymbol{v}_2), \qquad L_A(k\boldsymbol{v}) = kL_A(\boldsymbol{v})$$

が成り立つ（各自確かめよ）．

一般に，写像 $f: \mathbf{K}^m \to \mathbf{K}^n$ が**線形**であるとは，$\boldsymbol{v}, \boldsymbol{v}_1, \boldsymbol{v}_2 \in \mathbf{K}^m$，$k \in \mathbf{K}$ に対し次が成り立つことをいう：

$$f(\boldsymbol{v}_1 + \boldsymbol{v}_2) = f(\boldsymbol{v}_1) + f(\boldsymbol{v}_2), \qquad f(k\boldsymbol{v}) = kf(\boldsymbol{v}).$$

$m = n$ のとき，線形写像 $f: \mathbf{K}^n \to \mathbf{K}^n$ を $\mathbf{K}^n$ 上の**1次変換**という．

部分空間　$\mathbf{K}^n$ の部分集合 W が $\mathbf{K}^n$ の**部分空間**とは次の条件を満たすときをいう：

(S_0)　$\mathbf{0} \in W$

(S_1)　$\boldsymbol{x} \in W$ かつ $\boldsymbol{y} \in W \Longrightarrow \boldsymbol{x} + \boldsymbol{y} \in W$

(S_2)　$\boldsymbol{x} \in W$ かつ $k \in \mathbf{K} \Longrightarrow k\boldsymbol{x} \in W$.

$\mathbf{K}^n$ のベクトル $\boldsymbol{v}_1, \boldsymbol{v}_2, \cdots, \boldsymbol{v}_r$ の1次結合で表される $\mathbf{K}^n$ のベクトル全体を

$S[\boldsymbol{v}_1, \boldsymbol{v}_2, \cdots, \boldsymbol{v}_r] = \{h_1\boldsymbol{v}_1 + h_2\boldsymbol{v}_2 + \cdots + h_r\boldsymbol{v}_r \mid h_i \in \mathbf{K}\ (i = 1, 2, \cdots, r)\}$

で表す．$S[\boldsymbol{v}_1, \boldsymbol{v}_2, \cdots, \boldsymbol{v}_r]$ は $\mathbf{K}^n$ の部分空間となる（各自確かめよ）．

$\mathbf{K}^n$ の部分空間 W のベクトルの組 $\{\boldsymbol{v}_1, \boldsymbol{v}_2, \cdots, \boldsymbol{v}_r\}$ が W を**生成する**とは $W = S[\boldsymbol{v}_1, \boldsymbol{v}_2, \cdots, \boldsymbol{v}_r]$ のときをいい，さらに1次独立ならば $\{\boldsymbol{v}_1, \boldsymbol{v}_2, \cdots, \boldsymbol{v}_r\}$ を W の**基底**と呼び，W の**次元**は $r\ (= \dim W)$ であるという．

$\mathbf{K}^n$ は標準基底 $\{\boldsymbol{e}_1, \boldsymbol{e}_2, \cdots, \boldsymbol{e}_n\}$ をもつので（➡ §1），$\dim \mathbf{K}^n = n$ である．実は $\mathbf{K}^n$ の部分空間 $W\ (\neq \{\mathbf{0}\})$ は常に基底をもち，その次元は基底の選び方によらない（➡ 付録C）．一般に，$\dim W \leqq \dim \mathbf{K}^n$ が成り立つ．

像空間と核空間　線形写像 $f: \mathbf{K}^m \to \mathbf{K}^n$ に対して，

$$\mathrm{Im}\, f = \{f(\boldsymbol{v}) \in \mathbf{K}^n \mid \boldsymbol{v} \in \mathbf{K}^m\}, \qquad \mathrm{Ker}\, f = \{\boldsymbol{v} \in \mathbf{K}^m \mid f(\boldsymbol{v}) = \mathbf{0}\}$$

とおく．f の線形性と部分空間の定義より，$\mathrm{Im}\, f$ は $\mathbf{K}^n$ の部分空間であり，$\mathrm{Ker}\, f$ は $\mathbf{K}^m$ の部分空間である（各自確かめよ）．$\mathrm{Im}\, f$ を f の**像空間**といい，$\mathrm{Ker}\, f$ を f の**核空間**という．

例題 8.1　$\mathbf{R}^3$ 上の1次変換 f の $\mathrm{Im}\, f$, $\mathrm{Ker}\, f$ および各々の次元を求めよ.

$$f:\begin{bmatrix}x\\y\\z\end{bmatrix}\longmapsto\begin{bmatrix}3x-y+z\\x-2z\\y-7z\end{bmatrix}=\begin{bmatrix}3&-1&1\\1&0&-2\\0&1&-7\end{bmatrix}\begin{bmatrix}x\\y\\z\end{bmatrix}$$

【解答】（i）まず $\mathrm{Im}\, f$ を求めよう.

$$\begin{bmatrix}3x-y+z\\x-2z\\y-7z\end{bmatrix}=x\begin{bmatrix}3\\1\\0\end{bmatrix}+y\begin{bmatrix}-1\\0\\1\end{bmatrix}+z\begin{bmatrix}1\\-2\\-7\end{bmatrix}$$

が成り立つので, $\mathrm{Im}\, f$ は次の3つのベクトルで生成される部分空間である：

$$\boldsymbol{a}_1=\begin{bmatrix}3\\1\\0\end{bmatrix},\qquad \boldsymbol{a}_2=\begin{bmatrix}-1\\0\\1\end{bmatrix},\qquad \boldsymbol{a}_3=\begin{bmatrix}1\\-2\\-7\end{bmatrix}$$

ベクトル $\boldsymbol{a}_1, \boldsymbol{a}_2, \boldsymbol{a}_3$ は f を定める行列の列ベクトルである. このように, $\mathrm{Im}\, f$ は一般に f を定める行列の列ベクトルで生成される.

$\{\boldsymbol{a}_1, \boldsymbol{a}_2\}$ は1次独立で, $\boldsymbol{a}_3=-2\boldsymbol{a}_1-7\boldsymbol{a}_2$ なので $\mathrm{Im}\, f=S[\boldsymbol{a}_1, \boldsymbol{a}_2]$ となり, $\dim(\mathrm{Im}\, f)=2$.

（ii）次に $\mathrm{Ker}\, f$ を求める. ベクトル $\boldsymbol{v}=\begin{bmatrix}x\\y\\z\end{bmatrix}$ が $\mathrm{Ker}\, f$ に属すことと, x, y, z が連立方程式

$$3x-y+z=0,\qquad x-2z=0,\qquad y-7z=0$$

を満たすこととは同等な条件である. これを解いて,

$$x=2a,\quad y=7a,\quad z=a\qquad (a\text{ は任意の実数}).$$

$\mathrm{Ker}\, f$ はベクトル $\begin{bmatrix}2\\7\\1\end{bmatrix}$ で生成される部分空間で, $\dim(\mathrm{Ker}\, f)=1$ となる.

◆

定理 8.1 線形写像 $f: \mathbf{K}^m \to \mathbf{K}^n$ に対して，次の等式が成り立つ：

$$\dim(\mathrm{Im}\, f) + \dim(\mathrm{Ker}\, f) = m.$$

［証明］ $\dim(\mathrm{Ker}\, f) = s$ とし，$\mathrm{Ker}\, f$ の基底を $\{\boldsymbol{v}_1, \cdots, \boldsymbol{v}_s\}$ とする．$\mathbf{K}^m$ のベクトル $\boldsymbol{v}_{s+1}, \cdots, \boldsymbol{v}_m$ を選び，$\{\boldsymbol{v}_1, \cdots, \boldsymbol{v}_s, \boldsymbol{v}_{s+1}, \cdots, \boldsymbol{v}_m\}$ が $\mathbf{K}^m$ の基底になっているとする．$\{f(\boldsymbol{v}_{s+1}), \cdots, f(\boldsymbol{v}_m)\}$ が $\mathrm{Im}\, f$ の基底になることをいえば，$\dim(\mathrm{Im}\, f) = m - s$ となり，証明が終わる．

$\mathbf{K}^m$ は $\{\boldsymbol{v}_1, \cdots, \boldsymbol{v}_m\}$ で生成され，f は線形なので，$\mathrm{Im}\, f = S[f(\boldsymbol{v}_1), \cdots, f(\boldsymbol{v}_m)]$．ところが $f(\boldsymbol{v}_1) = \cdots = f(\boldsymbol{v}_s) = \mathbf{0}$ だから，

$$\mathrm{Im}\, f = S[f(\boldsymbol{v}_{s+1}), \cdots, f(\boldsymbol{v}_m)].$$

よって，$\{f(\boldsymbol{v}_{s+1}), \cdots, f(\boldsymbol{v}_m)\}$ が $\mathrm{Im} f$ を生成している．これが $\mathrm{Im} f$ の基底になることを示すには，$\{f(\boldsymbol{v}_{s+1}), \cdots, f(\boldsymbol{v}_m)\}$ が 1 次独立であることを示せばよい．定理 1.1 を使って示そう．

$$k_{s+1} f(\boldsymbol{v}_{s+1}) + \cdots + k_m f(\boldsymbol{v}_m) = \mathbf{0}$$

とする．f は線形なので，左辺は $f(k_{s+1}\boldsymbol{v}_{s+1} + \cdots + k_m \boldsymbol{v}_m)$ に等しい．ゆえに，$k_{s+1}\boldsymbol{v}_{s+1} + \cdots + k_m \boldsymbol{v}_m \in \mathrm{Ker}\, f$ となる．ところが $\mathrm{Ker}\, f = S[\boldsymbol{v}_1, \cdots, \boldsymbol{v}_s]$ なので

$$k_{s+1}\boldsymbol{v}_{s+1} + \cdots + k_m \boldsymbol{v}_m = h_1 \boldsymbol{v}_1 + \cdots + h_s \boldsymbol{v}_s.$$

$\{\boldsymbol{v}_1, \cdots, \boldsymbol{v}_m\}$ は 1 次独立なので，$k_{s+1} = \cdots = k_m = h_1 = \cdots = h_s = 0$ である． ◇

問 8.1 次の $\mathbf{R}^3$ の 1 次変換 f の $\mathrm{Im}\, f$，$\mathrm{Ker}\, f$ および各々の次元を求めよ．

$$f: \begin{bmatrix} x \\ y \\ z \end{bmatrix} \longmapsto \begin{bmatrix} x - y - z \\ 2x + 3y + 8z \\ 3x - 2y - z \end{bmatrix}$$

8.2 線形写像の行列表示

定理 8.2 $f: \mathbf{K}^m \to \mathbf{K}^n$ を線形写像とする．このとき，$f = L_A$ となる n 行 m 列の行列 $A \in M(n, m\,;\mathbf{K})$ がただ1つ存在する．

［証明］ $\mathbf{K}^m$ の基本ベクトルを $\{\boldsymbol{e}_1, \boldsymbol{e}_2, \cdots, \boldsymbol{e}_m\}$ とする．$f(\boldsymbol{e}_j) \in \mathbf{K}^n$ は n 項列ベクトルであるので，

$$(*) \qquad f(\boldsymbol{e}_j) = \begin{bmatrix} a_{1j} \\ \vdots \\ a_{nj} \end{bmatrix} \qquad (j = 1, 2, \cdots, m)$$

とおく．そこで，n 行 m 列の行列 A を

$$\begin{aligned} A &= [\, f(\boldsymbol{e}_1), \cdots, f(\boldsymbol{e}_j), \cdots, f(\boldsymbol{e}_m)\,] \\ &= \begin{bmatrix} a_{11} & \cdots & a_{1j} & \cdots & a_{1m} \\ \vdots & & \vdots & & \vdots \\ a_{n1} & \cdots & a_{nj} & \cdots & a_{nm} \end{bmatrix} \end{aligned}$$

と定義する．この A が求めるものであることを示そう．

$\mathbf{K}^m$ に属するベクトル $\boldsymbol{v}$ を $\boldsymbol{v} = v_1\boldsymbol{e}_1 + v_2\boldsymbol{e}_2 + \cdots + v_m\boldsymbol{e}_m$ と表すと，

$$\begin{aligned} f(\boldsymbol{v}) &= f(v_1\boldsymbol{e}_1 + v_2\boldsymbol{e}_2 + \cdots + v_m\boldsymbol{e}_m) \\ &= v_1 f(\boldsymbol{e}_1) + v_2 f(\boldsymbol{e}_2) + \cdots + v_m f(\boldsymbol{e}_m) \\ &= \sum_{j=1}^{m} v_j \begin{bmatrix} a_{1j} \\ \vdots \\ a_{nj} \end{bmatrix} = \begin{bmatrix} a_{11}v_1 + \cdots + a_{1m}v_m \\ \vdots \\ a_{n1}v_1 + \cdots + a_{nm}v_m \end{bmatrix} \\ &= \begin{bmatrix} a_{11} & \cdots & a_{1m} \\ \vdots & & \vdots \\ a_{n1} & \cdots & a_{nm} \end{bmatrix} \begin{bmatrix} v_1 \\ \vdots \\ v_m \end{bmatrix} \\ &= L_A(\boldsymbol{v}). \end{aligned}$$

また，$(*)$ 式より $f = L_A$ となる行列 A はただ1つである． ◇

線形写像の合成　線形写像 $f : \mathbf{K}^m \to \mathbf{K}^n$，$g : \mathbf{K}^k \to \mathbf{K}^m$ に対し，合成写像 $f \circ g : \mathbf{K}^k \to \mathbf{K}^n$ を考える．$\mathbf{K}^k$ の任意のベクトル $\boldsymbol{v}_1, \boldsymbol{v}_2$ と任意のスカラー h_1, h_2 に対して，

$$
\begin{aligned}
(f \circ g)(h_1 \boldsymbol{v}_1 + h_2 \boldsymbol{v}_2) &= f(\, g(h_1 \boldsymbol{v}_1 + h_2 \boldsymbol{v}_2)\,) \\
&= f(\, h_1 g(\boldsymbol{v}_1) + h_2 g(\boldsymbol{v}_2)\,) \\
&= h_1 (f \circ g)(\boldsymbol{v}_1) + h_2 (f \circ g)(\boldsymbol{v}_2)
\end{aligned}
$$

なので，$f \circ g$ は線形写像となる．定理 8.2 より，A を n 行 m 列の行列，B を m 行 k 列の行列として，$f = L_A$，$g = L_B$ と書ける．このとき，

$$f \circ g = L_{AB}$$

が成り立つ．実際，$\mathbf{K}^k$ のベクトル $\boldsymbol{v}$ に対して，

$$
\begin{aligned}
(f \circ g)(\boldsymbol{v}) &= f(\, g(\boldsymbol{v})\,) = f(B\boldsymbol{v}) \\
&= A(B\boldsymbol{v}) = (AB)\boldsymbol{v}\,.
\end{aligned}
$$

以上より，線形写像の合成もまた線形写像であり，行列の積によって線形写像の合成が表されることがわかった．

次に，線形写像 $f : \mathbf{K}^m \to \mathbf{K}^n$ が単射であることと，$\mathrm{Ker}\, f = \{\mathbf{0}\}$ であることとは同値であることを確認しよう．実際，f が単射であるとし，$\boldsymbol{v} \in \mathrm{Ker}\, f$ とすると，

$$f(\boldsymbol{v}) = \mathbf{0} = f(\mathbf{0})$$

なので $\boldsymbol{v} = \mathbf{0}$ となり，$\mathrm{Ker}\, f = \{\mathbf{0}\}$ を得る．

逆に，$\mathrm{Ker}\, f = \{\mathbf{0}\}$ とする．$\mathbf{K}^m$ のベクトル $\boldsymbol{u}, \boldsymbol{v}$ について $f(\boldsymbol{u}) = f(\boldsymbol{v})$ とすれば

$$f(\boldsymbol{u} - \boldsymbol{v}) = f(\boldsymbol{u}) - f(\boldsymbol{v}) = \mathbf{0}$$

なので，$\boldsymbol{u} - \boldsymbol{v}$ は $\mathrm{Ker}\, f$ に属する．ゆえに $\boldsymbol{u} - \boldsymbol{v} = \mathbf{0}$，すなわち $\boldsymbol{u} = \boldsymbol{v}$ となり，f は単射となるからである．

さて，線形写像 $f : \mathbf{K}^m \to \mathbf{K}^n$ が全単射であるとする．このとき，$\mathrm{Ker}\, f = \{\mathbf{0}\}$ かつ $\mathrm{Im}\, f = \mathbf{K}^n$ である．よって，定理 8.1 より，$m = n$ となり，

f の逆写像 $g:\mathbf{K}^n \to \mathbf{K}^n$ が存在する．この $g:\mathbf{K}^n \to \mathbf{K}^n$ は線形写像となる．実際，$\mathbf{K}^n$ の任意のベクトル $\boldsymbol{v}_1, \boldsymbol{v}_2$ と任意のスカラー h_1, h_2 に対して

$$\begin{aligned} &f(\, g(h_1\boldsymbol{v}_1 + h_2\boldsymbol{v}_2) - h_1 g(\boldsymbol{v}_1) - h_2 g(\boldsymbol{v}_2)\,) \\ &\quad = (f\circ g)(h_1\boldsymbol{v}_1 + h_2\boldsymbol{v}_2) - h_1(f\circ g)(\boldsymbol{v}_1) - h_2(f\circ g)(\boldsymbol{v}_2) \\ &\quad = h_1\boldsymbol{v}_1 + h_2\boldsymbol{v}_2 - h_1\boldsymbol{v}_1 - h_2\boldsymbol{v}_2 = \mathbf{0}\,. \end{aligned}$$

ここで f は単射なので，

$$g(h_1\boldsymbol{v}_1 + h_2\boldsymbol{v}_2) - h_1 g(\boldsymbol{v}_1) - h_2 g(\boldsymbol{v}_2) = \mathbf{0}$$

となるからである．

そこで，n 次の正方行列 A と B により，$f = L_A$，$g = L_B$ とすると，$\mathbf{K}^n$ のベクトル $\boldsymbol{v}$ に対して，

$$\begin{aligned} \boldsymbol{v} &= f(\, g(\boldsymbol{v})\,) = f(B\boldsymbol{v}) \\ &= A(B\boldsymbol{v}) = (AB)\boldsymbol{v} \end{aligned}$$

となり，$AB = I_n$ を得る．ゆえに $B = A^{-1}$ である．

逆に，n 次の正則な正方行列 A に対して，$g = L_{A^{-1}}$ は $f = L_A$ の逆写像で，f は全単射となる．

以上をまとめて，

定理 8.3　（1）　線形写像 $f = L_A : \mathbf{K}^m \to \mathbf{K}^n$，$g = L_B : \mathbf{K}^k \to \mathbf{K}^m$ に対して，

$$f\circ g = L_{AB}$$

が成り立つ．

（2）　n 次の正方行列 A が定める $\mathbf{K}^n$ の1次変換を $f = L_A$ とする．このとき，f が全単射であることと，A が正則行列であることとは，同等な条件である．

さらに f が全単射であるとき，f の逆写像 f^{-1} も線形写像であり，

$$f^{-1} = L_{A^{-1}}$$

が成り立つ．

例題 8.2　次の $\mathbf{R}^2$ の 1 次変換 f が全単射であることを示せ．

$$f: \begin{bmatrix} x \\ y \end{bmatrix} \longmapsto \begin{bmatrix} 2x+7y \\ x+\ \ y \end{bmatrix}.$$

また，f の逆写像 f^{-1} を求めよ．

【解答】　$f = L_A$ となる 2 次の行列 A は $A = \begin{bmatrix} 2 & 7 \\ 1 & 1 \end{bmatrix}$ である．$\det A = -5 \neq 0$ なので A は正則行列となり，f は全単射である．A の逆行列 A^{-1} は

$$A^{-1} = \begin{bmatrix} -\frac{1}{5} & \frac{7}{5} \\ \frac{1}{5} & -\frac{2}{5} \end{bmatrix} \text{ となるから，} f^{-1}: \begin{bmatrix} u \\ v \end{bmatrix} \longmapsto \begin{bmatrix} -\frac{1}{5}u + \frac{7}{5}v \\ \frac{1}{5}u - \frac{2}{5}v \end{bmatrix}.$$ ◆

問 8.2　次の 2 つの線形写像 f, g は全単射であるか否かを判定せよ．

$$f: \begin{bmatrix} x \\ y \end{bmatrix} \longmapsto \begin{bmatrix} 5x-y \\ y \end{bmatrix}, \qquad g: \begin{bmatrix} x \\ y \\ z \end{bmatrix} \longmapsto \begin{bmatrix} x+2y+7z \\ -y-3z \\ 2y+6z \end{bmatrix}$$

階数　ここで n 行 m 列の行列 A の**階数**を，線形写像 $L_A: \mathbf{K}^m \to \mathbf{K}^n$ の像空間の**次元**であると定義する：$\operatorname{rank} A = \dim(\operatorname{Im} L_A)$．

この定義が第 2 節の定義と一致することを示そう．

実際，A の n 項列ベクトルを $A_{\bullet 1}, A_{\bullet 2}, \cdots, A_{\bullet m}$ とし，$\mathbf{K}^m$ の基本ベクトルを $\boldsymbol{e}_1, \boldsymbol{e}_2, \cdots, \boldsymbol{e}_m$ とする．このとき，

$$L_A(\boldsymbol{e}_1) = A_{\bullet 1}, \quad L_A(\boldsymbol{e}_2) = A_{\bullet 2}, \quad \cdots, \quad L_A(\boldsymbol{e}_m) = A_{\bullet m}$$

であり，$\mathbf{K}^m$ の任意のベクトル $\boldsymbol{x} = x_1\boldsymbol{e}_1 + x_2\boldsymbol{e}_2 + \cdots + x_m\boldsymbol{e}_m$ に対して，

$$\begin{aligned} L_A(\boldsymbol{x}) &= x_1 L_A(\boldsymbol{e}_1) + x_2 L_A(\boldsymbol{e}_2) + \cdots + x_m L_A(\boldsymbol{e}_m) \\ &= x_1 A_{\bullet 1} + x_2 A_{\bullet 2} + \cdots + x_m A_{\bullet m} \end{aligned}$$

となる．ゆえに $\operatorname{Im} L_A = S[A_{\bullet 1}, A_{\bullet 2}, \cdots, A_{\bullet m}]$．したがって，$\operatorname{rank} A$ は $\{A_{\bullet 1}, A_{\bullet 2}, \cdots, A_{\bullet m}\}$ の 1 次独立なベクトルの組の最大個数となる．

連立1次方程式の行列表示　第2節で考えた連立1次方程式

$$
(\mathrm{E})\qquad \begin{cases} a_{11}x_1 + a_{12}x_2 + \cdots + a_{1m}x_m = b_1 \\ a_{21}x_1 + a_{22}x_2 + \cdots + a_{2m}x_m = b_2 \\ \cdots\cdots\cdots\cdots\cdots\cdots \\ a_{n1}x_1 + a_{n2}x_2 + \cdots + a_{nm}x_m = b_n \end{cases}
$$

について,

$$
A = \begin{bmatrix} a_{11} & a_{12} & \cdots & a_{1m} \\ a_{21} & a_{22} & \cdots & a_{2m} \\ \vdots & \vdots & & \vdots \\ a_{n1} & a_{n2} & \cdots & a_{nm} \end{bmatrix}, \quad \boldsymbol{b} = \begin{bmatrix} b_1 \\ b_2 \\ \vdots \\ b_n \end{bmatrix}, \quad \boldsymbol{x} = \begin{bmatrix} x_1 \\ x_2 \\ \vdots \\ x_m \end{bmatrix}
$$

とおくと, 連立方程式 (E) は $A\boldsymbol{x} = \boldsymbol{b}$ と表示される.

$f = L_A$: $\mathbf{K}^m \to \mathbf{K}^n$ とすると, (E) が解をもつことは, $L_A(\boldsymbol{x}) = A\boldsymbol{x} = \boldsymbol{b}$ となる $\boldsymbol{x} \in \mathbf{K}^m$ が存在することと同等で, $\boldsymbol{b} \in \mathrm{Im}\, L_A$ すなわち,

$$
S[\,A_{\bullet 1}, A_{\bullet 2}, \cdots, A_{\bullet m}\,] = S[\,A_{\bullet 1}, A_{\bullet 2}, \cdots, A_{\bullet m}, \boldsymbol{b}\,]
$$

と同等となり, したがって $\mathrm{rank}\, A = \mathrm{rank}[\,A, \boldsymbol{b}\,]$ が成り立つことと同等である (定理2.1).

次に, 連立方程式 (E) の解がどれくらいあるかを調べる.

$f(\boldsymbol{x}) = \boldsymbol{b}$ の1つの解 $\boldsymbol{x}_0$ を固定する. $f(\boldsymbol{x}) = \boldsymbol{b}$ の任意の解 $\boldsymbol{x}$ に対し,

$$
f(\boldsymbol{x} - \boldsymbol{x}_0) = A\boldsymbol{x} - A\boldsymbol{x}_0 = \boldsymbol{b} - \boldsymbol{b} = \boldsymbol{0}.
$$

逆に, $f(\boldsymbol{u}) = \boldsymbol{0}$ となる任意の $\boldsymbol{u} \in \mathbf{K}^m$ に対し,

$$
f(\boldsymbol{u} + \boldsymbol{x}_0) = f(\boldsymbol{u}) + f(\boldsymbol{x}_0) = \boldsymbol{0} + \boldsymbol{b} = \boldsymbol{b}.
$$

したがって, $\boldsymbol{x} \in \mathbf{K}^m$ について, $\boldsymbol{x} \doteq \boldsymbol{u} + \boldsymbol{x}_0$ ($\boldsymbol{u} \in \mathrm{Ker}\, f$) となることと, $f(\boldsymbol{x}) = \boldsymbol{b}$ とは同等である. $s = \dim(\mathrm{Ker}\, f)$ とし, $\{\boldsymbol{u}_1, \boldsymbol{u}_2, \cdots, \boldsymbol{u}_s\}$ を $\mathrm{Ker}\, f$ の基底とすると, $f(\boldsymbol{x}) = \boldsymbol{b}$ の解 $\boldsymbol{x}$ は次のように与えられる:

$$
\boldsymbol{x} = \boldsymbol{x}_0 + t_1\boldsymbol{u}_1 + t_2\boldsymbol{u}_2 + \cdots + t_s\boldsymbol{u}_s \qquad (t_1, t_2, \cdots, t_s \text{ は任意定数}).
$$

この s を連立方程式 (E) の**解の自由度**という. 定理8.1より次が成り立つ:

$$
s = \dim(\mathrm{Ker}\, f) = m - \mathrm{rank}\, A.
$$

練習問題 8

1. 線形写像

$$f : \begin{bmatrix} x \\ y \\ z \\ w \end{bmatrix} \longmapsto \begin{bmatrix} 2x - y + 5z - 6w \\ 3x + y - 3z + 4w \\ 5x - y - 7z - 10w \end{bmatrix}$$

について，$\mathrm{Im}\, f$ および $\mathrm{Ker}\, f$ を求め，それぞれの次元を求めよ．

2. 次の線形写像は全単射か否かを調べよ．

（1） $f : \begin{bmatrix} x \\ y \end{bmatrix} \longmapsto \begin{bmatrix} ax + by \\ cx + dy \end{bmatrix}$ $\quad (ad - bc \neq 0)$

（2） $f : \begin{bmatrix} x \\ y \\ z \end{bmatrix} \longmapsto \begin{bmatrix} x + 4y \\ 3x - 8y \\ 5x + 8y \end{bmatrix}$

3. 次の 2 つの線形写像 f, g の合成写像 $f \circ g$，$g \circ f$ をそれぞれ求めよ．

$$f : \begin{bmatrix} x \\ y \end{bmatrix} \longmapsto \begin{bmatrix} 5x - y \\ 2x - 3y \\ 6x + 3y \end{bmatrix}, \qquad g : \begin{bmatrix} x \\ y \\ z \end{bmatrix} \longmapsto \begin{bmatrix} 2x - 3y + z \\ x + 6y - 4z \end{bmatrix}$$

4. 次の線形写像 f に対して，$f = L_A$ となる行列 A を求めよ．

（1） $f : \begin{bmatrix} x \\ y \end{bmatrix} \longmapsto \begin{bmatrix} 2x + 3y \\ -x + 10y \\ 4x - y \end{bmatrix}$ 　　（2） $f : \begin{bmatrix} x \\ y \\ z \end{bmatrix} \longmapsto \begin{bmatrix} 2x \\ 3y \end{bmatrix}$

5. 1 次変換 $f : \mathbf{K}^n \to \mathbf{K}^n$ について，f が単射である必要十分条件は f が全射であることを，定理 8.1 を用いて示せ．

第 9 節　固有値と固有ベクトル

9.1　固有値と固有ベクトル

1 次変換と固有値　$\mathbf{K}=\mathbf{R}$ または $\mathbf{C}$ のとき，$\alpha \in \mathbf{K}$ が，$\mathbf{K}^n$ から $\mathbf{K}^n$ 自身への線形写像 f の**固有値**であるとは，

$$f(\boldsymbol{v})=\alpha \boldsymbol{v}$$

となる零ベクトルでない $\boldsymbol{v} \in \mathbf{K}^n$ が存在するときをいい，このようなベクトル $\boldsymbol{v}$ を固有値 α の**固有ベクトル**という．また，n 次正方行列 $A \in M_n(\mathbf{K}) = M(n, n\,;\mathbf{K})$ に対して，線形写像 L_A

$$\mathbf{K}^n \ni \boldsymbol{x} \longmapsto A\boldsymbol{x} \in \mathbf{K}^n$$

の固有値と固有ベクトルを，行列 A の固有値および固有ベクトルという．

例 9.1　$A=\begin{bmatrix} 4 & 3 \\ 1 & 2 \end{bmatrix}$，$\boldsymbol{v}=\begin{bmatrix} x \\ y \end{bmatrix}$ のとき，実数 α が A の固有値，$\boldsymbol{v}$ が固有ベクトルとなる条件を考える．

$$A\boldsymbol{v}=\alpha\boldsymbol{v} \iff \begin{bmatrix} 4 & 3 \\ 1 & 2 \end{bmatrix}\begin{bmatrix} x \\ y \end{bmatrix}=\alpha\begin{bmatrix} x \\ y \end{bmatrix} \iff \begin{cases} 4x+3y=\alpha x \\ x+2y=\alpha y \end{cases}$$

$$\iff \begin{cases} (4-\alpha)x+3y=0 \\ x+(2-\alpha)y=0 \end{cases}$$

である．この連立 1 次方程式が $\boldsymbol{v} \neq \mathbf{0}$ となる解をもつための必要十分条件は

$$\begin{vmatrix} 4-\alpha & 3 \\ 1 & 2-\alpha \end{vmatrix}=0$$

である（➡ 定理 7.2 の系）．したがって，

$$\Delta_A(t)=\begin{vmatrix} t-4 & -3 \\ -1 & t-2 \end{vmatrix}=(t-4)(t-2)-3=(t-1)(t-5)$$

としたとき，α が A の固有値であることと，α が $\Delta_A(t)=0$ の解となることとは同値である．いまの場合，1, 5 が A の固有値である．　◆

定理 9.1 n 次の正方行列 $A \in M_n(\mathbf{K})$ と $\alpha \in \mathbf{K}$ に対して，α が A の固有値であるための必要十分条件は

$$|A - \alpha I_n| = 0$$

となることである．ここで I_n は n 次の単位行列を表す．

［証明］ $\alpha \in \mathbf{K}$ が行列 A の固有値となることは，$A\boldsymbol{v} = \alpha\boldsymbol{v}$ となる $\mathbf{0} \neq \boldsymbol{v} \in \mathbf{K}^n$ が存在することである．このことは連立 1 次方程式

$$(A - \alpha I_n)\boldsymbol{x} = \mathbf{0}$$

が自明でない解 $\boldsymbol{v} \neq \mathbf{0}$ をもつことを意味する．したがって，定理 7.2 の系より $A - \alpha I_n$ の行列式が

$$|A - \alpha I_n| = 0$$

を満たすことが必要十分条件となる． ◇

定理 9.1 より，変数 t についての n 次多項式

$$(※) \qquad \Delta_A(t) = |\, tI_n - A \,| = \begin{vmatrix} t - a_{11} & -a_{12} & \cdots & -a_{1n} \\ -a_{21} & t - a_{22} & \cdots & -a_{2n} \\ \vdots & \vdots & \ddots & \vdots \\ -a_{n1} & -a_{n2} & \cdots & t - a_{nn} \end{vmatrix}$$

を考えると，$\alpha \in \mathbf{K}$ が $A \in M_n(\mathbf{K})$ の固有値となることは，α が t の方程式 $\Delta_A(t) = 0$ の解となることと同値となる．

多項式 $\Delta_A(t)$ および方程式 $\Delta_A(t) = 0$ を，それぞれ行列 A の**固有多項式**（または**特性多項式**）および**固有方程式**（または**特性方程式**）という．

▶**注** $\mathbf{K}^n$ の基底 $\{\boldsymbol{v}_i\}_{i=1}^n$ が，もし各 $\boldsymbol{v}_i$ が行列 A の固有値 α_i の固有ベクトルとなるならば，

$$L_A(\boldsymbol{v}) = A(\sum_{i=1}^n y_i \boldsymbol{v}_i) = \sum_{i=1}^n y_i(A\boldsymbol{v}_i) = \sum_{i=1}^n (y_i \alpha_i)\, \boldsymbol{v}_i, \qquad \boldsymbol{v} = \sum_{i=1}^n y_i \boldsymbol{v}_i \in \mathbf{K}^n.$$

ゆえに L_A の作用は著しく簡易化される（➜ 89 ページ）．固有値の理論は色々な分野で使われている．

(※)から，固有多項式 $\Delta_A(t)$ は最高次の t^n の係数が1の n 次多項式なので，代数学の基本定理により，固有方程式 $\Delta_A(t)=0$ は重複度を込めて n 個の(複素数の範囲で)解をもつ．それらを $\alpha_1, \alpha_2, \cdots, \alpha_n$ とすると，$\Delta_A(t)$ は次のように因数分解される：

$$\Delta_A(t)=(t-\alpha_1)(t-\alpha_2)\cdots(t-\alpha_n).$$

このとき，固有値の**重複度**とは固有方程式の解としての重複度のことをいう．

定理 9.2　n 次の正方行列 $A \in M_n(\mathbf{K})$ と $\alpha \in \mathbf{K}$ に対して次が成立する．

(1)　$V_\alpha=\{\boldsymbol{v} \in \mathbf{K}^n \mid A\boldsymbol{v}=\alpha\boldsymbol{v}\}$ は $\mathbf{K}^n$ の部分空間となる．

(2)　α が A の固有値となるための必要十分条件は $V_\alpha \neq \{\mathbf{0}\}$ となることである．

[**証明**]　(1)　$\boldsymbol{v}_1, \boldsymbol{v}_2 \in V_\alpha$ および $k_1, k_2 \in \mathbf{K}$ に対して，

$$\begin{aligned} A(k_1\boldsymbol{v}_1+k_2\boldsymbol{v}_2) &= k_1(A\boldsymbol{v}_1)+k_2(A\boldsymbol{v}_2) \\ &= k_1(\alpha\boldsymbol{v}_1)+k_2(\alpha\boldsymbol{v}_2) \\ &= \alpha(k_1\boldsymbol{v}_1+k_2\boldsymbol{v}_2) \end{aligned}$$

となるので，$k_1\boldsymbol{v}_1+k_2\boldsymbol{v}_2 \in V_\alpha$ となるからである．

(2)　定義より α が A の固有値であることは，$A\boldsymbol{v}=\alpha\boldsymbol{v}$ となる零ベクトルでない $\boldsymbol{v} \in \mathbf{K}^n$ が存在することであるので，このことは $V_\alpha \neq \{\mathbf{0}\}$ と同等である．　◇

n 次の正方行列 $A \in M_n(\mathbf{K})$ の固有方程式の解 α が $\alpha \in \mathbf{K}$ のとき，$\mathbf{K}^n$ の部分空間 V_α を固有値 α に属する A の($\mathbf{K}^n$ での)**固有空間**という．実行列 $A \in M_n(\mathbf{R})$ の固有方程式の解は必ずしも実数であるとは限らない(例題9.3を見よ)．このような場合も A の固有値ということとし，実行列 A の固有値 α が複素数のときには，$\{\boldsymbol{v} \in \mathbf{C}^n \mid A\boldsymbol{v}=\alpha\boldsymbol{v}\}$ を考えることにする．

例題 9.1 次の行列 A の固有値と固有空間を求めよ.

$$A=\begin{bmatrix} 5 & -4 & -4 \\ -4 & 5 & -4 \\ -4 & -4 & 5 \end{bmatrix}$$

【解答】 A の固有多項式 $\Delta_A(t)$ を計算し，因数分解すると，

$$\Delta_A(t)=|\,tI_3-A\,|=\begin{vmatrix} t-5 & 4 & 4 \\ 4 & t-5 & 4 \\ 4 & 4 & t-5 \end{vmatrix}=(t-9)^2(t+3).$$

したがって，A の固有値は 9 (重複度 2) と -3 である.

次に，A の固有空間をそれぞれ求める.

（i） 固有値 9 の固有空間： $B=A-9I_3$ とおいて，

$$A\begin{bmatrix} x \\ y \\ z \end{bmatrix}=9\begin{bmatrix} x \\ y \\ z \end{bmatrix} \iff B\begin{bmatrix} x \\ y \\ z \end{bmatrix}=\begin{bmatrix} 0 \\ 0 \\ 0 \end{bmatrix} \iff \begin{bmatrix} -4 & -4 & -4 \\ -4 & -4 & -4 \\ -4 & -4 & -4 \end{bmatrix}\begin{bmatrix} x \\ y \\ z \end{bmatrix}=\begin{bmatrix} 0 \\ 0 \\ 0 \end{bmatrix}$$

$$\iff x+y+z=0.$$

したがって，

$$V_9=\left\{\begin{bmatrix} x \\ y \\ z \end{bmatrix}\,\middle|\, x+y+z=0\right\}=\left\{c_1\begin{bmatrix} 1 \\ 0 \\ -1 \end{bmatrix}+c_2\begin{bmatrix} 0 \\ 1 \\ -1 \end{bmatrix}\,\middle|\, c_1, c_2\text{ は任意}\right\}.$$

（ii） 固有値 -3 の固有空間： $B=A+3I_3$ とおいて，

$$A\begin{bmatrix} x \\ y \\ z \end{bmatrix}=-3\begin{bmatrix} x \\ y \\ z \end{bmatrix} \iff \begin{bmatrix} 8 & -4 & -4 \\ -4 & 8 & -4 \\ -4 & -4 & 8 \end{bmatrix}\begin{bmatrix} x \\ y \\ z \end{bmatrix}=\begin{bmatrix} 0 \\ 0 \\ 0 \end{bmatrix} \iff x=y=z.$$

したがって，

$$V_{-3}=\left\{c\begin{bmatrix} 1 \\ 1 \\ 1 \end{bmatrix}\,\middle|\, c\text{ は任意}\right\}. \quad ◆$$

例題 9.2 （三角行列の固有値）

$$A = \begin{bmatrix} a_{11} & a_{12} & \cdots & a_{1n} \\ 0 & a_{22} & \cdots & a_{2n} \\ \vdots & \ddots & \ddots & \vdots \\ 0 & \cdots & 0 & a_{nn} \end{bmatrix} \quad \text{または,} \quad A = \begin{bmatrix} a_{11} & 0 & \cdots & 0 \\ a_{21} & a_{22} & \ddots & \vdots \\ \vdots & \vdots & \ddots & 0 \\ a_{n1} & a_{n2} & \cdots & a_{nn} \end{bmatrix}$$

の固有多項式はともに次の式で与えられることを示せ.

$$\varDelta_A(t) = (t - a_{11})(t - a_{22})\cdots(t - a_{nn}).$$

したがって固有値はともに $a_{11}, a_{22}, \cdots, a_{nn}$（$A$ の対角成分）である.

【解答】 $tI_n - A$ は三角行列となるので，例題 4.2 を使って示される. ◆

例題 9.3 行列 $A = \begin{bmatrix} a & b \\ c & d \end{bmatrix}$ の固有多項式 $\varDelta_A(t)$ の根と係数との関係を調べよ．また，$a = d = 0$, $b = -1$, $c = 1$ のとき，Aの固有値を求めよ.

【解答】 $$\varDelta_A(t) = \begin{vmatrix} t - a & -b \\ -c & t - d \end{vmatrix} = t^2 - (a + d)t + ad - bc.$$

一方，A の固有値を（複素数の範囲で）α_1, α_2 とすると，

$$\varDelta_A(t) = t^2 - (\alpha_1 + \alpha_2)t + \alpha_1\alpha_2$$

なので

$$\alpha_1 + \alpha_2 = a + d, \qquad \alpha_1\alpha_2 = ad - bc = |A|.$$

後半は，$\varDelta_A(t) = t^2 + 1 = (t + i)(t - i)$. よって，固有値は $\pm i$. ◆

問 9.1 次の行列の固有値と固有空間を求めよ.

（1）$\begin{bmatrix} 0 & 3 \\ -4 & 7 \end{bmatrix}$ （2）$\begin{bmatrix} 0 & 2 & 2 \\ 2 & 0 & 2 \\ 2 & 2 & 0 \end{bmatrix}$ （3）$\begin{bmatrix} 1 & 0 & 0 \\ 3 & 1 & 0 \\ 0 & 0 & 1 \end{bmatrix}$

9.2　行列の相似と対角化

行列の相似　n 次の正方行列 $A \in M_n(\mathbf{K})$ に対し，$\mathbf{K}^n$ の 1 次変換 $f = L_A$ は，$\mathbf{K}^n$ の標準基底 $\{\boldsymbol{e}_1, \boldsymbol{e}_2, \cdots, \boldsymbol{e}_n\}$ に関し，

$$(1)\qquad f(\boldsymbol{e}_j) = A\boldsymbol{e}_j = \begin{bmatrix} a_{11} & \cdots & a_{1n} \\ \vdots & & \vdots \\ a_{n1} & \cdots & a_{nn} \end{bmatrix} \begin{bmatrix} 0 \\ \vdots \\ 0 \\ 1 \\ 0 \\ \vdots \\ 0 \end{bmatrix} (j = \begin{bmatrix} a_{1j} \\ \vdots \\ a_{nj} \end{bmatrix} = A_{\bullet j} \qquad (j = 1, 2, \cdots, n)$$

すなわち，

$$[\, f(\boldsymbol{e}_1),\ f(\boldsymbol{e}_2),\ \cdots,\ f(\boldsymbol{e}_n)\,] = [\, A_{\bullet 1}, A_{\bullet 2}, \cdots, A_{\bullet n}\,] = A$$

を満たしている．

一方，$\{\boldsymbol{p}_1, \boldsymbol{p}_2, \cdots, \boldsymbol{p}_n\}$ を $\mathbf{K}^n$ の任意の基底とする．$j = 1, \cdots, n$ に対し，

$\boldsymbol{p}_j = \begin{bmatrix} p_{1j} \\ \vdots \\ p_{nj} \end{bmatrix}$ を第 j 列ベクトルにもつ行列 $P = \begin{bmatrix} p_{11} & \cdots & p_{1j} & \cdots & p_{1n} \\ \vdots & & \vdots & & \vdots \\ p_{n1} & \cdots & p_{nj} & \cdots & p_{nn} \end{bmatrix}$ は

基底 $\{\boldsymbol{p}_1, \boldsymbol{p}_2, \cdots, \boldsymbol{p}_n\}$ の**成分行列**と呼ばれ，P は正則行列である（定理 3.1）．$\{\boldsymbol{p}_1, \boldsymbol{p}_2, \cdots, \boldsymbol{p}_n\}$ を用いて，$f(\boldsymbol{p}_j) \in \mathbf{K}^n$ $(j = 1, 2, \cdots, n)$ なので，

$$(2)\qquad f(\boldsymbol{p}_j) = b_{1j}\boldsymbol{p}_1 + b_{2j}\boldsymbol{p}_2 + \cdots + b_{nj}\boldsymbol{p}_n \qquad (j = 1, 2, \cdots, n)$$

と書き表し，n 次の正方行列 $B = [\, b_{ij}\,] \in M_n(\mathbf{K})$ を与えると，B は次式を満たす：

$$(*)\qquad PB = AP \qquad \text{すなわち，} \qquad B = P^{-1}AP\,.$$

実際，$\boldsymbol{p}_j = p_{1j}\boldsymbol{e}_1 + p_{2j}\boldsymbol{e}_2 + \cdots + p_{nj}\boldsymbol{e}_n$ で，f は線形写像なので，

$$\begin{aligned} f(\boldsymbol{p}_j) &= f(p_{1j}\boldsymbol{e}_1 + p_{2j}\boldsymbol{e}_2 + \cdots + p_{nj}\boldsymbol{e}_n) \\ &= p_{1j}f(\boldsymbol{e}_1) + p_{2j}f(\boldsymbol{e}_2) + \cdots + p_{nj}f(\boldsymbol{e}_n) \\ &= p_{1j}A_{\bullet 1} + p_{2j}A_{\bullet 2} + \cdots + p_{nj}A_{\bullet n} \end{aligned}$$

である．ゆえに，

$$[\,f(\boldsymbol{p}_1),\ f(\boldsymbol{p}_2),\ \cdots,\ f(\boldsymbol{p}_n)\,]$$

$$= [\,A_{\bullet 1}\,,\,A_{\bullet 2}\,,\cdots,A_{\bullet n}\,]\begin{bmatrix} p_{11} & p_{12} & \cdots & p_{1n} \\ p_{21} & p_{22} & \cdots & p_{2n} \\ \vdots & \vdots & & \vdots \\ p_{n1} & p_{n2} & \cdots & p_{nn} \end{bmatrix} = AP\,.$$

一方，（2）より次のようになる：

$$[\,f(\boldsymbol{p}_1),\ f(\boldsymbol{p}_2),\ \cdots,\ f(\boldsymbol{p}_n)\,]$$

$$= [\,\boldsymbol{p}_1\,,\,\boldsymbol{p}_2\,,\cdots,\boldsymbol{p}_n\,]\begin{bmatrix} b_{11} & b_{12} & \cdots & b_{1n} \\ b_{21} & b_{22} & \cdots & b_{2n} \\ \vdots & \vdots & & \vdots \\ b_{n1} & b_{n2} & \cdots & b_{nn} \end{bmatrix} = PB\,.$$

このように２つの n 次の正方行列 $A, B \in M_n(\mathbf{K})$ について上の等式（＊）を満たす n 次の正方行列 $P \in M_n(\mathbf{K})$ が存在するとき，A と B は**相似**であるという．また，（2）式から定まる行列 B を，線形写像 f の**基底** $\{\,\boldsymbol{p}_1\,,\,\boldsymbol{p}_2\,,\cdots,\boldsymbol{p}_n\,\}$ **が定める行列**という．

定理 9.3　相似な２つの行列の固有多項式は一致する．

［**証明**］　正則行列 P を用いて，$B = P^{-1}AP$ とするとき，$|\,P^{-1}\,|\,|\,P\,| = |\,P^{-1}P\,| = |\,I_n\,| = 1$ なので，

$$\varDelta_B(t) = |\,t\,I_n - P^{-1}AP\,| = |\,P^{-1}(t\,I_n - A)P\,|$$
$$= |\,P^{-1}\,|\,|\,t\,I_n - A\,|\,|\,P\,| = \varDelta_A(t)\,. \qquad \diamondsuit$$

問 9.2　$A = \begin{bmatrix} 3 & -2 \\ 2 & -1 \end{bmatrix}$，$\boldsymbol{p}_1 = \begin{bmatrix} 1 \\ 1 \end{bmatrix}$，$\boldsymbol{p}_2 = \begin{bmatrix} 2 \\ 1 \end{bmatrix}$ とする．次を示せ．

（1）　$A\boldsymbol{p}_1 = \boldsymbol{p}_1\,, \qquad A\boldsymbol{p}_2 = 2\boldsymbol{p}_1 + \boldsymbol{p}_2$

（2）　$P = [\,\boldsymbol{p}_1\,,\,\boldsymbol{p}_2\,]$ とすると，　$P^{-1}AP = \begin{bmatrix} 1 & 2 \\ 0 & 1 \end{bmatrix}$

行列の対角化　n 次の正方行列 $A \in M_n(\mathbf{K})$ に対して

$$(\#) \qquad P^{-1}AP = \begin{bmatrix} \alpha_1 & & & 0 \\ & \alpha_2 & & \\ & & \ddots & \\ 0 & & & \alpha_n \end{bmatrix}$$

となる n 次の正則行列 P が存在するとき，すなわち A が対角行列に相似となるとき，A を**対角化可能**といい，(#) 式を A の**対角化**という．このとき，P が正則行列なので，P の列ベクトルを $\{\boldsymbol{p}_1, \boldsymbol{p}_2, \cdots, \boldsymbol{p}_n\}$ とするとき，定理 3.1 より，$\{\boldsymbol{p}_1, \boldsymbol{p}_2, \cdots, \boldsymbol{p}_n\}$ は 1 次独立である．さらに

$$AP = A[\,\boldsymbol{p}_1, \boldsymbol{p}_2, \cdots, \boldsymbol{p}_n\,] = [\,A\boldsymbol{p}_1,\ A\boldsymbol{p}_2,\ \cdots,\ A\boldsymbol{p}_n\,],$$

$$P\begin{bmatrix} \alpha_1 & & & 0 \\ & \alpha_2 & & \\ & & \ddots & \\ 0 & & & \alpha_n \end{bmatrix} = [\,\alpha_1\boldsymbol{p}_1, \alpha_2\boldsymbol{p}_2, \cdots, \alpha_n\boldsymbol{p}_n\,]$$

となるので，

$$(\#) \iff AP = P\begin{bmatrix} \alpha_1 & & & 0 \\ & \alpha_2 & & \\ & & \ddots & \\ 0 & & & \alpha_n \end{bmatrix}$$

$$\iff A\boldsymbol{p}_1 = \alpha_1\boldsymbol{p}_1,\quad A\boldsymbol{p}_2 = \alpha_2\boldsymbol{p}_2,\quad \cdots,\quad A\boldsymbol{p}_n = \alpha_n\boldsymbol{p}_n$$

が成り立つ．以上をまとめて次の定理を得る．

定理 9.4　n 次の正方行列 A が対角化可能であるための必要十分条件は，A が n 個の 1 次独立な固有ベクトル $\{\boldsymbol{p}_1, \boldsymbol{p}_2, \cdots, \boldsymbol{p}_n\}$ をもつことである．このとき，

$$P = [\,\boldsymbol{p}_1, \boldsymbol{p}_2, \cdots, \boldsymbol{p}_n\,], \qquad A\boldsymbol{p}_i = \alpha_i\boldsymbol{p}_i \qquad (\,i = 1, 2, \cdots, n\,)$$

とすると，(#) 式が成立する．

定理 9.5　固有値がすべて異なる正方行列は対角化可能である．

［**証明**］ A を相異なる n 個の固有値 $\alpha_1, \cdots, \alpha_n$ をもつ n 次正方行列としそれらの固有ベクトルを $\boldsymbol{p}_1, \cdots, \boldsymbol{p}_n$ とする： $A\boldsymbol{p}_i = \alpha_i \boldsymbol{p}_i$ ($i = 1, \cdots, n$).

定理 9.4 より $\{\boldsymbol{p}_1, \cdots, \boldsymbol{p}_n\}$ が 1 次独立であればよい． $x_1\boldsymbol{p}_1 + \cdots + x_n\boldsymbol{p}_n = \boldsymbol{0}$ とする．この両辺に $B = (A - \alpha_2 I_n)\cdots(A - \alpha_n I_n)$ を掛けて，

$$B(x_1\boldsymbol{p}_1 + \cdots + x_n\boldsymbol{p}_n) = B\boldsymbol{0} = \boldsymbol{0}. \qquad ①$$

一方，

$$\begin{aligned} B\boldsymbol{p}_j &= (A - \alpha_2 I_n)\cdots(A - \alpha_{n-1} I_n)(A - \alpha_n I_n)\boldsymbol{p}_j \\ &= (A - \alpha_2 I_n)\cdots(A - \alpha_{n-1} I_n)\boldsymbol{p}_j(\alpha_j - \alpha_n) \end{aligned}$$

を順次計算して， $B\boldsymbol{p}_1 = (\alpha_1 - \alpha_2)\cdots(\alpha_1 - \alpha_n)\boldsymbol{p}_1$ かつ $B\boldsymbol{p}_j = \boldsymbol{0}$ ($j = 2, \cdots, n$) となることがわかる．したがって，① より

$$x_1(\alpha_1 - \alpha_2)(\alpha_1 - \alpha_3)\cdots(\alpha_1 - \alpha_n)\boldsymbol{p}_1 = \boldsymbol{0}.$$

$\alpha_1 - \alpha_j \neq 0$ ($j = 2, \cdots, n$) なので， $x_1 = 0$. 同様に $x_2 = \cdots = x_n = 0$ を得る．ゆえに $\{\boldsymbol{p}_1, \cdots, \boldsymbol{p}_n\}$ は 1 次独立となり， A は対角化可能．　◇

例題 9.4　次の行列は対角化可能か．対角化可能ならば対角化せよ．

（1） $A = \begin{bmatrix} 1 & 4 \\ 1 & 1 \end{bmatrix}$　　（2） $B = \begin{bmatrix} 5 & -2 \\ 0 & 5 \end{bmatrix}$

【解答】（1） $\Delta_A(t) = (t-3)(t+1)$ より， A の固有値は $3, -1$ なので，定理 9.5 より対角化可能である．

次に，固有値 $3, -1$ の固有ベクトルはそれぞれ $\boldsymbol{p}_1 = \begin{bmatrix} 2 \\ 1 \end{bmatrix}$, $\boldsymbol{p}_2 = \begin{bmatrix} -2 \\ 1 \end{bmatrix}$ なので， $P = [\,\boldsymbol{p}_1, \boldsymbol{p}_2\,] = \begin{bmatrix} 2 & -2 \\ 1 & 1 \end{bmatrix}$ とすると， $P^{-1}AP = \begin{bmatrix} 3 & 0 \\ 0 & -1 \end{bmatrix}$.

（2） B の固有値は 5（重複度 2）で， $V_5 = S[\begin{bmatrix} 1 \\ 0 \end{bmatrix}]$. 定理 9.4 より対角化不可能（定理 9.5 は，固有値が重複しても，対角化不可能とはいっていない）．　◆

練習問題 9

1. B, C, D を n 次の正方行列とするとき，$A = \begin{bmatrix} B & C \\ O & D \end{bmatrix}$（$O$ は零行列）の固有多項式は $\varDelta_A(t) = \varDelta_B(t)\varDelta_D(t)$ を満たすことを示せ.

2. n 次の正方行列 A と その転置行列 ${}^tA$ の固有値は同一であることを示せ.

3. 正則行列 A の固有値 α は 0 でなく，α^{-1} は A^{-1} の固有値となることを示せ.

4. α が A の固有値なら，α^k は $A^k = \overbrace{A \cdots A}^{k}$ の固有値であることを示せ. ただし，k は自然数である.

5. 次の行列の固有値と固有ベクトルを求めよ.

(1) $\begin{bmatrix} 2 & 0 & 2 \\ 0 & 1 & 1 \\ 1 & 0 & 1 \end{bmatrix}$　(2) $\begin{bmatrix} 3 & 1 & 1 \\ -1 & 0 & -2 \\ 0 & 1 & 3 \end{bmatrix}$　(3) $\begin{bmatrix} 1 & 2 & 0 \\ 0 & -1 & 3 \\ 0 & 0 & -1 \end{bmatrix}$

6. 次の行列が対角化可能か否かを調べ，対角化可能のときは対角化せよ.

(1) $\begin{bmatrix} 1 & 0 & 2 \\ 1 & 1 & 1 \\ 1 & 0 & 0 \end{bmatrix}$　(2) $\begin{bmatrix} 5 & 8 \\ -2 & -3 \end{bmatrix}$　(3) $\begin{bmatrix} 3 & -2 \\ 2 & -1 \end{bmatrix}$

(4) $\begin{bmatrix} 3 & 4 \\ -1 & -1 \end{bmatrix}$　(5) $\begin{bmatrix} 2 & 1 & 1 \\ 1 & 0 & 1 \\ 1 & -1 & 2 \end{bmatrix}$

7. n 次の正方行列 $A = [\, a_{ij} \,]$ に対し，$\mathrm{Tr}(A) = a_{11} + a_{22} + \cdots + a_{nn}$ を A の**トレース**という. 次を示せ（ただし，A の固有値を $\alpha_1, \cdots, \alpha_n$ とする）.

(1) $\varDelta_A(t)$ の t^{n-1} の係数は $-\mathrm{Tr}(A)$，定数項は $(-1)^n |\,A\,|$ となる.

(2) n 次の正則行列 P に対し，$\mathrm{Tr}(P^{-1}AP) = \mathrm{Tr}(A)$ となる.

(3) $\mathrm{Tr}(A) = \alpha_1 + \alpha_2 + \cdots + \alpha_n$ および $|\,A\,| = \alpha_1\alpha_2\cdots\alpha_n$ である.

第10節　行列の標準形

10.1　行列の三角化

この節では一般に複素正方行列を扱う．

定理 10.1　n 次の正方行列 A の（重複度を込めて数えた）n 個の固有値を $\alpha_1, \alpha_2, \cdots, \alpha_n$ とする．このとき，n 次正則行列 P を選び，

$$P^{-1}AP = \begin{bmatrix} \alpha_1 & & & * \\ & \alpha_2 & & \\ & & \ddots & \\ 0 & & & \alpha_n \end{bmatrix}$$

の形の上三角行列にすることができる．これを**行列の三角化**という．

［**証明**］　行列 A の次数 n に関する数学的帰納法で示す．

$n=1$ のときは正しい．$n-1$ 次以下の正方行列については定理が正しいと仮定し，n 次の正方行列 A で成り立つことを示そう．A の固有値 α_1 に対する固有ベクトルを $\boldsymbol{v}_1$ とし，$\mathbf{C}^n$ のベクトル $\boldsymbol{v}_2, \cdots, \boldsymbol{v}_n$ を $\{\boldsymbol{v}_1, \boldsymbol{v}_2, \cdots, \boldsymbol{v}_n\}$ が $\mathbf{C}^n$ の基底となるように選ぶ．$\{\boldsymbol{v}_1, \boldsymbol{v}_2, \cdots, \boldsymbol{v}_n\}$ を列ベクトルとする行列 $P_1 = [\boldsymbol{v}_1, \cdots, \boldsymbol{v}_n]$ は正則で，**9.2** の (2) 式より，$B = [b_{ij}] = P_1^{-1}AP_1$ は

$$A\boldsymbol{v}_j = b_{1j}\boldsymbol{v}_1 + b_{2j}\boldsymbol{v}_2 + \cdots + b_{nj}\boldsymbol{v}_n \qquad (j = 1, 2, \cdots, n)$$

を満たす．$A\boldsymbol{v}_1 = \alpha_1\boldsymbol{v}_1$ より，$b_{11} = \alpha_1$，$b_{i1} = 0$ $(i = 2, \cdots, n)$，すなわち，

$$B = P_1^{-1}AP_1 = \left[\begin{array}{c|c} \alpha_1 & * \\ \hline 0 & \\ \vdots & A_1 \\ 0 & \end{array}\right]$$

の形をしている．ここで定理 9.3 より，

$$\Delta_A(t) = \Delta_B(t) = (t-\alpha_1)\,|\,tI_{n-1} - A_1\,|.$$

よって，$n-1$ 次正方行列 A_1 の固有値は A の残りの固有値 $\alpha_2, \cdots, \alpha_n$ となる．そこで A_1 について，帰納法の仮定より，$n-1$ 次正則行列 P_2 を選び，

$$P_2^{-1}A_1P_2 = \begin{bmatrix} \alpha_2 & & * \\ & \ddots & \\ \mathbf{0} & & \alpha_n \end{bmatrix}$$

とできる．そこで求める n 次正則行列 P は

$$P = P_1\left[\begin{array}{c|ccc} 1 & 0 & \cdots & 0 \\ \hline 0 & & & \\ \vdots & & P_2 & \\ 0 & & & \end{array}\right]$$

であることを示そう．P_1, P_2 が正則行列なので，P も正則行列であり，

$$P^{-1}AP = \left[\begin{array}{c|ccc} 1 & 0 & \cdots & 0 \\ \hline 0 & & & \\ \vdots & & P_2^{-1} & \\ 0 & & & \end{array}\right] P_1^{-1}AP_1 \left[\begin{array}{c|ccc} 1 & 0 & \cdots & 0 \\ \hline 0 & & & \\ \vdots & & P_2 & \\ 0 & & & \end{array}\right]$$

$$= \left[\begin{array}{c|ccc} 1 & 0 & \cdots & 0 \\ \hline 0 & & & \\ \vdots & & P_2^{-1} & \\ 0 & & & \end{array}\right] \left[\begin{array}{c|c} \alpha_1 & * \\ \hline 0 & \\ \vdots & A_1 \\ 0 & \end{array}\right] \left[\begin{array}{c|ccc} 1 & 0 & \cdots & 0 \\ \hline 0 & & & \\ \vdots & & P_2 & \\ 0 & & & \end{array}\right]$$

$$= \left[\begin{array}{c|c} \alpha_1 & * \\ \hline 0 & \\ \vdots & P_2^{-1}A_1P_2 \\ 0 & \end{array}\right] = \left[\begin{array}{c|ccc} \alpha_1 & & * & \\ \hline 0 & \alpha_2 & & * \\ \vdots & & \ddots & \\ 0 & \mathbf{0} & & \alpha_n \end{array}\right].$$

ゆえに任意の次数について定理が正しいことが証明された． ◇

例題 10.1　次の行列を正則行列により三角化せよ．

（1）　$A = \begin{bmatrix} 8 & -9 \\ 4 & -4 \end{bmatrix}$　　　（2）　$B = \begin{bmatrix} 5 & 1 & -2 \\ 4 & 6 & -5 \\ 4 & 3 & -2 \end{bmatrix}$

【解答】（1）$\varDelta_A(t) = (t-2)^2$ なので，A の固有値は 2（重複度 2）．固有値 2 の固有ベクトルは $\boldsymbol{p}_1 = \begin{bmatrix} 3 \\ 2 \end{bmatrix}$．$(A - 2I_2)\boldsymbol{p}_2 = \boldsymbol{p}_1$ となる $\boldsymbol{p}_2$ として $\boldsymbol{p}_2 = \begin{bmatrix} -1 \\ -1 \end{bmatrix}$ をとる．$A\boldsymbol{p}_1 = 2\boldsymbol{p}_1$，$A\boldsymbol{p}_2 = \boldsymbol{p}_1 + 2\boldsymbol{p}_2$ であるから，**9.2** より正則行列 $P = [\,\boldsymbol{p}_1, \boldsymbol{p}_2\,] = \begin{bmatrix} 3 & -1 \\ 2 & -1 \end{bmatrix}$ は次を満たす：

$$P^{-1}AP = \begin{bmatrix} 2 & 1 \\ 0 & 2 \end{bmatrix}$$

（2）$\varDelta_B(t) = (t-3)^3$ なので，B の固有値は 3（重複度 3）．固有値 3 の固有ベクトルは $\boldsymbol{p}_1 = \begin{bmatrix} 1 \\ 2 \\ 2 \end{bmatrix}$ である．$(B - 3I_3)\boldsymbol{p}_2 = \boldsymbol{p}_1$ を満たす $\boldsymbol{p}_2$ として，$\boldsymbol{p}_2 = \begin{bmatrix} 0 \\ -1 \\ -1 \end{bmatrix}$ がとれる．$(B - 3I_3)\boldsymbol{p}_3 = \boldsymbol{p}_2$ を満たす $\boldsymbol{p}_3$ として，$\boldsymbol{p}_3 = \begin{bmatrix} 1 \\ 0 \\ 1 \end{bmatrix}$ がとれる．そこで

$$P = [\,\boldsymbol{p}_1, \boldsymbol{p}_2, \boldsymbol{p}_3\,] = \begin{bmatrix} 1 & 0 & 1 \\ 2 & -1 & 0 \\ 2 & -1 & 1 \end{bmatrix}$$

とすると，$|P| = -1$ なので，P は正則行列である．しかも，$\{\boldsymbol{p}_1, \boldsymbol{p}_2, \boldsymbol{p}_3\}$ の作り方より，$B\boldsymbol{p}_1 = 3\boldsymbol{p}_1$，$B\boldsymbol{p}_2 = \boldsymbol{p}_1 + 3\boldsymbol{p}_2$，$B\boldsymbol{p}_3 = \boldsymbol{p}_2 + 3\boldsymbol{p}_3$ を満たす．**9.2** より，正則行列 P は次を満たす：

$$P^{-1}BP = \begin{bmatrix} 3 & 1 & 0 \\ 0 & 3 & 1 \\ 0 & 0 & 3 \end{bmatrix}. \quad ◆$$

定理 10.2 （ケイリー・ハミルトン） 任意の n 次の正方行列 A に対し，$\Delta_A(t)$ を A の固有多項式とすると，$\Delta_A(A) = O$（O は零行列）となる．すなわち，A の固有値を $\alpha_1, \alpha_2, \cdots, \alpha_n$ とし，

$$\Delta_A(t) = (t-\alpha_1)(t-\alpha_2)\cdots(t-\alpha_n)$$

としたとき，

$$(A-\alpha_1 I_n)(A-\alpha_2 I_n)\cdots(A-\alpha_n I_n) = O$$

が成り立つ．

［**証明**］ 定理 10.1 より，n 次正則行列 P を選び，

$$P^{-1}AP = \begin{bmatrix} \alpha_1 & & & * \\ & \alpha_2 & & \\ & & \ddots & \\ 0 & & & \alpha_n \end{bmatrix}$$

とできた．そこで，$i = 1, \cdots, n$ に対して

(#) $$\begin{aligned} &P^{-1}(\alpha_1 I_n - A)\cdots(\alpha_i I_n - A)P \\ &= (\alpha_1 I_n - P^{-1}AP)\cdots(\alpha_i I_n - P^{-1}AP) \\ &= \left[\begin{array}{ccc|c} \overbrace{0 \quad \cdots \quad 0}^{i} & & & \\ \vdots & & \vdots & * \\ 0 & \cdots & 0 & \end{array}\right] \end{aligned}$$

となることを示そう．そうすれば，上式において $i = n$ として，

$$P^{-1}(\alpha_1 I_n - A)\cdots(\alpha_n I_n - A)P = O$$

を得る．したがって，求める

$$(\alpha_1 I_n - A)\cdots(\alpha_n I_n - A) = O$$

を得る．

実際，式 (#) は i についての数学的帰納法で示せる．$i = 1$ のとき，

$$P^{-1}(\alpha_1 I_n - A)P = \alpha_1 I_n - P^{-1}AP = \begin{bmatrix} \alpha_1-\alpha_1 & & & * \\ & \alpha_1-\alpha_2 & & \\ & & \ddots & \\ 0 & & & \alpha_1-\alpha_n \end{bmatrix}$$

となるので正しい．次に i のときに (#) が正しいものと仮定して，$i+1$ のとき正しいことを示そう．

$$\begin{aligned} & P^{-1}(\alpha_1 I_n - A)\cdots(\alpha_i I_n - A)(\alpha_{i+1} I_n - A)P \\ &= (\alpha_1 I_n - P^{-1}AP)\cdots(\alpha_i I_n - P^{-1}AP)(\alpha_{i+1} I_n - P^{-1}AP) \end{aligned}$$

$$= \left[\begin{array}{ccc|c} \overbrace{0 \quad \cdots \quad 0}^{i} & & & \\ \vdots & & \vdots & * \\ 0 & \cdots & 0 & \end{array}\right] \left[\begin{array}{cc|cc} \alpha_{i+1}-\alpha_1 & & & \\ & \ddots & & * \\ & & 0 & \\ & & & \ddots \\ 0 & & & \alpha_{i+1}-\alpha_n \end{array}\right]$$

(点線は第 $i+1$ 列)

$$= \left[\begin{array}{cccc|c} \overbrace{0 \quad \cdots \quad 0 \quad 0}^{i+1} & & & & \\ \vdots & & \vdots & \vdots & * \\ 0 & \cdots & 0 & 0 & \end{array}\right]$$

となる．ゆえに $i+1$ の場合にも (#) は正しい．ゆえに，任意の i について (#) は正しいことが示された． ◇

例 10.1 $A = \begin{bmatrix} a & b \\ c & d \end{bmatrix}$ の固有多項式 $\Delta_A(t)$ は，例題 9.3 により，

$$\Delta_A(t) = (t-\alpha_1)(t-\alpha_2) = t^2 - (a+d)t + ad - bc\,.$$

したがって，

$$\Delta_A(A) = A^2 - (a+d)A + (ad-bc)I_2 = A^2 - \mathrm{Tr}(A)A + |A|I_2 = O$$

が成り立つ．ただし，$\mathrm{Tr}(A) = a + d$ は A のトレースである． ◇

10.2* ジョルダンの標準形

ここで，任意の正方行列 A は三角行列よりも簡単なジョルダン標準形に相似となる，という定理を述べよう．

以下，次のような形の m 次正方行列を各々 $B(\alpha, m)$, $J(\alpha, m)$ で表す：

$$\begin{bmatrix} \alpha & & & & \ast \\ & \alpha & & & \\ & & \alpha & & \\ & & & \ddots & \\ 0 & & & & \alpha \end{bmatrix}, \quad \begin{bmatrix} \alpha & 1 & 0 & \cdots & 0 \\ & \alpha & 1 & \ddots & \vdots \\ & & \alpha & \ddots & 0 \\ & & & \ddots & 1 \\ 0 & & & & \alpha \end{bmatrix}.$$

後者の形の行列 $J(\alpha, m)$ を**ジョルダン ブロック**という．

定理 10.3 任意の n 次正方行列 A は，n 次正則行列 P を選び，

$$P^{-1}AP = \begin{bmatrix} J_1 & & & 0 \\ & J_2 & & \\ & & \ddots & \\ 0 & & & J_\mu \end{bmatrix} \quad （ジョルダン標準形）$$

とできる．J_i はジョルダン ブロックで，それ以外の各成分は零である．

以下は証明の概略である．n 次の正方行列 A の相異なる固有値を $\alpha_1, \alpha_2, \cdots, \alpha_r$ とし，それらの重複度をそれぞれ $m_1, m_2, \cdots, m_r$ とする．$m_1 + m_2 + \cdots + m_r = n$ である．このとき定理 10.1 より，n 次正則行列 P を選び，

$$P^{-1}AP = \begin{bmatrix} B(\alpha_1, m_1) & & & \ast \\ & B(\alpha_2, m_2) & & \\ & & \ddots & \\ 0 & & & B(\alpha_r, m_r) \end{bmatrix} = B$$

とすることができた．ここで，さらにこの B に対して，正則行列 Q を選び，$\ast$ の部分を零とすることができることを示そう．

定理 10.4 上の形の行列 B に対し，n 次の正則行列 Q を選び，次の形にできる：

$$Q^{-1}BQ = \begin{bmatrix} B(\alpha_1, m_1) & & & 0 \\ & B(\alpha_2, m_2) & & \\ & & \ddots & \\ 0 & & & B(\alpha_r, m_r) \end{bmatrix}.$$

［**証明**］ B を $B = \left[\begin{array}{c|c} H & C \\ \hline O & D \end{array}\right]$（ここで $H = B(\alpha_1, m_1)$）と書く．そこで正則行列 Q を選び，$Q^{-1}BQ = \left[\begin{array}{c|c} H & O \\ \hline O & D \end{array}\right]$ とできることを示そう．そうすれば今度は D の部分について同様の議論を繰り返すことにより，定理が示される．

以下簡単のため，$m = m_1$ と書く．$B_1 = B - \alpha_1 I_n = \left[\begin{array}{c|c} N_1 & C \\ \hline O & D_1 \end{array}\right]$ とおくと，

$N_1 = B(0, m)$ より $N_1{}^m = \overbrace{N_1 \cdots N_1}^{m} = O$ となる．$\alpha_2 - \alpha_1 \neq 0, \cdots, \alpha_r - \alpha_1 \neq 0$ なので，$|D_1| \neq 0$．したがって，$B_1{}^m$ は

$$B_1{}^m = \left[\begin{array}{c|c} O & C' \\ \hline O & D_1{}^m \end{array}\right] \quad \text{（ここで，}C'\text{ は }m\text{ 行 }n-m\text{ 列の行列）}$$

という形をしている．さて，求める正則行列 Q は次のように与えられる：

$$Q = \left[\begin{array}{c|c} I_m & C'D_1{}^{-m} \\ \hline O & I_{n-m} \end{array}\right].$$

実際，まず，Q の逆行列 Q^{-1} は $Q^{-1} = \left[\begin{array}{c|c} I_m & -C'D_1{}^{-m} \\ \hline O & I_{n-m} \end{array}\right]$ であることに注意する．したがって，

（1） $Q^{-1}B_1{}^mQ$

$$= \left[\begin{array}{c|c} I_m & -C'D_1{}^{-m} \\ \hline O & I_{n-m} \end{array}\right]\left[\begin{array}{c|c} O & C' \\ \hline O & D_1{}^m \end{array}\right]\left[\begin{array}{c|c} I_m & C'D_1{}^{-m} \\ \hline O & I_{n-m} \end{array}\right] = \left[\begin{array}{c|c} O & O \\ \hline O & D_1{}^m \end{array}\right].$$

このとき，

（2） $Q^{-1}B_1Q$

$$=\left[\begin{array}{c|c} I_m & -C'D_1{}^{-m} \\ \hline O & I_{n-m} \end{array}\right]\left[\begin{array}{c|c} N_1 & C \\ \hline O & D_1 \end{array}\right]\left[\begin{array}{c|c} I_m & C'D_1{}^{-m} \\ \hline O & I_{n-m} \end{array}\right]=\left[\begin{array}{c|c} N_1 & C'' \\ \hline O & D_1 \end{array}\right]$$

となる．ここで C'' は m 行 $n-m$ 列の行列であるが，$C''=O$ を示せば，$B=B_1+\alpha_1 I_n$ なので証明は終る．

さて，$B_1{}^{m-1}$ についても次のように書き表せる：

（3） $Q^{-1}B_1{}^{m-1}Q=\left[\begin{array}{c|c} N_1{}^{m-1} & C''' \\ \hline O & D_1{}^{m-1} \end{array}\right]$ （C''' は m 行 $n-m$ 列の行列）．

したがって，等式

$$(Q^{-1}B_1Q)(Q^{-1}B_1{}^{m-1}Q)=(Q^{-1}B_1{}^{m-1}Q)(Q^{-1}B_1Q)=Q^{-1}B_1{}^mQ$$

に（1），（2），（3）を代入して，

$$\left[\begin{array}{c|c} N_1 & C'' \\ \hline O & D_1 \end{array}\right]\left[\begin{array}{c|c} N_1{}^{m-1} & C''' \\ \hline O & D_1{}^{m-1} \end{array}\right]=\left[\begin{array}{c|c} N_1{}^{m-1} & C''' \\ \hline O & D_1{}^{m-1} \end{array}\right]\left[\begin{array}{c|c} N_1 & C'' \\ \hline O & D_1 \end{array}\right]=\left[\begin{array}{c|c} O & O \\ \hline O & D_1{}^m \end{array}\right]$$

を得る．これらの等式の辺々を計算して，次の 2 式を得る：

（4） $N_1C'''+C''D_1{}^{m-1}=O$； （5） $N_1{}^{m-1}C''+C'''D_1=O$．

（5）式において左から N_1 を掛けると，$N_1{}^m=O$ より，$N_1C'''D_1=O$．ところが $|D_1|\neq 0$ なので，$D_1{}^{-1}$ を右から掛けて，$N_1C'''=O$ となる．これを（4）式に代入して，$C''D_1{}^{m-1}=O$ となる．再び $|D_1|\neq 0$ より，$C''=O$ を得て，証明は終了する． ◇

次に，定理 10.4 の各ブロック $B(\alpha_i, m_i)$ （$i=1,2,\cdots,r$）に注目しよう．

$$N=B(\alpha_i, m_i)-\alpha_i I_{m_i}=B(0, m_i)=\begin{bmatrix} 0 & & & \ast \\ & 0 & & \\ & & \ddots & \\ \mathbf{0} & & & 0 \end{bmatrix} \quad (m_i \text{ 次の行列})$$

は $N^{m_i}=O$ を満たす．このように，自然数 k を選び

$$N^k=\overbrace{N\cdots N}^{k}=O$$

となる正方行列 N は**べき零行列**と呼ばれ，次が成り立つ．

定理 10.5（べき零行列の標準形）　m 次のべき零行列 N は m 次の正則行列 P を選び，次の形にできる：

$$P^{-1}NP = \begin{bmatrix} J(0, m_1) & & & \mathbf{0} \\ & J(0, m_2) & & \\ & & \ddots & \\ \mathbf{0} & & & J(0, m_\lambda) \end{bmatrix}$$

$$(m_1 + m_2 + \cdots + m_\lambda = m).$$

定理 10.5 の証明をここでは与えないが，次の例題を参考にせよ．

例題 10.2　k 次の正方行列 N が $N^k = O$ かつ $N^{k-1} \neq O$ を満たすとする．このとき，$N^{k-1}\boldsymbol{v} \neq \mathbf{0}$ となる $\boldsymbol{v} \neq \mathbf{0}$ を選び，

$$\boldsymbol{v}_1 = N^{k-1}\boldsymbol{v}, \quad \boldsymbol{v}_2 = N^{k-2}\boldsymbol{v}, \quad \cdots, \quad \boldsymbol{v}_{k-1} = N\boldsymbol{v}, \quad \boldsymbol{v}_k = \boldsymbol{v}$$

とおく．次が成り立つことを示せ：

（1）$\{ \boldsymbol{v}_1, \boldsymbol{v}_2, \cdots, \boldsymbol{v}_{k-1}, \boldsymbol{v}_k \}$ は1次独立である．

（2）$N\boldsymbol{v}_1 = \mathbf{0}$，$N\boldsymbol{v}_2 = \boldsymbol{v}_1$，$N\boldsymbol{v}_3 = \boldsymbol{v}_2$，$\cdots$，$N\boldsymbol{v}_k = \boldsymbol{v}_{k-1}$．

（3）$P = [\, \boldsymbol{v}_1, \boldsymbol{v}_2, \cdots, \boldsymbol{v}_{k-1}, \boldsymbol{v}_k \,]$ とすると，P は正則行列で，

$$P^{-1}NP = \begin{bmatrix} 0 & 1 & 0 & \cdots & 0 \\ & 0 & 1 & \ddots & \vdots \\ & & \ddots & \ddots & 0 \\ & & & \ddots & 1 \\ \mathbf{0} & & & & 0 \end{bmatrix} = J(0, k).$$

【解答】（1）
$$h_1\boldsymbol{v}_1 + \cdots + h_{k-1}\boldsymbol{v}_{k-1} + h_k\boldsymbol{v}_k = \mathbf{0}$$
とする．両辺に N^{k-1} を掛けて，

$$h_1(N^{k-1}\boldsymbol{v}_1) + \cdots + h_{k-1}(N^{k-1}\boldsymbol{v}_{k-1}) + h_k(N^{k-1}\boldsymbol{v}_k) = \mathbf{0}.$$

ところが，$N^{k-1}\boldsymbol{v}_i = N^{k-1}N^{k-i}\boldsymbol{v} = N^kN^{k-1-i}\boldsymbol{v} = \mathbf{0}$（$i = 1, 2, \cdots, k-1$）かつ $N^{k-1}\boldsymbol{v}_k = N^{k-1}\boldsymbol{v} = \boldsymbol{v}_1$ なので，$h_k\boldsymbol{v}_1 = \mathbf{0}$ となり，$h_k = 0$ を得る．ゆえに

$$h_1\boldsymbol{v}_1+\cdots+h_{k-1}\boldsymbol{v}_{k-1}=\boldsymbol{0}.$$

この両辺に N^{k-2} を掛けて，$h_{k-1}=0$ を得る．以下同様にして，$h_1=h_2=\cdots=h_k=0$ となるので，$\{\boldsymbol{v}_1,\boldsymbol{v}_2,\cdots,\boldsymbol{v}_k\}$ は1次独立である．

（2） $N\boldsymbol{v}_1=N^k\boldsymbol{v}=\boldsymbol{0}$，$N\boldsymbol{v}_2=N^{k-1}\boldsymbol{v}=\boldsymbol{v}_1$，$N\boldsymbol{v}_3=N^{k-2}\boldsymbol{v}=\boldsymbol{v}_2$，$\cdots$，$N\boldsymbol{v}_k=N\boldsymbol{v}=\boldsymbol{v}_{k-1}$ となるからである．

（3） (1) より P は正則行列である．(2) より次が成り立つことから明らか．

$$NP=[\,N\boldsymbol{v}_1,N\boldsymbol{v}_2,\cdots,N\boldsymbol{v}_{k-1},N\boldsymbol{v}_k\,]=[\,\boldsymbol{0},\boldsymbol{v}_1,\boldsymbol{v}_2,\cdots,\boldsymbol{v}_{k-2},\boldsymbol{v}_{k-1}\,]$$
$$=[\,\boldsymbol{v}_1,\boldsymbol{v}_2,\cdots,\boldsymbol{v}_{k-1},\boldsymbol{v}_k\,]\begin{bmatrix}0&1&0&\cdots&0\\&0&1&\ddots&\vdots\\&&0&\ddots&0\\&&&\ddots&1\\&\text{\Large 0}&&&0\end{bmatrix}.\quad\blacklozenge$$

ジョルダン標準形の求め方　A を任意の n 次正方行列とする．A のジョルダン標準形とそれを与える n 次正則行列 P は次のように求める：

（i） A の固有値をすべて求める．

（ii） 各固有値の1次独立な固有ベクトルを（$\mathbf{C}^n$ において）すべて求め，$\{\boldsymbol{u}_1,\cdots,\boldsymbol{u}_r\}$ とする．対応する固有値を $\{\alpha_1,\cdots,\alpha_r\}$ とおく．

（iii） 各 $\boldsymbol{u}_i$（$i=1,\cdots,r$）について，ベクトル $\boldsymbol{p}_{i,1},\boldsymbol{p}_{i,2},\cdots$ を順次

$$(*)\quad\begin{cases}\qquad\quad\boldsymbol{p}_{i,1}=\boldsymbol{u}_i,\\(A-\alpha_iI_n)\boldsymbol{p}_{i,2}=\boldsymbol{p}_{i,1},\\\qquad\cdots\cdots\cdots\cdots\\(A-\alpha_iI_n)\boldsymbol{p}_{i,m_i}=\boldsymbol{p}_{i,m_i-1},\qquad(A-\alpha_iI_n)\boldsymbol{x}=\boldsymbol{p}_{i,m_i}\ \text{は解なし}\end{cases}$$

となるまでとり，$\{\boldsymbol{p}_{i,1},\boldsymbol{p}_{i,2},\cdots,\boldsymbol{p}_{i,m_i}\}$ を定める．

（iv） （$*$）より　$A\boldsymbol{p}_{i,1}=\alpha_i\boldsymbol{p}_{i,1}$，$A\boldsymbol{p}_{i,j}=\boldsymbol{p}_{i,j-1}+\alpha_i\boldsymbol{p}_{i,j}$（$j=2,\cdots,m_i$）

（v） $$\{\underbrace{\boldsymbol{p}_{1,1},\cdots,\boldsymbol{p}_{1,m_1}}_{m_1},\underbrace{\boldsymbol{p}_{2,1},\cdots,\boldsymbol{p}_{2,m_2}}_{m_2},\cdots,\underbrace{\boldsymbol{p}_{r,1},\cdots,\boldsymbol{p}_{r,m_r}}_{m_r}\}$$

$$(\,n=m_1+m_2+\cdots+m_r\,)$$

は1次独立となり，この成分行列が求める n 次正則行列 P である．

例題 10.3 次の行列 A のジョルダン標準形を求めよ：

$$A=\begin{bmatrix} 1 & 2 & 2 \\ 0 & 2 & 1 \\ -1 & 2 & 2 \end{bmatrix}.$$

【解答】 （i） $\Delta_A(t)=(t-1)(t-2)^2$ より A の固有値は 1, 2（重複度 2）.

（ii） 固有値 1, 2 の固有ベクトルはそれぞれ

$$\boldsymbol{u}_1=\begin{bmatrix} 1 \\ 1 \\ -1 \end{bmatrix}, \qquad \boldsymbol{u}_2=\begin{bmatrix} 2 \\ 1 \\ 0 \end{bmatrix}$$

であり，A は対角化不可能である.

（iii） $\boldsymbol{p}_{1,1}=\boldsymbol{u}_1$ とおく．$(A-I_3)\boldsymbol{x}=\boldsymbol{p}_{1,1}$ となる解 $\boldsymbol{x}$ は存在しない（各自確かめよ）. $\boldsymbol{p}_{2,1}=\boldsymbol{u}_2$ とおく．$(A-2I_3)\boldsymbol{p}_{2,2}=\boldsymbol{p}_{2,1}$ となる $\boldsymbol{p}_{2,2}$ は連立1次方程式を解いて求めると

$$\boldsymbol{p}_{2,2}=\begin{bmatrix} 2 \\ 1 \\ 1 \end{bmatrix}.$$

また，$(A-2I_3)\boldsymbol{x}=\boldsymbol{p}_{2,2}$ となる解 $\boldsymbol{x}$ は存在しない（各自確かめよ）.

（iv） このとき，$\{\boldsymbol{p}_{1,1}, \boldsymbol{p}_{2,1}, \boldsymbol{p}_{2,2}\}$ は1次独立で，

$$A\boldsymbol{p}_{1,1}=1\boldsymbol{p}_{1,1}, \qquad A\boldsymbol{p}_{2,1}=2\boldsymbol{p}_{2,1}, \qquad A\boldsymbol{p}_{2,2}=\boldsymbol{p}_{2,1}+2\boldsymbol{p}_{2,2}$$

を満たす.

（v） $P=[\boldsymbol{p}_{1,1}, \boldsymbol{p}_{2,1}, \boldsymbol{p}_{2,2}]=\begin{bmatrix} 1 & 2 & 2 \\ 1 & 1 & 1 \\ -1 & 0 & 1 \end{bmatrix}$ とおくと，

$$P^{-1}AP=\begin{bmatrix} 1 & 0 & 0 \\ 0 & 2 & 1 \\ 0 & 0 & 2 \end{bmatrix}$$

となる．これが求める A のジョルダン標準形である. ◆

練習問題 10

1. $A = \begin{bmatrix} 0 & 0 & 1 \\ 0 & -1 & 0 \\ 1 & 0 & 0 \end{bmatrix}$ について，ケイリー・ハミルトンの定理を用いて，

$$A^n + A^{n-1} \qquad (n \geqq 2)$$

を計算せよ．

2. 2 次の正方行列 A の固有値の絶対値がすべて 1 より小さければ，任意の $\boldsymbol{x} \in \mathbf{C}^2$ に対して，$\lim_{k \to \infty} \| A^k \boldsymbol{x} \| = 0$ となることを示せ．ただし，$\boldsymbol{y} = \begin{bmatrix} y_1 \\ y_2 \end{bmatrix}$ に対し，$\| \boldsymbol{y} \|^2 = |y_1|^2 + |y_2|^2$ とする．

3. $A = \begin{bmatrix} 1 & -3 \\ 4 & -6 \end{bmatrix}$ を対角化せよ．これを利用して，A^{10} を計算せよ．

4. 次の行列を三角化せよ．

（1）$\begin{bmatrix} 3 & -2 \\ 2 & -1 \end{bmatrix}$ （2）$\begin{bmatrix} 3 & -2 & 1 \\ 1 & 0 & 1 \\ 0 & -1 & 3 \end{bmatrix}$

5. 次の行列のジョルダン標準形を求めよ．

（1）$\begin{bmatrix} 0 & 0 & 1 \\ 1 & 0 & 0 \\ 0 & 0 & 0 \end{bmatrix}$ （2）$\begin{bmatrix} 1 & 0 & 0 \\ 1 & 1 & 0 \\ 1 & 0 & 1 \end{bmatrix}$

6. n 次の正方行列 A が $A^2 = I_n$ を満たせば，A の固有値はすべて 1 または -1 となることを示せ．

第11節 内　積

11.1　内積とベクトルの長さ

本節で扱うベクトル空間は実ベクトル空間とする．n 項実ベクトル空間 $\mathbf{R}^n$ における内積を定義しよう．任意の2つの n 項実ベクトル

$$\boldsymbol{a} = \begin{bmatrix} a_1 \\ \vdots \\ a_n \end{bmatrix}, \qquad \boldsymbol{b} = \begin{bmatrix} b_1 \\ \vdots \\ b_n \end{bmatrix}$$

に対して，実数値

$$(\boldsymbol{a}, \boldsymbol{b}) = a_1 b_1 + \cdots + a_n b_n = {}^t\boldsymbol{a}\,\boldsymbol{b} = [\, a_1, \cdots, a_n \,] \begin{bmatrix} b_1 \\ \vdots \\ b_n \end{bmatrix}$$

を，$\boldsymbol{a}$ と $\boldsymbol{b}$ の**内積**という．（右辺において，ベクトル $\boldsymbol{a}, \boldsymbol{b}$ を n 行1列の行列として扱っていることに注意せよ.）

内積について次の法則が成立する（各自確かめよ）：

（i）　$(\boldsymbol{a}, \boldsymbol{b}) = (\boldsymbol{b}, \boldsymbol{a})$

（ii）　$(\boldsymbol{a} + \boldsymbol{b}, \boldsymbol{c}) = (\boldsymbol{a}, \boldsymbol{c}) + (\boldsymbol{b}, \boldsymbol{c})$,

　　　$(\boldsymbol{a}, \boldsymbol{b} + \boldsymbol{c}) = (\boldsymbol{a}, \boldsymbol{b}) + (\boldsymbol{a}, \boldsymbol{c})$

（iii）　$(k\boldsymbol{a}, \boldsymbol{b}) = (\boldsymbol{a}, k\boldsymbol{b}) = k(\boldsymbol{a}, \boldsymbol{b})$　　（k は実数）

（iv）　$(\boldsymbol{a}, \boldsymbol{a}) \geqq 0$．ここで $(\boldsymbol{a}, \boldsymbol{a}) = 0$ と $\boldsymbol{a} = \boldsymbol{0}$ とは同値である．

零ベクトルでない2つのベクトル $\boldsymbol{a}, \boldsymbol{b}$ が $(\boldsymbol{a}, \boldsymbol{b}) = 0$ を満たすとき，$\boldsymbol{a}$ と $\boldsymbol{b}$ は**直交する**といい，$\boldsymbol{a} \perp \boldsymbol{b}$ と書く．性質（iv）より，**ベクトルの長さ**

$$\|\boldsymbol{a}\| = \sqrt{(\boldsymbol{a}, \boldsymbol{a})}$$

が定義できる．長さが1すなわち $\|\boldsymbol{a}\| = 1$ のとき，$\boldsymbol{a}$ を**単位ベクトル**という．ベクトルの長さは次を満たす：

（v）　$\|k\boldsymbol{a}\| = |k|\,\|\boldsymbol{a}\|$　　（k は実数）

定理 11.1 $\mathbf{R}^n$ の 2 つのベクトル $\boldsymbol{a}, \boldsymbol{b}$ に対して次が成り立つ.

（1）（**平行四辺形定理**）

$$\|\boldsymbol{a}+\boldsymbol{b}\|^2+\|\boldsymbol{a}-\boldsymbol{b}\|^2=2(\|\boldsymbol{a}\|^2+\|\boldsymbol{b}\|^2)$$

（2）（**ピタゴラス**） とくに, $\boldsymbol{a}\perp\boldsymbol{b}$ のときは

$$\|\boldsymbol{a}+\boldsymbol{b}\|^2=\|\boldsymbol{a}\|^2+\|\boldsymbol{b}\|^2$$

［**証明**］ ベクトルの長さの定義より,

$$\|\boldsymbol{a}+\boldsymbol{b}\|^2=(\boldsymbol{a}+\boldsymbol{b},\ \boldsymbol{a}+\boldsymbol{b})=\|\boldsymbol{a}\|^2+2(\boldsymbol{a},\boldsymbol{b})+\|\boldsymbol{b}\|^2,$$

$$\|\boldsymbol{a}-\boldsymbol{b}\|^2=(\boldsymbol{a}-\boldsymbol{b},\ \boldsymbol{a}-\boldsymbol{b})=\|\boldsymbol{a}\|^2-2(\boldsymbol{a},\boldsymbol{b})+\|\boldsymbol{b}\|^2.$$

辺々相加えて,（1）を得る. 第 1 式に $(\boldsymbol{a},\boldsymbol{b})=0$ として（2）を得る.

◇

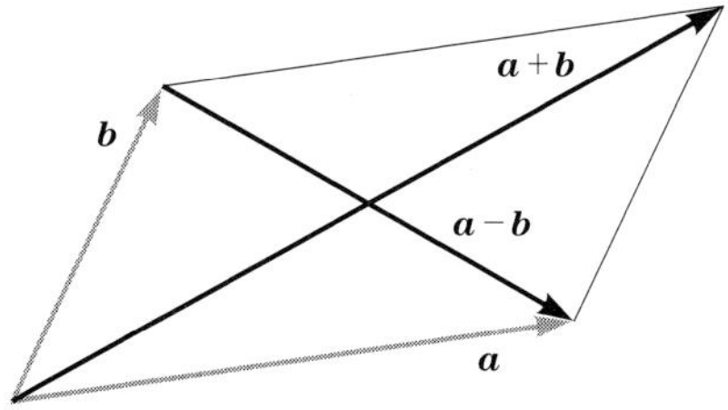

零でないベクトル $\boldsymbol{a}\,(\neq\boldsymbol{0})$ と任意のベクトル $\boldsymbol{b}$ に対し, 実数

$$c=\frac{(\boldsymbol{b},\boldsymbol{a})}{(\boldsymbol{a},\boldsymbol{a})}$$

を $\boldsymbol{a}$ に沿った $\boldsymbol{b}$ の**成分**という. このとき,

$$\boldsymbol{b}=(\boldsymbol{b}-c\,\boldsymbol{a})+c\,\boldsymbol{a} \qquad \text{かつ} \qquad (\boldsymbol{b}-c\,\boldsymbol{a},\boldsymbol{a})=0$$

が成り立つ.

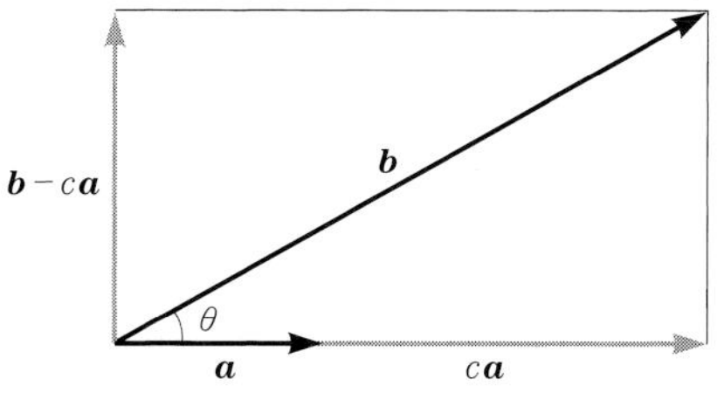

定理 11.2 （シュワルツの不等式） 任意の2つのベクトル $\boldsymbol{a}, \boldsymbol{b}$ に対して

$$|(\boldsymbol{a}, \boldsymbol{b})| \leqq \|\boldsymbol{a}\| \|\boldsymbol{b}\|$$

が成り立つ．等号成立は $\boldsymbol{b} = c\boldsymbol{a}$ または $\boldsymbol{a} = c'\boldsymbol{b}$（ここで c, c' は実数）となる場合に限る．

［証明］ $\boldsymbol{a} = \boldsymbol{0}$ のときは両辺とも0となり等号成立．$\boldsymbol{a} \neq \boldsymbol{0}$ のとき，$c = \dfrac{(\boldsymbol{b}, \boldsymbol{a})}{(\boldsymbol{a}, \boldsymbol{a})}$ とすると，

$$\boldsymbol{b} = (\boldsymbol{b} - c\boldsymbol{a}) + c\boldsymbol{a} \qquad \text{かつ} \qquad (\boldsymbol{b} - c\boldsymbol{a}, \boldsymbol{a}) = 0\,.$$

定理 11.1（2）より，

$$\begin{aligned}\|\boldsymbol{b}\|^2 &= \|\boldsymbol{b} - c\boldsymbol{a}\|^2 + \|c\boldsymbol{a}\|^2 \\ &\geqq \|c\boldsymbol{a}\|^2 = |c|^2 \|\boldsymbol{a}\|^2 \\ &= \frac{|(\boldsymbol{a}, \boldsymbol{b})|^2}{\|\boldsymbol{a}\|^2}\end{aligned}$$

となり，これから

$$|(\boldsymbol{a}, \boldsymbol{b})| \leqq \|\boldsymbol{a}\| \|\boldsymbol{b}\|$$

を得る．

次に，等号成立とする．$\boldsymbol{a} \neq \boldsymbol{0}$ のとき，上式はすべて等号成立となる．したがって，

$$\|\boldsymbol{b} - c\boldsymbol{a}\| = 0\,.$$

これは内積の性質（iv）より，$\boldsymbol{b} = c\boldsymbol{a}$ となる．$\boldsymbol{a} = \boldsymbol{0}$ のときも等号成立だが，このときも $\boldsymbol{a} = 0\boldsymbol{b}$ と書くことができる．　◇

定理 11.3 （三角不等式） 任意の2つのベクトル $\boldsymbol{a}, \boldsymbol{b}$ に対して

$$\|\boldsymbol{a} + \boldsymbol{b}\| \leqq \|\boldsymbol{a}\| + \|\boldsymbol{b}\|$$

が成り立つ．等号が成り立つのは，$\boldsymbol{b} = c\boldsymbol{a}$（$c \geqq 0$）または $\boldsymbol{a} = c'\boldsymbol{b}$（$c' \geqq 0$）の場合に限る．

［証明］　定理 11.2 より

$$\|\boldsymbol{a}+\boldsymbol{b}\|^2 = \|\boldsymbol{a}\|^2 + 2(\boldsymbol{a},\boldsymbol{b}) + \|\boldsymbol{b}\|^2$$
$$\leqq \|\boldsymbol{a}\|^2 + 2\|\boldsymbol{a}\|\,\|\boldsymbol{b}\| + \|\boldsymbol{b}\|^2$$
$$= (\|\boldsymbol{a}\| + \|\boldsymbol{b}\|)^2$$

となる．等号成立は，

$$(\boldsymbol{a},\boldsymbol{b}) = \|\boldsymbol{a}\|\,\|\boldsymbol{b}\|$$

の場合に限る．しかし，これは定理 11.2 の等号成立の場合なので，$\boldsymbol{b}=c\,\boldsymbol{a}$ または $\boldsymbol{a}=c'\boldsymbol{b}$ となるが，上式が成立するのは，c, c' が負でない場合に限って成り立つ．　◇

ベクトルのなす角　零でない 2 つのベクトル $\boldsymbol{a},\boldsymbol{b}$ のなす角 θ を次のように定義する：定理 11.2 より，

$$-1 \leqq \frac{(\boldsymbol{a},\boldsymbol{b})}{\|\boldsymbol{a}\|\,\|\boldsymbol{b}\|} \leqq 1$$

となるので，

$$\cos\theta = \frac{(\boldsymbol{a},\boldsymbol{b})}{\|\boldsymbol{a}\|\,\|\boldsymbol{b}\|}$$

となる $0 \leqq \theta \leqq \pi$ がただ 1 つ定まる．この θ を，$\boldsymbol{a},\boldsymbol{b}$ の**なす角**という．

$(\boldsymbol{a},\boldsymbol{b}) \geqq 0$ ならば，$0 \leqq \theta \leqq \dfrac{\pi}{2}$；$(\boldsymbol{a},\boldsymbol{b}) < 0$ ならば，$\dfrac{\pi}{2} < \theta \leqq \pi$ である．

ところで，内積の性質と角度 θ の定義より，

$$\|\boldsymbol{a}-\boldsymbol{b}\|^2 = \|\boldsymbol{a}\|^2 + \|\boldsymbol{b}\|^2 - 2(\boldsymbol{a},\boldsymbol{b})$$
$$= \|\boldsymbol{a}\|^2 + \|\boldsymbol{b}\|^2 - 2\|\boldsymbol{a}\|\,\|\boldsymbol{b}\|\cos\theta\,.$$

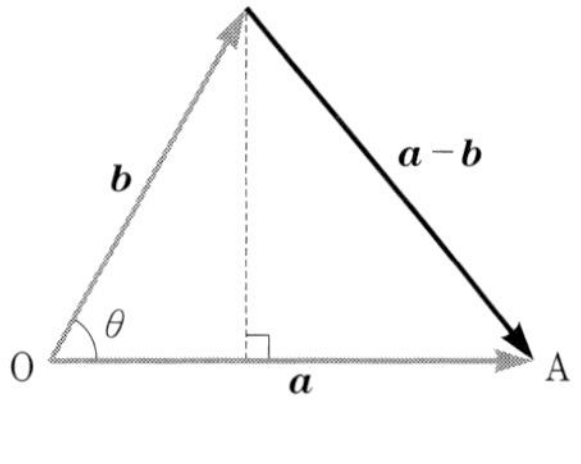

これは三角形 OAB における余弦定理である．

11.2　正規直交系

正規直交系　$\mathbf{R}^n$ の互いに直交する単位ベクトルの系 $\{\boldsymbol{u}_1, \cdots, \boldsymbol{u}_k\}$ を**正規直交系**という．すなわち，$i, j = 1, 2, \cdots, k$ に対して，

$$(\boldsymbol{u}_i, \boldsymbol{u}_j) = \begin{cases} 1 & (i = j) \\ 0 & (i \neq j) \end{cases}$$

が成り立つ．

> **定理 11.4**　正規直交系 $\{\boldsymbol{u}_1, \cdots, \boldsymbol{u}_k\}$ は1次独立である．

［証明］　$x_1\boldsymbol{u}_1 + \cdots + x_k\boldsymbol{u}_k = \mathbf{0}$ とする．$i = 1, \cdots, k$ に対し，

$$\begin{aligned} 0 = (\boldsymbol{u}_i, \mathbf{0}) &= (\boldsymbol{u}_i,\ x_1\boldsymbol{u}_1 + \cdots + x_k\boldsymbol{u}_k) \\ &= x_1(\boldsymbol{u}_i, \boldsymbol{u}_1) + \cdots + x_k(\boldsymbol{u}_i, \boldsymbol{u}_k) = x_i \end{aligned}$$

となるからである．　◇

$\mathbf{R}^n$ の部分空間 W の基底が正規直交系となるとき，これを W の**正規直交基底**という．$\{\boldsymbol{u}_1, \cdots, \boldsymbol{u}_s\}$ を W の正規直交基底($\dim W = s$)とすると，W の任意のベクトル $\boldsymbol{a}$ は一意的に

$$\boldsymbol{a} = x_1\boldsymbol{u}_1 + x_2\boldsymbol{u}_2 + \cdots + x_s\boldsymbol{u}_s, \qquad x_i = (\boldsymbol{a}, \boldsymbol{u}_i) \quad (i = 1, \cdots, s)$$

のように書き表される．実際，これは $\boldsymbol{a} = x_1\boldsymbol{u}_1 + \cdots + x_s\boldsymbol{u}_s$ としたとき，

$$(\boldsymbol{a}, \boldsymbol{u}_i) = (x_1\boldsymbol{u}_1 + \cdots + x_s\boldsymbol{u}_s,\ \boldsymbol{u}_i) = x_i \qquad (i = 1, \cdots, s)$$

となるからである．

問 11.1　次を示せ．

(1)　$\mathbf{R}^n$ の標準基底 $\{\boldsymbol{e}_1, \cdots, \boldsymbol{e}_n\}$ は $\mathbf{R}^n$ の正規直交基底である．

(2)　$\boldsymbol{u}_1 = \begin{bmatrix} \cos\theta \\ \sin\theta \end{bmatrix}$，$\boldsymbol{u}_2 = \begin{bmatrix} \sin\theta \\ -\cos\theta \end{bmatrix}$ とすると，$\{\boldsymbol{u}_1, \boldsymbol{u}_2\}$ は $\mathbf{R}^2$ の正規直交基底である．

グラム・シュミットの正規直交化法　$\mathbf{R}^n$ の1次独立なベクトルの系 $\{\boldsymbol{a}_1, \cdots, \boldsymbol{a}_k\}$ が与えられたとき，これらの1次結合を用いて，正規直交系を作る**グラム・シュミットの正規直交化法**について述べる．

次のように，$\boldsymbol{u}_1, \cdots, \boldsymbol{u}_k$ を順次作ると，$\{\boldsymbol{u}_1, \cdots, \boldsymbol{u}_k\}$ は正規直交系である：

$$\boldsymbol{u}_1 = \frac{\boldsymbol{a}_1}{\|\boldsymbol{a}_1\|},$$

$$\boldsymbol{u}_2 = \frac{\boldsymbol{a}_2 - (\boldsymbol{a}_2, \boldsymbol{u}_1)\boldsymbol{u}_1}{\|\boldsymbol{a}_2 - (\boldsymbol{a}_2, \boldsymbol{u}_1)\boldsymbol{u}_1\|}, \qquad \cdots\cdots\cdots$$

$$\boldsymbol{u}_{l+1} = \frac{\boldsymbol{a}_{l+1} - \sum_{i=1}^{l} (\boldsymbol{a}_{l+1}, \boldsymbol{u}_i)\boldsymbol{u}_i}{\left\| \boldsymbol{a}_{l+1} - \sum_{i=1}^{l} (\boldsymbol{a}_{l+1}, \boldsymbol{u}_i)\boldsymbol{u}_i \right\|}, \qquad \cdots\cdots\cdots.$$

［**説明**］　まず，$\boldsymbol{a}_1 \neq \mathbf{0}$ より，$\boldsymbol{u}_1 = \dfrac{\boldsymbol{a}_1}{\|\boldsymbol{a}_1\|}$ とすると，$\|\boldsymbol{u}_1\| = 1$ である．

次に，$\boldsymbol{a}_2$ について考える．

$\boldsymbol{u}_1$ に沿った $\boldsymbol{a}_2$ の成分

$$c = \frac{(\boldsymbol{a}_2, \boldsymbol{u}_1)}{(\boldsymbol{u}_1, \boldsymbol{u}_1)} = (\boldsymbol{a}_2, \boldsymbol{u}_1)$$

を考えると，

$$\boldsymbol{a}_2 = (\boldsymbol{a}_2 - c\,\boldsymbol{u}_1) + c\,\boldsymbol{u}_1$$

かつ　$(\boldsymbol{a}_2 - c\,\boldsymbol{u}_1, \boldsymbol{u}_1) = 0$

となる．$\{\boldsymbol{a}_1, \boldsymbol{a}_2\}$ は1次独立なので，$\boldsymbol{a}_2 - c\,\boldsymbol{u}_1 \neq \mathbf{0}$ である．そこで，

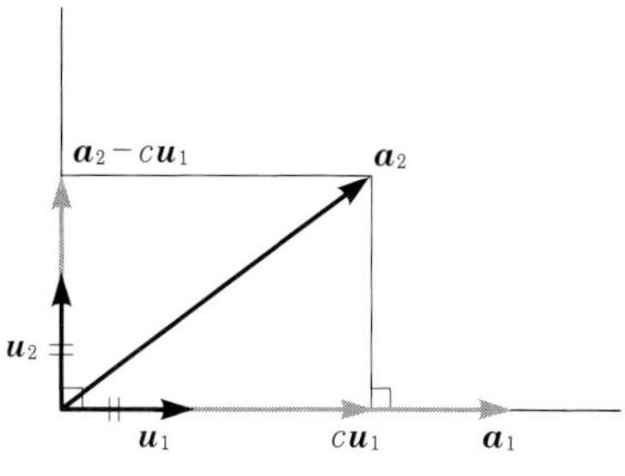

$$\boldsymbol{u}_2 = \frac{\boldsymbol{a}_2 - c\,\boldsymbol{u}_1}{\|\boldsymbol{a}_2 - c\,\boldsymbol{u}_1\|}$$

とすると，$(\boldsymbol{u}_2, \boldsymbol{u}_1) = 0$ かつ $\|\boldsymbol{u}_2\| = 1$ となる．

$\boldsymbol{a}_3$ について考える．

$$\boldsymbol{a}_3 = \{\boldsymbol{a}_3 - (c_1\boldsymbol{u}_1 + c_2\boldsymbol{u}_2)\} + c_1\boldsymbol{u}_1 + c_2\boldsymbol{u}_2$$

ここで　$c_1 = (\boldsymbol{a}_3, \boldsymbol{u}_1)$，$c_2 = (\boldsymbol{a}_3, \boldsymbol{u}_2)$

とすると，

$$(\boldsymbol{a}_3 - (c_1\boldsymbol{u}_1 + c_2\boldsymbol{u}_2), \boldsymbol{u}_i) = 0 \qquad (i = 1, 2)$$

となる．$\{\boldsymbol{a}_1, \boldsymbol{a}_2, \boldsymbol{a}_3\}$ は1次独立なので，$\boldsymbol{a}_3 - (c_1\boldsymbol{u}_1 + c_2\boldsymbol{u}_2) \neq \boldsymbol{0}$ である．そこで，

$$\boldsymbol{u}_3 = \frac{\boldsymbol{a}_3 - (c_1\boldsymbol{u}_1 + c_2\boldsymbol{u}_2)}{\|\boldsymbol{a}_3 - (c_1\boldsymbol{u}_1 + c_2\boldsymbol{u}_2)\|}$$

とすると，$(\boldsymbol{u}_3, \boldsymbol{u}_i) = 0$ $(i = 1, 2)$ かつ $\|\boldsymbol{u}_3\| = 1$ となる．

以下，この操作を次々に繰り返して，求める結果を得る． ◇

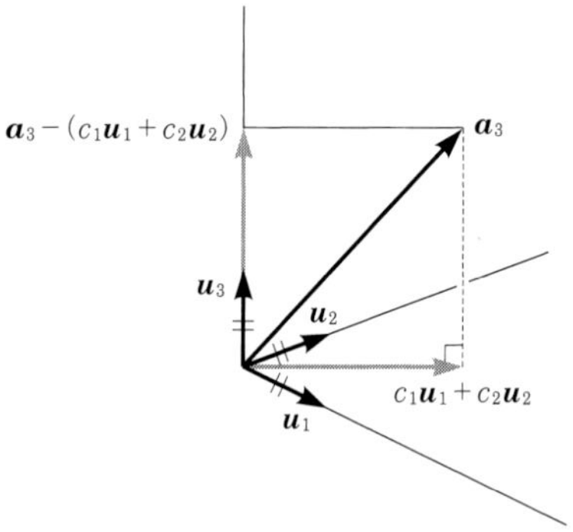

定理 11.5 $\mathbf{R}^n$ の部分空間 $W\ (\neq \{\boldsymbol{0}\})$ は常に正規直交基底をもつ．

［**証明**］ $s = \dim W$ とすると，W は基底 $\{\boldsymbol{a}_1, \cdots, \boldsymbol{a}_s\}$ をもつ（➡ 付録C，定理C.5）．これからグラム・シュミットの方法で $\mathbf{R}^n$ の正規直交系 $\{\boldsymbol{u}_1, \cdots, \boldsymbol{u}_s\}$ を作ると，$\boldsymbol{u}_1, \cdots, \boldsymbol{u}_s \in W$ となり，$\{\boldsymbol{u}_1, \cdots, \boldsymbol{u}_s\}$ は W の正規直交基底となる． ◇

問 11.2 $\mathbf{R}^3$ のベクトル $\boldsymbol{a}_1 = \begin{bmatrix} 1 \\ 0 \\ 1 \end{bmatrix}$, $\boldsymbol{a}_2 = \begin{bmatrix} 1 \\ 1 \\ 0 \end{bmatrix}$, $\boldsymbol{a}_3 = \begin{bmatrix} 0 \\ 1 \\ 1 \end{bmatrix}$ を，グラム・シュミットの方法で正規直交化せよ．

直交補空間　$\mathbf{R}^n$ の部分空間 $W\ (\neq \{\mathbf{0}\})$ に対して，W のどの元とも直交する $\mathbf{R}^n$ のベクトル全体

$$W^{\perp} = \{\ \boldsymbol{y} \in \mathbf{R}^n \mid (\boldsymbol{y}, \boldsymbol{x}) = 0\ (\ \boldsymbol{x} \in W\ )\}$$

は内積の性質 (ii), (iii) より $\mathbf{R}^n$ の部分空間となる．$W^{\perp}$ を W の**直交補空間**という．

定理 11.5 より W は正規直交基底 $\{\ \boldsymbol{u}_1, \cdots, \boldsymbol{u}_s\}$ ($s = \dim W$) をもつ．$\mathbf{R}^n$ のベクトル $\boldsymbol{a}_{s+1}, \cdots, \boldsymbol{a}_n$ を追加して，$\{\ \boldsymbol{u}_1, \cdots, \boldsymbol{u}_s, \boldsymbol{a}_{s+1}, \cdots, \boldsymbol{a}_n\}$ が $\mathbf{R}^n$ の基底となるようにできる(➡ 付録 C，定理 C.6)．これをグラム・シュミットの方法で正規直交化して，$\mathbf{R}^n$ の正規直交基底 $\{\ \boldsymbol{u}_1, \cdots, \boldsymbol{u}_s, \boldsymbol{u}_{s+1}, \cdots, \boldsymbol{u}_n\}$ を得る．このとき，$W^{\perp}$ は

$$W^{\perp} = \{\ x_{s+1}\boldsymbol{u}_{s+1} + \cdots + x_n\boldsymbol{u}_n \mid x_{s+1}, \cdots, x_n \in \mathbf{R}\ \}$$

となり，$\dim W^{\perp} = n - s$．また，$W^{\perp}$ の直交補空間 $(W^{\perp})^{\perp}$ は W 自身となる．ゆえに次の定理を得る．

定理 11.6　$\mathbf{R}^n$ の部分空間 $W\ (\neq \{\mathbf{0}\})$ の直交補空間 $W^{\perp}$ について，

（1）　$\dim W + \dim W^{\perp} = n$,

（2）　$\mathbf{R}^n = W + W^{\perp}$　かつ　$W \cap W^{\perp} = \{\mathbf{0}\}$,

（3）　$(W^{\perp})^{\perp} = W$

が成り立つ．ただし，$W + W^{\perp} = \{\ \boldsymbol{a} + \boldsymbol{b} \mid \boldsymbol{a} \in W,\ \boldsymbol{b} \in W^{\perp}\}$ である．

問 11.3　$\mathbf{R}^4$ の部分空間　$W = \left\{ \begin{bmatrix} x_1 \\ \vdots \\ x_4 \end{bmatrix} \in \mathbf{R}^4 \;\middle|\; x_1 + 2x_2 + x_3 - x_4 = 0 \right\}$　の正規直交基底を 1 つ求めよ．また，W の直交補空間 $W^{\perp}$ を求めよ．

11.3 直交行列

n 次の正方行列 A とその転置行列 ${}^tA$ について，次式が成り立つ：

$$(*) \qquad (A\boldsymbol{u}, \boldsymbol{v}) = (\boldsymbol{u}, {}^tA\boldsymbol{v}) \qquad (\boldsymbol{u}, \boldsymbol{v} \in \mathbf{R}^n).$$

実際，$(A\boldsymbol{u}, \boldsymbol{v}) = {}^t(A\boldsymbol{u})\boldsymbol{v} = ({}^t\boldsymbol{u}\,{}^tA)\boldsymbol{v} = {}^t\boldsymbol{u}({}^tA\boldsymbol{v}) = (\boldsymbol{u}, {}^tA\boldsymbol{v})$ となる．

n 次の正方行列 T が

$${}^tTT = T\,{}^tT = I_n$$

を満たすとき，T を**直交行列**という．このとき，${}^tT = T^{-1}$ となる．

> **定理 11.7** n 次の正方行列 T について，次の 4 条件は同値である：
> （1） T は直交行列である．
> （2） $(T\boldsymbol{u}, T\boldsymbol{v}) = (\boldsymbol{u}, \boldsymbol{v}) \qquad (\boldsymbol{u}, \boldsymbol{v} \in \mathbf{R}^n)$.
> （3） $\|T\boldsymbol{u}\| = \|\boldsymbol{u}\| \qquad (\boldsymbol{u} \in \mathbf{R}^n)$.
> （4） T の列ベクトル $\boldsymbol{u}_1, \cdots, \boldsymbol{u}_n$ は $\mathbf{R}^n$ の正規直交基底である．

［**証明**］（2）と（3）の同値性は，次式に注意すれば容易に示される．

$$(\boldsymbol{a}, \boldsymbol{b}) = \frac{1}{2}\{\|\boldsymbol{a}+\boldsymbol{b}\|^2 - \|\boldsymbol{a}\|^2 - \|\boldsymbol{b}\|^2\} \qquad (\boldsymbol{a}, \boldsymbol{b} \in \mathbf{R}^n).$$

（1）⇒（2）：（$*$）より，

$$(\boldsymbol{u}, \boldsymbol{v}) = (I_n\boldsymbol{u}, \boldsymbol{v}) = ({}^tTT\boldsymbol{u}, \boldsymbol{v}) = (T\boldsymbol{u}, T\boldsymbol{v}) \qquad (\boldsymbol{u}, \boldsymbol{v} \in \mathbf{R}^n).$$

（2）⇒（4）：$\mathbf{R}^n$ の標準基底 $\{\boldsymbol{e}_1, \cdots, \boldsymbol{e}_n\}$ について T の第 i 列ベクトル $\boldsymbol{u}_i$ は $\boldsymbol{u}_i = T\boldsymbol{e}_i$．（2）より $\{\boldsymbol{u}_1, \cdots, \boldsymbol{u}_n\}$ は $\mathbf{R}^n$ の正規直交基底となる．

（4）⇒（1）：${}^tTT$ の (i, j)-成分は，行列の積の定義により，

$${}^t\boldsymbol{u}_i\boldsymbol{u}_j = (\boldsymbol{u}_i, \boldsymbol{u}_j) = \delta_{ij}$$

に等しいので，${}^tTT = I_n$ となる．よって，T は直交行列になる． ◇

▶**注** n 次の正方行列 A, X について，$XA = I_n$ が成り立つなら，$X = A^{-1}$（A の逆行列）となる．実際，$XA = I_n$ より $|X||A| = 1$．とくに $|A| \neq 0$．ゆえに，定理 7.2 より A は逆行列 A^{-1} をもつ．このとき，

$$X = XI_n = X(AA^{-1}) = (XA)A^{-1} = I_nA^{-1} = A^{-1}.$$

練習問題 11

1. $\boldsymbol{a}, \boldsymbol{b} \in \mathbf{R}^n$ に対して，$|\|\boldsymbol{a}\| - \|\boldsymbol{b}\|| \leqq \|\boldsymbol{a} - \boldsymbol{b}\|$ を示せ．

2. 次の行列が直交行列となるように a, b, c, d の値を定めよ．

$$\begin{bmatrix} 1/\sqrt{3} & 1/\sqrt{3} & b \\ -1/\sqrt{2} & 0 & c \\ 1/\sqrt{6} & a & d \end{bmatrix} \qquad \text{ただし，} b > 0 \text{ とする．}$$

3. $\mathbf{R}^3$ の基底 $\boldsymbol{a}_1 = \begin{bmatrix} 1 \\ 2 \\ -1 \end{bmatrix}$, $\boldsymbol{a}_2 = \begin{bmatrix} -1 \\ -1 \\ 0 \end{bmatrix}$, $\boldsymbol{a}_3 = \begin{bmatrix} -2 \\ 1 \\ 1 \end{bmatrix}$ に対して，$(\boldsymbol{a}_i, \boldsymbol{b}_j) = 1\ (i = j)$；$(\boldsymbol{a}_i, \boldsymbol{b}_j) = 0\ (i \neq j)$ となる $\{\boldsymbol{b}_1, \boldsymbol{b}_2, \boldsymbol{b}_3\}$ を求め，これも $\mathbf{R}^3$ の基底となることを示せ．

4. 次の $\mathbf{R}^4$ のベクトルについて，（1）～（4）の計算をせよ．

$$\boldsymbol{a} = \begin{bmatrix} 4 \\ 1 \\ -1 \\ 3 \end{bmatrix}, \qquad \boldsymbol{b} = \begin{bmatrix} -3 \\ 4 \\ -2 \\ 2 \end{bmatrix}, \qquad \boldsymbol{c} = \begin{bmatrix} 1 \\ 3 \\ 1 \\ 1 \end{bmatrix}$$

（1）$\|\boldsymbol{a}\|$, $\|\boldsymbol{b}\|$, $\|\boldsymbol{c}\|$　（2）$\boldsymbol{a}$ と $\boldsymbol{b}$ のなす角　（3）$\boldsymbol{a}$ と $\boldsymbol{c}$ のなす角

（4）$\boldsymbol{a}, \boldsymbol{b}, \boldsymbol{c}$ のすべてに垂直となるような $\mathbf{R}^4$ 内の単位ベクトル

5. 2 次直交行列は $\begin{bmatrix} \cos\theta & -\sin\theta \\ \sin\theta & \cos\theta \end{bmatrix}$ か $\begin{bmatrix} \cos\theta & \sin\theta \\ \sin\theta & -\cos\theta \end{bmatrix}$ に限ることを示せ．

6. 直交行列 T について，T の行列式 $|T|$ は $|T| = \pm 1$ であることを示せ．

7. T_1 が $n-1$ 次の直交行列なら，$T = \left[\begin{array}{c|ccc} 1 & 0 & \cdots & 0 \\ \hline 0 & & & \\ \vdots & & T_1 & \\ 0 & & & \end{array}\right]$ は n 次の直交行列であることを示せ．

第12節 実対称行列と2次形式

12.1 エルミット内積と実対称行列

エルミット内積　n 項複素数ベクトル空間 $\mathbf{C}^n$ の2つのベクトル

$$\boldsymbol{a} = \begin{bmatrix} a_1 \\ \vdots \\ a_n \end{bmatrix}, \qquad \boldsymbol{b} = \begin{bmatrix} b_1 \\ \vdots \\ b_n \end{bmatrix}$$

に対し，

$$(\boldsymbol{a}, \boldsymbol{b}) = a_1\overline{b}_1 + \cdots + a_n\overline{b}_n = \boldsymbol{b}^*\boldsymbol{a} = {}^t\boldsymbol{a}\,\overline{\boldsymbol{b}}$$

を**エルミット内積**という．ここで，n 行 m 列の行列 $A = [\,a_{ij}\,] \in M(n, m\,;\,\mathbf{C})$ に対し，$A^* = {}^t\overline{A} = [\,\bar{a}_{ji}\,] \in M(m, n\,;\,\mathbf{C})$ を A の**随伴行列**と呼び，$\boldsymbol{b}^* \in M(1, n\,;\,\mathbf{C})$ は $\boldsymbol{b} \in M(n, 1\,;\,\mathbf{C})$ の随伴行列であることに注意せよ．また，複素数 z に対し，$\bar{z}$ はその共役複素数を表す（ ➡ 10 ページ ）．

エルミット内積についても次の法則が成り立つ（ ➡ 104 ページ参照 ）：

（i）′　$(\boldsymbol{a}, \boldsymbol{b}) = \overline{(\boldsymbol{b}, \boldsymbol{a})}$

（ii）′　$(\boldsymbol{a} + \boldsymbol{b}, \boldsymbol{c}) = (\boldsymbol{a}, \boldsymbol{c}) + (\boldsymbol{b}, \boldsymbol{c})$,

$(\boldsymbol{a}, \boldsymbol{b} + \boldsymbol{c}) = (\boldsymbol{a}, \boldsymbol{b}) + (\boldsymbol{a}, \boldsymbol{c})$

（iii）′　$(k\,\boldsymbol{a}, \boldsymbol{b}) = k(\boldsymbol{a}, \boldsymbol{b})$,　$(\boldsymbol{a}, k\,\boldsymbol{b}) = \overline{k}(\boldsymbol{a}, \boldsymbol{b})$　　$(\,k \in \mathbf{C}\,)$

（iv）′　$(\boldsymbol{a}, \boldsymbol{a}) \geqq 0$

ここで，$(\boldsymbol{a}, \boldsymbol{a}) = 0$ と $\boldsymbol{a} = \boldsymbol{0}$ とは同値である．

性質（i）′と（iii）′が $\mathbf{R}^n$ の内積と異なるので注意を要する．2つの零でないベクトル $\boldsymbol{a} \neq \boldsymbol{0}$，$\boldsymbol{b} \neq \boldsymbol{0}$ が $(\boldsymbol{a}, \boldsymbol{b}) = 0$ を満たすとき，$\boldsymbol{a}$ と $\boldsymbol{b}$ は**直交する**といい，$\boldsymbol{a} \perp \boldsymbol{b}$ と書く．

性質（iv）′より，$\mathbf{C}^n$ のベクトル $\boldsymbol{a}$ の**長さ** $\|\boldsymbol{a}\| = \sqrt{(\boldsymbol{a}, \boldsymbol{a})}$ が定義される．長さが1，すなわち $\|\boldsymbol{a}\| = 1$ のベクトル $\boldsymbol{a}$ を $\mathbf{C}^n$ の**単位ベクトル**という．

次の定理の証明は，$(\boldsymbol{a}, \boldsymbol{b}) = \overline{(\boldsymbol{b}, \boldsymbol{a})}$，$(\boldsymbol{a}, k\,\boldsymbol{b}) = \bar{k}(\boldsymbol{a}, \boldsymbol{b})$ に注意すれば，$\mathbf{R}^n$ の場合とほぼ同様にできるので各自確かめよ．

> **定理 12.1**　$\mathbf{C}^n$ のエルミット内積と長さは次の性質を満たす：
>
> （1）　$\|k\,\boldsymbol{a}\| = |k|\,\|\boldsymbol{a}\|$　　（k は複素数）
>
> （2）　$\|\boldsymbol{a}+\boldsymbol{b}\|^2 + \|\boldsymbol{a}-\boldsymbol{b}\|^2 = 2(\|\boldsymbol{a}\|^2 + \|\boldsymbol{b}\|^2)$
>
> とくに，$\boldsymbol{a} \perp \boldsymbol{b}$ のとき，
>
> $$\|\boldsymbol{a}+\boldsymbol{b}\|^2 = \|\boldsymbol{a}\|^2 + \|\boldsymbol{b}\|^2$$
>
> （3）　$|(\boldsymbol{a}, \boldsymbol{b})| \leqq \|\boldsymbol{a}\|\,\|\boldsymbol{b}\|$
>
> 等号が成立するのは $\boldsymbol{b} = c\,\boldsymbol{a}$ または $\boldsymbol{a} = c'\,\boldsymbol{b}$（ただし，$c, c'$ は複素数）の場合に限る．
>
> （4）　$\|\boldsymbol{a}+\boldsymbol{b}\| \leqq \|\boldsymbol{a}\| + \|\boldsymbol{b}\|$

実対称行列とエルミット行列　　n 次の複素正方行列 A に対して，次の等式が成り立つ：

$$(*)\qquad (A\boldsymbol{u}, \boldsymbol{v}) = (\boldsymbol{u}, A^*\boldsymbol{v}) \qquad (\boldsymbol{u}, \boldsymbol{v} \in \mathbf{C}^n).$$

実際，

$$(A\boldsymbol{u}, \boldsymbol{v}) = \boldsymbol{v}^*(A\boldsymbol{u}) = (\boldsymbol{v}^*A)\boldsymbol{u} = (\boldsymbol{v}^*A^{**})\boldsymbol{u} = (A^*\boldsymbol{v})^*\boldsymbol{u} = (\boldsymbol{u}, A^*\boldsymbol{v})$$

となるからである．ここで随伴行列に関する 2 つの性質

$$A^{**} = (A^*)^* = A\,,\ (AB)^* = B^*A^*$$

を用いた（ ➡ 第 5 節の《研究》）．

n 次の複素正方行列 $A = [\,a_{ij}\,]$ が $A^* = A$ すなわち $\bar{a}_{ji} = a_{ij}$ を満たすとき，A を**エルミット行列**という．このとき，

$$(**)\qquad (A\boldsymbol{u}, \boldsymbol{v}) = (\boldsymbol{u}, A\boldsymbol{v}) \qquad (\boldsymbol{u}, \boldsymbol{v} \in \mathbf{C}^n)$$

が成り立つ．また，エルミット行列となる実正方行列を，**実対称行列**という．

次の2つの定理は大事な定理である．

定理 12.2 エルミット行列，とくに実対称行列 A の固有値はすべて実数である．

［証明］ エルミット行列 A の1つの固有値を α とし，その固有ベクトルを $\boldsymbol{x}$ とする： $A\boldsymbol{x}=\alpha\boldsymbol{x}$ （$\boldsymbol{x}\neq\boldsymbol{0}$）．このとき，

$$(A\boldsymbol{x},\boldsymbol{x})=(\alpha\boldsymbol{x},\boldsymbol{x})=\alpha(\boldsymbol{x},\boldsymbol{x}).$$

一方，（＊＊）より

$$(A\boldsymbol{x},\boldsymbol{x})=(\boldsymbol{x},A\boldsymbol{x})=(\boldsymbol{x},\alpha\boldsymbol{x})=\bar{\alpha}(\boldsymbol{x},\boldsymbol{x}).$$

したがって，$(\alpha-\bar{\alpha})(\boldsymbol{x},\boldsymbol{x})=0$ であるが，$\boldsymbol{x}\neq\boldsymbol{0}$ とエルミット内積の性質(iv)′より，$(\boldsymbol{x},\boldsymbol{x})>0$ となるので，$\alpha=\bar{\alpha}$ を得る． ◇

定理 12.3 エルミット行列，とくに実対称行列 A の相異なる固有値に対する固有ベクトルは互いに直交する．

［証明］ A の相異なる固有値を α,β とし，$A\boldsymbol{x}=\alpha\boldsymbol{x}$ かつ $A\boldsymbol{y}=\beta\boldsymbol{y}$（ただし，$\boldsymbol{x}\neq\boldsymbol{0}$，$\boldsymbol{y}\neq\boldsymbol{0}$）とし，$(\boldsymbol{x},\boldsymbol{y})=0$ を示そう．実際，

$$(A\boldsymbol{x},\boldsymbol{y})=(\alpha\boldsymbol{x},\boldsymbol{y})=\alpha(\boldsymbol{x},\boldsymbol{y}).$$

他方，（＊＊）より

$$(A\boldsymbol{x},\boldsymbol{y})=(\boldsymbol{x},A\boldsymbol{y})=(\boldsymbol{x},\beta\boldsymbol{y})=\overline{\beta}(\boldsymbol{x},\boldsymbol{y}).$$

ここで定理12.2より，$\overline{\beta}=\beta$ なので，上の両式より

$$(\alpha-\beta)(\boldsymbol{x},\boldsymbol{y})=0$$

を得るが，仮定より，$\alpha\neq\beta$ なので $(\boldsymbol{x},\boldsymbol{y})=0$ を得る． ◇

定理12.2より，n 次実対称行列 A の固有値はすべて実数であるので，対応する A の固有ベクトルを $\mathbf{R}^n$ の中から選ぶことができる（定理9.2）．以下では実対称行列が直交行列を用いて対角化されることを示そう．

定理 12.4 n 次の実対称行列 A は n 次直交行列 T を選び，

$$T^{-1}AT = \begin{bmatrix} \alpha_1 & & 0 \\ & \ddots & \\ 0 & & \alpha_n \end{bmatrix}$$

と対角化できる．ただし，$\alpha_1, \cdots, \alpha_n$ は A の固有値である．

［**証明**］ A の次数 n に関する数学的帰納法で証明する．$n=1$ のときは明らか．$n-1$ のとき正しいと仮定して，n のとき正しいことを示そう．

固有値 α_1 の A の固有ベクトル $\boldsymbol{x}_1$ を $\mathbf{R}^n$ の中からとる．すなわち，

$$A\boldsymbol{x}_1 = \alpha_1 \boldsymbol{x}_1 \qquad (\boldsymbol{0} \neq \boldsymbol{x}_1 \in \mathbf{R}^n)$$

とする．$\boldsymbol{u}_1 = \dfrac{\boldsymbol{x}_1}{\|\boldsymbol{x}_1\|}$ とおくと，$\|\boldsymbol{u}_1\| = 1$ かつ $A\boldsymbol{u}_1 = \alpha_1 \boldsymbol{u}_1$ を満たす．$\mathbf{R}^n$ のベクトル $\boldsymbol{a}_2, \cdots, \boldsymbol{a}_n$ を追加して，$\{\boldsymbol{u}_1, \boldsymbol{a}_2, \cdots, \boldsymbol{a}_n\}$ が $\mathbf{R}^n$ の基底となるように選ぶ．そこで $\{\boldsymbol{u}_1, \boldsymbol{a}_2, \cdots, \boldsymbol{a}_n\}$ をグラム・シュミットの方法で正規直交化し，$\{\boldsymbol{u}_1, \boldsymbol{u}_2, \cdots, \boldsymbol{u}_n\}$ が $\mathbf{R}^n$ の正規直交基底となるようにする．このとき $A\boldsymbol{u}_j$ $(j = 2, 3, \cdots, n)$ は $\boldsymbol{u}_1$ と直交している．

実際，（＊＊）式より，

$$(A\boldsymbol{u}_j, \boldsymbol{u}_1) = (\boldsymbol{u}_j, A\boldsymbol{u}_1) = (\boldsymbol{u}_j, \alpha_1\boldsymbol{u}_1) = \alpha_1(\boldsymbol{u}_j, \boldsymbol{u}_1) = 0$$
$$(j = 2, 3, \cdots, n).$$

ゆえに，$j = 2, 3, \cdots, n$ について

$$A\boldsymbol{u}_j = b_{2j}\boldsymbol{u}_2 + b_{3j}\boldsymbol{u}_3 + \cdots + b_{nj}\boldsymbol{u}_n$$

と書ける．正規直交基底 $\{\boldsymbol{u}_1, \boldsymbol{u}_2, \cdots, \boldsymbol{u}_n\}$ を列ベクトルとする行列 T_1 は定理 11.7 より，n 次直交行列であり，上式と $A\boldsymbol{u}_1 = \alpha_1\boldsymbol{u}_1$ と合わせて，

$$T_1^{-1}AT_1 = \left[\begin{array}{c|ccc} \alpha_1 & 0 & \cdots & 0 \\ \hline 0 & b_{22} & \cdots & b_{2n} \\ \vdots & \vdots & & \vdots \\ 0 & b_{n2} & \cdots & b_{nn} \end{array}\right] = \left[\begin{array}{c|ccc} \alpha_1 & 0 & \cdots & 0 \\ \hline 0 & & & \\ \vdots & & B & \\ 0 & & & \end{array}\right] \qquad ①$$

となる．ここで $B = [\,b_{ij}\,]$ は $n-1$ 次実対称行列となる．

実際，$b_{ij} = b_{ji}$ を示そう．

$$b_{ij} = \left(\sum_{k=2}^{n} b_{kj} \boldsymbol{u}_k \,,\ \boldsymbol{u}_i \right) = (A\boldsymbol{u}_j \,, \boldsymbol{u}_i) = (\boldsymbol{u}_j \,, A\boldsymbol{u}_i) = \left(\boldsymbol{u}_j \,,\ \sum_{k=2}^{n} b_{ki} \boldsymbol{u}_k \right) = b_{ji}$$

となるからである．

さらに定理 9.3 より，B の固有多項式 $\varDelta_B(t)$ は

$$\varDelta_A(t) = (t - \alpha_1)\,\varDelta_B(t)$$

を満たすので，B の固有値は A の残りの固有値 $\alpha_2, \cdots, \alpha_n$ となる．以上より B について，帰納法の仮定より，$n-1$ 次直交行列 T_2 を選び，

$$T_2^{-1} B T_2 = \begin{bmatrix} \alpha_2 & & 0 \\ & \ddots & \\ 0 & & \alpha_n \end{bmatrix}$$

とできる．そこで求める n 次直交行列 T は

$$T = T_1 \left[\begin{array}{c|ccc} 1 & 0 & \cdots & 0 \\ \hline 0 & & & \\ \vdots & & T_2 & \\ 0 & & & \end{array}\right] \qquad ②$$

であることを示そう．T_1, T_2 が直交行列なので T も直交行列であり（練習問題 11，**7** 参照），① と ② を用いると

$$T^{-1}AT = \left[\begin{array}{c|ccc} 1 & 0 & \cdots & 0 \\ \hline 0 & & & \\ \vdots & & T_2^{-1} & \\ 0 & & & \end{array}\right] \left[\begin{array}{c|ccc} \alpha_1 & 0 & \cdots & 0 \\ \hline 0 & & & \\ \vdots & & B & \\ 0 & & & \end{array}\right] \left[\begin{array}{c|ccc} 1 & 0 & \cdots & 0 \\ \hline 0 & & & \\ \vdots & & T_2 & \\ 0 & & & \end{array}\right]$$

$$= \left[\begin{array}{c|ccc} \alpha_1 & 0 & \cdots & 0 \\ \hline 0 & & & \\ \vdots & & T_2^{-1}BT_2 & \\ 0 & & & \end{array}\right] = \left[\begin{array}{c|ccc} \alpha_1 & 0 & \cdots & 0 \\ \hline 0 & \alpha_2 & & 0 \\ \vdots & & \ddots & \\ 0 & 0 & & \alpha_n \end{array}\right]$$

となって，A は直交行列 T により対角化される．

以上より，n のときにも正しいので，任意の次数で定理は正しい．　◇

例題 12.1 行列 $A = \begin{bmatrix} 0 & -3 & -3 \\ -3 & 0 & -3 \\ -3 & -3 & 0 \end{bmatrix}$ を直交行列により対角化せよ．

【解答】 A の固有多項式 $\Delta_A(t)$ は

$$\Delta_A(t) = |\, tI_3 - A\,| = (t-3)^2(t+6)$$

となるので，A の固有値は 3 (重複度 2)，-6 となる．

次に固有値 $3, -6$ に対する固有空間 V_3, V_{-6} をそれぞれ求める．

1） 固有値 3 の固有空間：

$$B = A - 3I_3 = \begin{bmatrix} -3 & -3 & -3 \\ -3 & -3 & -3 \\ -3 & -3 & -3 \end{bmatrix}$$

なので，

$$A\begin{bmatrix} x \\ y \\ z \end{bmatrix} = 3\begin{bmatrix} x \\ y \\ z \end{bmatrix} \iff B\begin{bmatrix} x \\ y \\ z \end{bmatrix} = \begin{bmatrix} 0 \\ 0 \\ 0 \end{bmatrix} \iff x + y + z = 0.$$

したがって

$$V_3 = \left\{ \begin{bmatrix} x \\ y \\ z \end{bmatrix} \middle|\, x + y + z = 0 \right\}$$

$$= \left\{ c_1 \begin{bmatrix} -1 \\ 1 \\ 0 \end{bmatrix} + c_2 \begin{bmatrix} -1 \\ 0 \\ 1 \end{bmatrix} \middle|\, c_1, c_2 \text{ は任意} \right\}$$

となる．

2） 固有値 -6 の固有空間：

$$B = A + 6I_3 = \begin{bmatrix} 6 & -3 & -3 \\ -3 & 6 & -3 \\ -3 & -3 & 6 \end{bmatrix}$$

なので，

$$A\begin{bmatrix}x\\y\\z\end{bmatrix}=-6\begin{bmatrix}x\\y\\z\end{bmatrix}\iff B\begin{bmatrix}x\\y\\z\end{bmatrix}=\begin{bmatrix}0\\0\\0\end{bmatrix}\iff\begin{bmatrix}x\\y\\z\end{bmatrix}=c\begin{bmatrix}1\\1\\1\end{bmatrix}$$

（c は任意）.

したがって

$$V_{-6}=\left\{c\begin{bmatrix}1\\1\\1\end{bmatrix}\;\middle|\; c\text{ は任意}\right\}$$

となる.

ゆえに,

$$\boldsymbol{p}_1=\begin{bmatrix}-1\\1\\0\end{bmatrix},\qquad \boldsymbol{p}_2=\begin{bmatrix}-1\\0\\1\end{bmatrix},\qquad \boldsymbol{p}_3=\begin{bmatrix}1\\1\\1\end{bmatrix}$$

が固有値 $3, 3, -6$ の固有ベクトルである.

そこで, $\{\boldsymbol{p}_1, \boldsymbol{p}_2, \boldsymbol{p}_3\}$ をグラム・シュミットの方法で正規直交化する.

$$\boldsymbol{u}_1=\frac{\boldsymbol{p}_1}{\|\boldsymbol{p}_1\|}=\frac{1}{\sqrt{2}}\begin{bmatrix}-1\\1\\0\end{bmatrix}.$$

$$c=(\boldsymbol{p}_2, \boldsymbol{u}_1)=-1\times\frac{1}{\sqrt{2}}(-1)+0\times\frac{1}{\sqrt{2}}+1\times 0=\frac{1}{\sqrt{2}}\quad\text{より,}$$

$$\boldsymbol{p}_2-c\,\boldsymbol{u}_1=\begin{bmatrix}-1\\0\\1\end{bmatrix}-\frac{1}{\sqrt{2}}\cdot\frac{1}{\sqrt{2}}\begin{bmatrix}-1\\1\\0\end{bmatrix}=\begin{bmatrix}-1/2\\-1/2\\1\end{bmatrix}$$

となる. ゆえに

$$\|\boldsymbol{p}_2-c\,\boldsymbol{u}_1\|=\sqrt{\left(-\frac{1}{2}\right)^2+\left(-\frac{1}{2}\right)^2+1^2}=\frac{\sqrt{6}}{2}$$

なので,

$$\boldsymbol{u}_2=\frac{\boldsymbol{p}_2-c\,\boldsymbol{u}_1}{\|\boldsymbol{p}_2-c\,\boldsymbol{u}_1\|}=\frac{1}{\sqrt{6}}\begin{bmatrix}-1\\-1\\2\end{bmatrix}.$$

また，$(\boldsymbol{p}_3, \boldsymbol{u}_1) = (\boldsymbol{p}_3, \boldsymbol{u}_2) = 0$ なので，$\boldsymbol{p}_3$ の長さを調節して，

$$\boldsymbol{u}_3 = \frac{\boldsymbol{p}_3}{\|\boldsymbol{p}_3\|} = \frac{1}{\sqrt{3}}\begin{bmatrix} 1 \\ 1 \\ 1 \end{bmatrix}.$$

以上より $\{\boldsymbol{u}_1, \boldsymbol{u}_2, \boldsymbol{u}_3\}$ は正規直交系で，

$$A\boldsymbol{u}_1 = 3\boldsymbol{u}_1, \qquad A\boldsymbol{u}_2 = 3\boldsymbol{u}_2, \qquad A\boldsymbol{u}_3 = -6\boldsymbol{u}_3$$

となるので，

$$T = [\,\boldsymbol{u}_1, \boldsymbol{u}_2, \boldsymbol{u}_3\,] = \begin{bmatrix} -\frac{1}{\sqrt{2}} & -\frac{1}{\sqrt{6}} & \frac{1}{\sqrt{3}} \\ \frac{1}{\sqrt{2}} & -\frac{1}{\sqrt{6}} & \frac{1}{\sqrt{3}} \\ 0 & \frac{2}{\sqrt{6}} & \frac{1}{\sqrt{3}} \end{bmatrix}$$

は直交行列で

$$T^{-1}AT = \begin{bmatrix} 3 & 0 & 0 \\ 0 & 3 & 0 \\ 0 & 0 & -6 \end{bmatrix}$$

となる．　◆

各固有値の固有ベクトルから成るベクトルの系を正規直交化する際，定理12.3より，相異なる固有値に属する固有ベクトルは互いに直交するので，各固有空間ごとに，グラム・シュミットの方法で正規直交化するとよい．上の例題では，$\boldsymbol{p}_3$ が $\boldsymbol{u}_1, \boldsymbol{u}_2$（すなわち $\boldsymbol{p}_1, \boldsymbol{p}_2$）と直交している．

問 12.1　次の実対称行列を直交行列を用いて対角化せよ．

(1) $\begin{bmatrix} 3 & 2 & 0 \\ 2 & 2 & 2 \\ 0 & 2 & 1 \end{bmatrix}$　　(2) $\begin{bmatrix} 0 & 0 & -1 \\ 0 & 1 & 0 \\ -1 & 0 & 0 \end{bmatrix}$

(3) $\begin{bmatrix} 1 & 4\sqrt{3} \\ 4\sqrt{3} & 3 \end{bmatrix}$

12.2 実 2 次形式

実変数 $\boldsymbol{x} = \begin{bmatrix} x_1 \\ \vdots \\ x_n \end{bmatrix} \in \mathbf{R}^n$ に関する式

$$\sum_{i,j=1}^{n} a_{ij}x_i x_j = \sum_{i=1}^{n} a_{ii}{x_i}^2 + 2\sum_{i<j} a_{ij}x_i x_j \qquad (\text{ここに } a_{ij} = a_{ji})$$

を**実 2 次形式**という．$a_{ij} = a_{ji}$ より，$A = [\, a_{ij} \,]$ は n 次実対称行列で，

$$\sum_{i,j=1}^{n} a_{ij}x_i x_j = {}^t\boldsymbol{x}A\boldsymbol{x} = (\boldsymbol{x}, A\boldsymbol{x}) = (A\boldsymbol{x}, \boldsymbol{x})$$

とも表される．ここで n 次実正則行列 P を用いて，$\boldsymbol{x} = P\boldsymbol{y}$ と変数変換すると，次のように $\boldsymbol{y}$ についての実 2 次形式が得られる：

$$(\boldsymbol{x}, A\boldsymbol{x}) = (P\boldsymbol{y}, AP\boldsymbol{y}) = (\boldsymbol{y}, {}^tPAP\boldsymbol{y}).$$

P を直交行列にとると，${}^tP = P^{-1}$ なので，定理 12.4 より，次を得る．

定理 12.5 実 2 次形式 $(\boldsymbol{x}, A\boldsymbol{x})$ ($\boldsymbol{x} \in \mathbf{R}^n$) に対し，直交行列 T を選び，$\boldsymbol{x} = T\boldsymbol{y}$ ($\boldsymbol{y} = {}^t[\, y_1, \cdots, y_n \,] \in \mathbf{R}^n$) と変数変換して，

$$(\boldsymbol{x}, A\boldsymbol{x}) = \alpha_1{y_1}^2 + \alpha_2{y_2}^2 + \cdots + \alpha_n{y_n}^2$$

とできる．ここに $\alpha_1, \alpha_2, \cdots, \alpha_n$ は n 次の実対称行列 A の固有値で，すべて実数である．これを**実 2 次形式の標準形**という．

任意の $\boldsymbol{x} \in \mathbf{R}^n$ に対して実 2 次形式が $(\boldsymbol{x}, A\boldsymbol{x}) \geqq 0$ を満たすとき，実対称行列 A は**半正定値**であるといい，任意の $\boldsymbol{x} \neq \boldsymbol{0}$ に対して，$(\boldsymbol{x}, A\boldsymbol{x}) > 0$ のとき，A は**正定値**であるという．定理 12.5 より，次が成り立つ：

$$A \text{ が半正定値} \iff A \text{ のすべての固有値が非負},$$
$$A \text{ が正定値} \iff A \text{ のすべての固有値が正}.$$

問 12.2 次の実 2 次形式の標準形を求めよ．

(1) $3x^2 + y^2 + 3z^2 - 2xy - 2xz - 2yz$

(2) $2x^2 + 5y^2 + 2z^2 - 2xy + 4xz - 2yz$

12.3　ユニタリ行列

ユニタリ行列とエルミット行列　n 次の複素正方行列 U が

$$U^* U = UU^* = I_n$$

を満たすとき，行列 U を**ユニタリ行列**という．U がとくに実行列のときは，$U^* = {}^tU$ なので，U は直交行列である．次の定理は定理 11.7 と同様に示される．

定理 12.6　n 次の複素正方行列 U について次の 4 条件は同値である：

（1）　U はユニタリ行列である．

（2）　$(U\boldsymbol{u}, U\boldsymbol{v}) = (\boldsymbol{u}, \boldsymbol{v}) \qquad (\boldsymbol{u}, \boldsymbol{v} \in \mathbf{C}^n).$

（3）　$\|U\boldsymbol{v}\| = \|\boldsymbol{v}\| \qquad (\boldsymbol{v} \in \mathbf{C}^n).$

（4）　U の列ベクトル $\{\boldsymbol{u}_1, \cdots, \boldsymbol{u}_n\}$ は $\mathbf{C}^n$ の正規直交基底である．

次の定理は，定理 12.4 と同様に示すことができる．

定理 12.7　n 次のエルミット行列 A は，n 次ユニタリ行列 U を選び，

$$U^{-1}AU = \begin{bmatrix} \alpha_1 & & 0 \\ & \ddots & \\ 0 & & \alpha_n \end{bmatrix}$$

と対角化できる．ただし，$\alpha_1, \cdots, \alpha_n$ は A の固有値である．

エルミット形式　複素変数 $\boldsymbol{x} = \begin{bmatrix} x_1 \\ \vdots \\ x_n \end{bmatrix} \in \mathbf{C}^n$ に関する式

$$\sum_{i,j=1}^{n} a_{ij}\,\overline{x}_i x_j \qquad (\text{ここで，} a_{ij} = \overline{a}_{ji})$$

を**エルミット形式**という．ここで $A=[\,a_{ij}\,]$ とおくと，A はエルミット行列となり，

$$\sum_{i,j=1}^{n} a_{ij}\,\overline{x}_i x_j = \boldsymbol{x}^* A\boldsymbol{x} = (A\boldsymbol{x},\,\boldsymbol{x}) = (A^*\boldsymbol{x},\,\boldsymbol{x}) = (\boldsymbol{x},\,A\boldsymbol{x})$$

と書ける．

$$\overline{(\boldsymbol{x},\,A\boldsymbol{x})} = (A\boldsymbol{x},\,\boldsymbol{x}) = (\boldsymbol{x},\,A^*\boldsymbol{x}) = (\boldsymbol{x},\,A\boldsymbol{x})$$

なので，任意のベクトル $\boldsymbol{x}\in\mathbf{C}^n$ に対して，エルミット形式 $(\boldsymbol{x},A\boldsymbol{x})$ は常に実数値をとる．

エルミット形式 $(\boldsymbol{x},A\boldsymbol{x})$ に対し，正則行列 P を用いて，$\boldsymbol{x}=P\boldsymbol{y}$ と変数変換すると，次のように $\boldsymbol{y}$ についてのエルミット形式が得られる：

$$(\boldsymbol{x},\,A\boldsymbol{x}) = (P\boldsymbol{y},\,AP\boldsymbol{y}) = (\boldsymbol{y},\,P^*AP\boldsymbol{y})\,.$$

したがって，P をユニタリ行列にとると，$P^*=P^{-1}$ となるので，定理12.7より次の定理を得る．

> **定理 12.8** エルミット形式 $(\boldsymbol{x},A\boldsymbol{x})$（$\boldsymbol{x}\in\mathbf{C}^n$）に対し，ユニタリ行列 U を選び，$\boldsymbol{x}=U\boldsymbol{y}$（$\boldsymbol{y}={}^t[\,y_1,\cdots,y_n\,]\in\mathbf{C}^n$）と変数変換して，
>
> $$(\boldsymbol{x},\,A\boldsymbol{x}) = \alpha_1\,\overline{y}_1 y_1 + \alpha_2\,\overline{y}_2 y_2 + \cdots + \alpha_n\,\overline{y}_n y_n$$
>
> とできる．ここに，$\alpha_1,\alpha_2,\cdots,\alpha_n$ はエルミット行列 A の固有値で，すべて実数である．これを**エルミット形式の標準形**という．

任意の $\boldsymbol{x}\in\mathbf{C}^n$ に対してエルミット形式が $(\boldsymbol{x},A\boldsymbol{x})\geqq 0$ を満たすとき，エルミット行列 A は**半正定値**であるといい，任意の $\boldsymbol{x}\neq\boldsymbol{0}$ に対して $(\boldsymbol{x},A\boldsymbol{x})>0$ のとき，A は**正定値**であるという．定理12.8より，次が成り立つ：

A が半正定値 $\iff$ A のすべての固有値が非負，

A が正定値 $\iff$ A のすべての固有値が正．

練習問題 12

1. 次の実対称行列を直交行列により対角化せよ.

(1) $\begin{bmatrix} 2 & 0 & -1 \\ 0 & 2 & 0 \\ -1 & 0 & 2 \end{bmatrix}$ (2) $\begin{bmatrix} a & -a \\ -a & a \end{bmatrix}$

2. 実 2 次形式 $ax^2 + 2bxy + cy^2$ が正定値となるための必要十分条件は，$a > 0$ かつ $ac - b^2 > 0$ となることを示せ.

3. $\mathbf{R}^3$ の 3 個のベクトルを $\boldsymbol{a}_1, \boldsymbol{a}_2, \boldsymbol{a}_3$ とし，$g_{ij} = (\boldsymbol{a}_i, \boldsymbol{a}_j)$ とする．$G = [\, g_{ij}\,]$ とおくとき，次を示せ.

(1) $\displaystyle\sum_{i,j=1}^{3} g_{ij} x_i x_j \geqq 0$

(2) $\{\boldsymbol{a}_1, \boldsymbol{a}_2, \boldsymbol{a}_3\}$ が 1 次独立である $\iff$ $|\,G\,| > 0$

4. 次の実 2 次形式の標準形を求めよ.

(1) $-x^2 + 6xy - y^2$

(2) $3x^2 - 2\sqrt{3}\,xy + y^2$

(3) $3x^2 + 2y^2 + z^2 + 4xy + 4yz$

(4) $x^2 + y^2 - 3z^2 - 4xz + 2yz$

5. A, B を 2 つの n 次実対称行列とする．このとき次を示せ.

(1) $A + B$，$AB + BA$ も対称行列となる.

(2) AB も対称行列となるための必要十分条件は $AB = BA$ である.

(3) $A \neq O$ ならば，任意の自然数 m に対して $A^m \neq O$ となる.

第13節　線形代数の応用

線形代数の応用は，広範で多岐にわたる．ここでは微分方程式とグラフ理論への応用に焦点をあてて学ぶ．

13.1　微分方程式への応用

時間 t の未知関数 $y_1(t), y_2(t)$ が次の方程式を満たすとする：

$$(*) \qquad \begin{cases} \dot{y}_1 = a y_1 + b y_2 \\ \dot{y}_2 = c y_1 + d y_2 . \end{cases}$$

ここで $\dot{y}_1, \dot{y}_2$ はそれぞれ y_1, y_2 の t についての導関数を表し，a, b, c, d はすべて定数であるとする．$(*)$ の形の方程式を定数係数の**連立1階線形微分方程式**という．

このような方程式を満たす y_1, y_2 を求める解法の1つに線形代数を用いる方法がある．以下ではそれを説明する．

● **考察**：　$\boldsymbol{y} = \begin{bmatrix} y_1 \\ y_2 \end{bmatrix}$，$\dot{\boldsymbol{y}} = \begin{bmatrix} \dot{y}_1 \\ \dot{y}_2 \end{bmatrix}$ および $A = \begin{bmatrix} a & b \\ c & d \end{bmatrix}$ とすると，

$$(*) \iff (**)：\ \dot{\boldsymbol{y}} = A\boldsymbol{y}$$

と連立微分方程式が行列表示を用いて書き表される．

● **A が対角化可能の場合の解法**：　A が対角化可能とする（➜ 89 ~ 90 ページ参照）．すなわち正則行列 P を選び，A が

$$P^{-1}AP = \begin{bmatrix} \alpha_1 & 0 \\ 0 & \alpha_2 \end{bmatrix} \qquad （ここで，\alpha_1, \alpha_2 は A の固有値）$$

の形にできるとする．ここで

$$P = [\,\boldsymbol{p}_1, \boldsymbol{p}_2\,] = \begin{bmatrix} p_{11} & p_{12} \\ p_{21} & p_{22} \end{bmatrix}, \qquad \boldsymbol{p}_1 = \begin{bmatrix} p_{11} \\ p_{21} \end{bmatrix}, \quad \boldsymbol{p}_2 = \begin{bmatrix} p_{12} \\ p_{22} \end{bmatrix}$$

とすると，$\{\boldsymbol{p}_1, \boldsymbol{p}_2\}$ は 1 次独立であり，A の固有値 α_1, α_2 の固有ベクトルとなっているから次の式が成り立つ：

$$A\boldsymbol{p}_1 = \alpha_1 \boldsymbol{p}_1, \qquad A\boldsymbol{p}_2 = \alpha_2 \boldsymbol{p}_2.$$

この P を用いて，新しい未知関数 $z_1(t), z_2(t)$ を次のように導入する：

$$\boldsymbol{z} = \begin{bmatrix} z_1 \\ z_2 \end{bmatrix} \text{とおくとき}, \qquad \boldsymbol{y} = P\boldsymbol{z}, \qquad \text{すなわち} \quad \boldsymbol{z} = P^{-1}\boldsymbol{y}$$

とする．このとき，（＊＊）は，$\dot{\boldsymbol{y}} = P\dot{\boldsymbol{z}}$ に注意して，次のように変形することができる：

$$\begin{aligned} (**) \quad \dot{\boldsymbol{y}} = A\boldsymbol{y} \quad &\Longleftrightarrow \quad P\dot{\boldsymbol{z}} = AP\boldsymbol{z} \quad \Longleftrightarrow \quad \dot{\boldsymbol{z}} = P^{-1}AP\boldsymbol{z} \\ &\Longleftrightarrow \quad \begin{bmatrix} \dot{z}_1 \\ \dot{z}_2 \end{bmatrix} = \begin{bmatrix} \alpha_1 & 0 \\ 0 & \alpha_2 \end{bmatrix} \begin{bmatrix} z_1 \\ z_2 \end{bmatrix} \\ &\Longleftrightarrow \quad \dot{z}_1 = \alpha_1 z_1 \quad \text{かつ} \quad \dot{z}_2 = \alpha_2 z_2. \end{aligned}$$

これらを満たす z_1, z_2 は次のように求められる：

$$z_1 = C_1 e^{\alpha_1 t} \quad \text{かつ} \quad z_2 = C_2 e^{\alpha_2 t} \qquad (\text{ここで，} C_1, C_2 \text{ は任意定数}).$$

これを $\boldsymbol{y} = P\boldsymbol{z}$ に代入して，解 y_1, y_2 は

$$\begin{aligned} \begin{bmatrix} y_1 \\ y_2 \end{bmatrix} &= \begin{bmatrix} p_{11} & p_{12} \\ p_{21} & p_{22} \end{bmatrix} \begin{bmatrix} C_1 e^{\alpha_1 t} \\ C_2 e^{\alpha_2 t} \end{bmatrix} \\ &= \begin{bmatrix} C_1 p_{11} e^{\alpha_1 t} + C_2 p_{12} e^{\alpha_2 t} \\ C_1 p_{21} e^{\alpha_1 t} + C_2 p_{22} e^{\alpha_2 t} \end{bmatrix} \end{aligned}$$

と求められる．ただし，C_1, C_2 は任意定数である．

● **A が対角化不可能の場合の解法**：　A が対角化できないのは，A の固有値を α とすると，重複度が 2 であり，これに属する 1 次独立な固有ベクトルが 1 個となる場合である．この場合，A を三角行列に直すことを考える．

初めに，$\boldsymbol{p}_1$ を A の固有値 α の固有ベクトルとする．次に，連立方程式

$$(A - \alpha I_2)\boldsymbol{x} = \boldsymbol{p}_1$$

の解を $\boldsymbol{p}_2$ とする．このような $\boldsymbol{p}_1, \boldsymbol{p}_2$ は $N = A - \alpha I_2$ とすると，

$$N\boldsymbol{p}_1 = \boldsymbol{0} \qquad かつ \qquad N\boldsymbol{p}_2 = \boldsymbol{p}_1$$

を満たす．このとき，$\{\boldsymbol{p}_1, \boldsymbol{p}_2\}$ は1次独立となるので，$P = [\,\boldsymbol{p}_1, \boldsymbol{p}_2\,]$ は正則行列であり，

$$A\boldsymbol{p}_1 = \alpha\boldsymbol{p}_1 \qquad かつ \qquad A\boldsymbol{p}_2 = \boldsymbol{p}_1 + \alpha\boldsymbol{p}_2$$

なので，次の式が成り立つ：

$$P^{-1}AP = \begin{bmatrix} \alpha & 1 \\ 0 & \alpha \end{bmatrix}.$$

A が対角化可能な場合と同様に，新しい未知関数 $\boldsymbol{z} = \begin{bmatrix} z_1 \\ z_2 \end{bmatrix}$ を $\boldsymbol{y} = P\boldsymbol{z}$ と定義する．このとき，

$$(**) \quad \dot{\boldsymbol{y}} = A\boldsymbol{y} \iff \dot{\boldsymbol{z}} = P^{-1}AP\boldsymbol{z}$$
$$\iff \begin{bmatrix} \dot{z}_1 \\ \dot{z}_2 \end{bmatrix} = \begin{bmatrix} \alpha & 1 \\ 0 & \alpha \end{bmatrix}\begin{bmatrix} z_1 \\ z_2 \end{bmatrix} = \begin{bmatrix} \alpha z_1 + z_2 \\ \alpha z_2 \end{bmatrix}.$$

まず，$\dot{z}_2 = \alpha z_2$ を解いて，

$$z_2 = C_2 e^{\alpha t} \qquad （ここで，C_2 は任意定数）$$

を得る．これを z_1 の式に代入して，

$$\dot{z}_1 = \alpha z_1 + C_2 e^{\alpha t}. \qquad ①$$

したがって，この微分方程式の解 z_1 は次のように得られる：

$$z_1 = (C_2 t + C_1)e^{\alpha t} \qquad （ここで，C_1 は任意定数）.$$

（z_1 は $C(t)e^{\alpha t}$ の形をしていると仮定し①に代入して，$\dot{C}(t) = C_2$ を得る．これから $C(t) = C_2 t + C_1$ となる）．これらを $\boldsymbol{y} = P\boldsymbol{z}$ に代入して

$$\begin{bmatrix} y_1 \\ y_2 \end{bmatrix} = \begin{bmatrix} p_{11} & p_{12} \\ p_{21} & p_{22} \end{bmatrix}\begin{bmatrix} (C_2 t + C_1)e^{\alpha t} \\ C_2 e^{\alpha t} \end{bmatrix}$$
$$= \begin{bmatrix} p_{11}(C_2 t + C_1)e^{\alpha t} + p_{12} C_2 e^{\alpha t} \\ p_{21}(C_2 t + C_1)e^{\alpha t} + p_{22} C_2 e^{\alpha t} \end{bmatrix}$$

と求められる．ただし，C_1, C_2 は任意定数である．

例題 13.1 次の連立微分方程式を解け.

$$\begin{cases} \dot{y}_1 = 6y_1 - 5y_2 \\ \dot{y}_2 = 4y_1 - 3y_2 \end{cases}$$

【解答】 $A = \begin{bmatrix} 6 & -5 \\ 4 & -3 \end{bmatrix}$ の固有多項式は

$$\varDelta_A(t) = (t-1)(t-2).$$

したがって, A の固有値は 1, 2 である.

固有値 1 の固有ベクトルとして $\boldsymbol{p}_1 = \begin{bmatrix} 1 \\ 1 \end{bmatrix}$. また, 固有値 2 の固有ベクトルとして, $\boldsymbol{p}_2 = \begin{bmatrix} 5 \\ 4 \end{bmatrix}$ がとれる.

したがって, $P = \begin{bmatrix} 1 & 5 \\ 1 & 4 \end{bmatrix}$ とすると,

$$P^{-1}AP = \begin{bmatrix} 1 & 0 \\ 0 & 2 \end{bmatrix}$$

となる. $\boldsymbol{y} = P\boldsymbol{z}$ として, $\boldsymbol{z} = \begin{bmatrix} z_1 \\ z_2 \end{bmatrix}$ を求める.

$$\dot{\boldsymbol{z}} = P^{-1}AP\boldsymbol{z} \qquad すなわち \qquad \begin{bmatrix} \dot{z}_1 \\ \dot{z}_2 \end{bmatrix} = \begin{bmatrix} 1 & 0 \\ 0 & 2 \end{bmatrix} \begin{bmatrix} z_1 \\ z_2 \end{bmatrix}$$

を解くと,

$$z_1 = C_1 e^t, \qquad z_2 = C_2 e^{2t} \qquad (C_1, C_2 \text{ は任意定数})$$

なので, 求める解 $\boldsymbol{y} = \begin{bmatrix} y_1 \\ y_2 \end{bmatrix}$ は

$$\boldsymbol{y} = \begin{bmatrix} y_1 \\ y_2 \end{bmatrix} = P \begin{bmatrix} z_1 \\ z_2 \end{bmatrix} = \begin{bmatrix} 1 & 5 \\ 1 & 4 \end{bmatrix} \begin{bmatrix} C_1 e^t \\ C_2 e^{2t} \end{bmatrix}$$

$$= \begin{bmatrix} C_1 e^t + 5C_2 e^{2t} \\ C_1 e^t + 4C_2 e^{2t} \end{bmatrix}$$

となる. ◆

例題 13.2　次の連立微分方程式を解け．

$$\begin{cases} \dot{y}_1 = 8y_1 + 4y_2 \\ \dot{y}_2 = -9y_1 - 4y_2 \end{cases}$$

【解答】　$A = \begin{bmatrix} 8 & 4 \\ -9 & -4 \end{bmatrix}$ の固有多項式は $\varDelta_A(t) = (t-2)^2$．A の固有値は 2（重複度 2）である．

固有値 2 の固有ベクトルは $\boldsymbol{p}_1 = \begin{bmatrix} 2 \\ -3 \end{bmatrix}$ で，A は対角化不可能．$\boldsymbol{p}_2$ として，

$$(A - 2I_2)\boldsymbol{x} = \boldsymbol{p}_1$$

を解いて，$\boldsymbol{x} = \boldsymbol{p}_2 = \begin{bmatrix} 1 \\ -1 \end{bmatrix}$ がとれる．

$$A\boldsymbol{p}_1 = 2\boldsymbol{p}_1, \qquad A\boldsymbol{p}_2 = \boldsymbol{p}_1 + 2\boldsymbol{p}_2$$

なので，$P = [\,\boldsymbol{p}_1, \boldsymbol{p}_2\,] = \begin{bmatrix} 2 & 1 \\ -3 & -1 \end{bmatrix}$ とおくと，

$$P^{-1}AP = \begin{bmatrix} 2 & 1 \\ 0 & 2 \end{bmatrix}$$

となる．$\boldsymbol{y} = P\boldsymbol{z}$ とおいて，$\boldsymbol{z} = \begin{bmatrix} z_1 \\ z_2 \end{bmatrix}$ に関する微分方程式を解いて，

$$z_1 = (C_2 t + C_1)e^{2t}, \qquad z_2 = C_2 e^{2t} \qquad (\,C_1, C_2 \text{ は任意定数}\,)$$

なので，

$$\boldsymbol{y} = \begin{bmatrix} y_1 \\ y_2 \end{bmatrix} = P\begin{bmatrix} z_1 \\ z_2 \end{bmatrix} = \begin{bmatrix} 2 & 1 \\ -3 & -1 \end{bmatrix}\begin{bmatrix} (C_2 t + C_1)e^{2t} \\ C_2 e^{2t} \end{bmatrix}$$

$$= \begin{bmatrix} 2(C_2 t + C_1)e^{2t} + C_2 e^{2t} \\ -3(C_2 t + C_1)e^{2t} - C_2 e^{2t} \end{bmatrix}. \quad \blacklozenge$$

問 13.1　次の微分方程式を解け．

（1）$\begin{cases} \dot{y}_1 = 3y_1 + 4y_2 \\ \dot{y}_2 = 3y_1 + 2y_2 \end{cases}$　　（2）$\begin{cases} \dot{y}_1 = 4y_1 + y_2 \\ \dot{y}_2 = -y_1 + 2y_2 \end{cases}$

例題 13.3 次の 2 階常微分方程式を解け.

$$\ddot{y} - 7\dot{y} + 12y = 0$$

【解答】 $y_1 = y$, $y_2 = \dot{y}$ とおくと，与えられた方程式は次の連立微分方程式となる：

$$\begin{cases} \dot{y}_1 = y_2 \\ \dot{y}_2 = -12y_1 + 7y_2. \end{cases}$$

そこで，$A = \begin{bmatrix} 0 & 1 \\ -12 & 7 \end{bmatrix}$, $\boldsymbol{y} = \begin{bmatrix} y_1 \\ y_2 \end{bmatrix}$ とおくと，

$$\dot{\boldsymbol{y}} = A\boldsymbol{y}$$

であり，

$$\Delta_A(t) = |\,tI_2 - A\,| = t^2 - 7t + 12 = (t-3)(t-4).$$

A の固有値 3, 4 の固有ベクトルはそれぞれ $\boldsymbol{p}_1 = \begin{bmatrix} 1 \\ 3 \end{bmatrix}$, $\boldsymbol{p}_2 = \begin{bmatrix} 1 \\ 4 \end{bmatrix}$ となる.

よって，$P = \begin{bmatrix} 1 & 1 \\ 3 & 4 \end{bmatrix}$ とおき，$\boldsymbol{y} = P\boldsymbol{z}$ として $\boldsymbol{z} = \begin{bmatrix} z_1 \\ z_2 \end{bmatrix}$ を求めると，

$$z_1 = C_1 e^{3t}, \quad z_2 = C_2 e^{4t} \qquad (C_1, C_2 \text{ は任意定数})$$

$$\therefore \begin{bmatrix} y_1 \\ y_2 \end{bmatrix} = \begin{bmatrix} 1 & 1 \\ 3 & 4 \end{bmatrix} \begin{bmatrix} C_1 e^{3t} \\ C_2 e^{4t} \end{bmatrix} = \begin{bmatrix} C_1 e^{3t} + C_2 e^{4t} \\ 3C_1 e^{3t} + 4C_2 e^{4t} \end{bmatrix}.$$

したがって，

$$y = y_1 = C_1 e^{3t} + C_2 e^{4t} \qquad (C_1, C_2 \text{ は任意定数}). \quad ◆$$

問 13.2 次の微分方程式を解け.

（1） $\ddot{y} + 13\dot{y} + 42y = 0$ （2） $\ddot{y} + 14\dot{y} + 49y = 0$

▶**注** 高階の微分方程式も同様にして，1 階の連立微分方程式に直すことができる．例えば，$\dddot{y} + a_1\ddot{y} + a_2\dot{y} + a_3 y = 0$ は $\boldsymbol{y} = \begin{bmatrix} y_1 \\ y_2 \\ y_3 \end{bmatrix} = \begin{bmatrix} y \\ \dot{y} \\ \ddot{y} \end{bmatrix}$, $A = \begin{bmatrix} 0 & 1 & 0 \\ 0 & 0 & 1 \\ -a_3 & -a_2 & -a_1 \end{bmatrix}$

とすると，$\dot{\boldsymbol{y}} = A\boldsymbol{y}$ となる.

13.2 グラフ理論と隣接行列

グラフ理論はコンピュータなど，ネットワークに現われる離散的事象を扱う数学であり，多くの応用をもつ．線形代数に係わる初歩を述べよう．

グラフとは，**頂点**の集合 V と2つの頂点を結ぶ**辺**の集合 E から成るものをいい，(V, E) と書く．2つの頂点を結ぶ辺が高々1つで，かつ各頂点でそれ自身を結ぶ辺をもたないグラフを**単純グラフ**というが，ここでは一般のグラフを扱う．

例 13.1 右のグラフの場合は

$$V = \{ v_1, v_2, v_3, v_4 \},$$
$$E = \{ e_1, e_2, \cdots, e_7 \}. \quad ◆$$

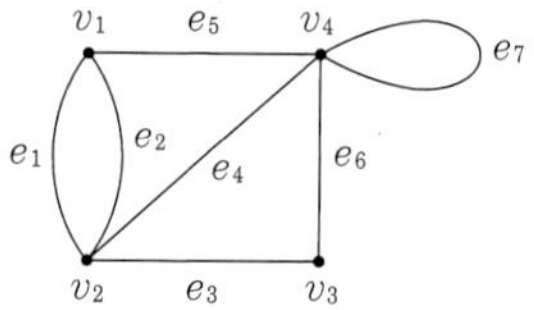

1つの頂点から他の頂点へ，いくつかの辺を通る経路 c を**歩道**という(同じ頂点や辺を何度も繰り返して通ってもよい)．歩道の**長さ**とは，その歩道において通過した辺の個数を重複を許して数えたものとする．歩道 c が**閉じた**歩道とは，c の出発する頂点と終点の頂点が同一のときをいう．

例 13.2 右のグラフにおいて，

$$v_1 \overset{e_1}{—} v_2 \overset{e_5}{—} v_4 \overset{e_7}{—} v_5 \overset{e_{10}}{—} v_7 \overset{e_{10}}{—} v_5$$

という歩道の長さは5である． ◆

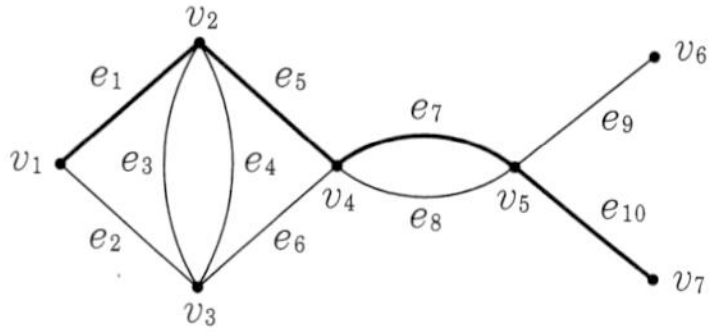

頂点の数が n であるグラフ (V, E) について，その性質を調べるために，次のように定義される n 次の正方行列 A が用いられる：

$$A = [\, a_{ij} \,] \qquad (\, a_{ij} \text{ は頂点 } v_i \text{ と頂点 } v_j \text{ を結ぶ辺の数}).$$

ただし，頂点 v_i と頂点 v_j を結ぶ辺が無いときは，$a_{ij} = 0$ とする．A をグラフ (V, E) の**隣接行列**という．隣接行列は，その定義からわかるように，成分が0以上の整数から成る実対称行列である．

例 13.3　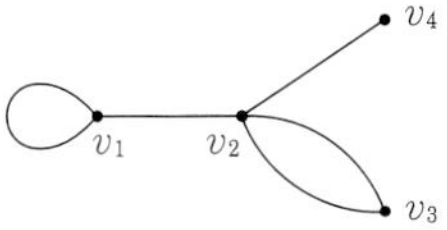

の隣接行列は $\begin{bmatrix} 1 & 1 & 0 & 0 \\ 1 & 0 & 2 & 1 \\ 0 & 2 & 0 & 0 \\ 0 & 1 & 0 & 0 \end{bmatrix}$.　◆

隣接行列の有用性を示す定理として次の定理がある．

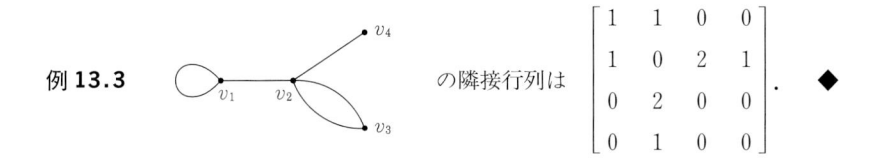

> **定理 13.1**　A をグラフ (V, E) の隣接行列とし，$A^k = \overbrace{A \cdots A}^{k}$ ($k = 1, 2, \cdots$) とする．このとき，A^k の (i, j)-成分は頂点 v_i と v_j を結ぶ長さ k の歩道の総数と一致する．

［証明］　k に関する数学的帰納法で示す．$k = 1$ のときは A の定義から正しい．$k - 1$ のとき正しいと仮定して，k のとき正しいことを示す．

$B = [\, b_{ij} \,] = A^{k-1}$ とおくと，A^k の (i, j)-成分は $\sum_{l=1}^{n} a_{il} b_{lj}$ と一致する．v_i と v_j を結ぶ長さが k の歩道の総数は，v_i とつながる辺のうち頂点 v_j と長さが $k - 1$ の歩道と結ばれるものをそれぞれ数え上げた総和であることに注意しよう．仮定より v_l と v_j とを結ぶ長さ $k - 1$ の歩道の総数は b_{lj} であり，v_i と v_l を結ぶ辺の総数は a_{il} であるので，求める結果を得る．　◇

グラフの隣接行列 A は n 次の実対称行列であるので，定理 12.2 より，その固有値はすべて実数である．それらを $\{\alpha_1, \cdots, \alpha_n\}$ と書く．定理 12.4 より，A は対角化可能である．すなわち，1 次独立な n 個の $\mathbf{R}^n$ のベクトル $\{\boldsymbol{p}_1, \cdots, \boldsymbol{p}_n\}$ で，A の固有ベクトルとなるものを選ぶことができる：

$$A\boldsymbol{p}_i = \alpha_i \boldsymbol{p}_i \qquad (i = 1, 2, \cdots, n).$$

このとき，$P = [\, \boldsymbol{p}_1, \boldsymbol{p}_2, \cdots, \boldsymbol{p}_n \,]$ は n 次正則行列で，

$$P^{-1}AP = \begin{bmatrix} \alpha_1 & & 0 \\ & \ddots & \\ 0 & & \alpha_n \end{bmatrix}$$

と対角化される．A の固有値の集合 $\{\alpha_1, \cdots, \alpha_n\}$ をグラフ (V, E) の**スペクトル**と呼び，$\mathrm{Spec}(V, E)$ と書くこととする．

グラフ (V, E) に対して，始点の違いを考慮に入れて数え上げた長さ k の閉じた歩道の総数を，そのグラフの**第 k モーメント**と呼び，$M_k(V, E)$ $(k = 1, 2, \cdots)$ と書く．以下では，モーメントとスペクトルとの関係について調べよう．n 次の正方行列 $C = [c_{ij}]$ の**トレース** $\mathrm{Tr}(C)$ とは，

$$\mathrm{Tr}(C) = c_{11} + c_{22} + \cdots + c_{nn}$$

のこととすると，任意の n 次正則行列 P に対して，トレースは

$$\mathrm{Tr}(P^{-1}CP) = \mathrm{Tr}(C)$$

を満たす（➡ 練習問題 9, **7** 参照）．このとき，$k = 1, 2, \cdots$ に対して，

$$P^{-1}A^k P = \begin{bmatrix} {\alpha_1}^k & & 0 \\ & \ddots & \\ 0 & & {\alpha_n}^k \end{bmatrix}$$

なので，

$$(\ast) \qquad \mathrm{Tr}(A^k) = {\alpha_1}^k + {\alpha_2}^k + \cdots + {\alpha_n}^k \qquad (k = 1, 2, \cdots).$$

一方，定理 13.1 により，$\mathrm{Tr}(A^k)$ は，各頂点 v_i を出発する長さ k の閉じた歩道の総数を $i = 1, 2, \cdots, n$ のすべてを足し加えたものであるので，

$$(\ast\ast) \qquad \mathrm{Tr}(A^k) = M_k(V, E) \qquad (k = 1, 2, \cdots).$$

$(\ast), (\ast\ast)$ より次の定理を得る．

定理 13.2　グラフ (V, E) のモーメント $M_k(V, E)$ $(k = 1, 2, \cdots)$ とスペクトル $\mathrm{Spec}(V, E) = \{\alpha_1, \cdots, \alpha_n\}$ との間に次の関係がある：

$$M_k(V, E) = {\alpha_1}^k + {\alpha_2}^k + \cdots + {\alpha_n}^k \qquad (k = 1, 2, \cdots).$$

とくに，2つのグラフ (V_1, E_1), (V_2, E_2) についてスペクトルが同一であれば，これらのグラフのモーメントはすべて一致する：

$$\mathrm{Spec}(V_1, E_1) = \mathrm{Spec}(V_2, E_2) \Longrightarrow M_k(V_1, E_1) = M_k(V_2, E_2) \quad (k = 1, 2, \cdots).$$

例題 13.4 右のグラフのスペクトルとモーメントを求めよ.

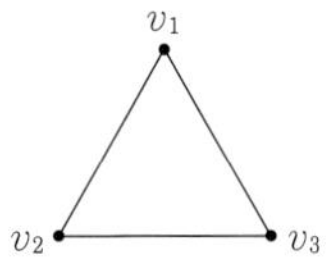

【解答】 隣接行列は $A=\begin{bmatrix}0&1&1\\1&0&1\\1&1&0\end{bmatrix}$ で，その固有多項式は

$$\varDelta_A(t)=(t+1)^2(t-2).$$

よって，$\mathrm{Spec}(V,E)=\{-1,-1,2\}$. ゆえに，

$$M_k(V,E)=2(-1)^k+2^k \qquad (k=1,2,\cdots). \qquad ◆$$

問 13.3 次のグラフのスペクトルとモーメントをすべて求めよ.

（1）

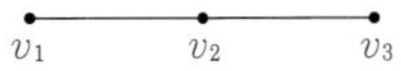

（2）

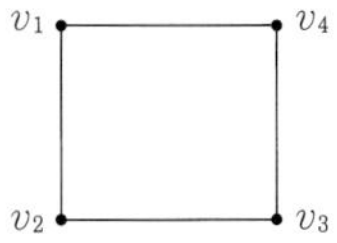

練習問題 13

1. 次の微分方程式を解け.

（1） $\begin{cases}\dot{y}_1=2y_1+\ \ y_2\\ \dot{y}_2=3y_1+4y_2\end{cases}$　　（2） $\ddot{y}+9\dot{y}+18y=0$

2. 隣接行列が次で与えられるとき，そのグラフを求めよ.

$$\begin{bmatrix}0&2&0&1&0\\2&1&0&1&1\\0&0&0&1&0\\1&1&1&0&0\\0&1&0&0&1\end{bmatrix}$$

第14節 線形計画法

14.1 線形計画問題

次のような問題を考えよう．

例題 14.1 ある工場が 3 種類の原料 A_1, A_2, A_3 を，それぞれ 1600, 370, 580 キログラムだけ保有している．これらの原料を使って製品 B_1, B_2 を作りたい．製品 B_1 を 1 単位作るには原料 A_1, A_2, A_3 がそれぞれ 4, 1, 1 キログラム必要であり，製品 B_2 を 1 単位作るには原料 A_1, A_2, A_3 がそれぞれ 5, 1, 2 キログラム必要である．また，製品 B_1, B_2 を各 1 単位作ると，利益はそれぞれ 3 万円と 5 万円である．保有する原料を使って利益を最大にするには，製品 B_1, B_2 をそれぞれ何単位作ればよいか．

● **数式化**： 製品 B_1, B_2 をそれぞれ x_1, x_2 単位作って，z 万円の利益が上がるとすれば，次の等式が成り立つ：

$$z = 3x_1 + 5x_2 .$$

これを**目的関数**と呼ぶ．一方，手持ちの原料に限りがあるので，x_1, x_2 は次の不等式を満足する：

$$\begin{cases} 4x_1 + 5x_2 \leqq 1600 & (A_1) \\ x_1 + x_2 \leqq 370 & (A_2) \\ x_1 + 2x_2 \leqq 580 & (A_3) . \end{cases}$$

これを**制約条件**と呼ぶ．さらに，問題の意味を考えれば，次の不等式

$$x_1 \geqq 0, \qquad x_2 \geqq 0$$

を仮定するのは当然であろう．これを**非負条件**という．

この問題は，制約条件と非負条件の下に，目的関数の値を最大にするような x_1, x_2 を求めることに帰着する．このような x_1, x_2 を**最適解**と呼ぶ．

● **図形による解法**：　(x_1, x_2)-平面上で，制約条件と非負条件を満たす (x_1, x_2) 全体の集合を**可能領域**という．

この例題の場合の可能領域は，図のような凸五角形 OABCD の内部と境界である．頂点の座標は

O(0, 0)，

A(370, 0)，

B(250, 120)，

C(100, 240)，

D(0, 290)

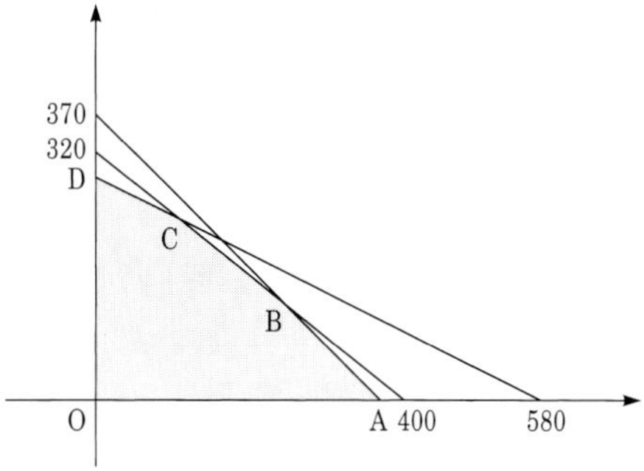

である．目的関数

$$z = 3x_1 + 5x_2$$

の値を k とすれば，

$$x_2 = -\frac{3}{5}x_1 + \frac{k}{5}$$

となり，1つの直線を表示している．k の値を変化させると，互いに平行な直線族ができる．上の直線が，可能領域の点 P(a, b) を通れば

$$z = 3a + 5b = k$$

となる．したがって，可能領域と交わる上の直線族の中で k を最大にすればよい．これを実現するのは，直線が点 C(100, 240) を通る場合で，

$$z = 3 \times 100 + 5 \times 240 = 1500\,.$$

すなわち，B_1 を 100 単位，B_2 を 240 単位作れば最大利益 1500 万円を得る．

問 14.1　ある工場が3種類の原料 A_1, A_2, A_3 を，それぞれ 1200, 560, 580 キログラムだけ保有している．これらの原料を使って，製品 B_1, B_2 を作りたい．製品 B_1 を1単位作るためには，原料 A_1, A_2, A_3 がそれぞれ 3, 1, 2 キログラム必要であり，製品 B_2 を1単位作るためには，原料 A_1, A_2, A_3 がそれぞれ 4, 2, 1 キログラム必要である．また，製品 B_1, B_2 を各1単位作ると，利益はそれぞれ3万円と2万円である．保有する原料を使って利益を最大にするには，製品 B_1, B_2 をそれぞれ何単位作ればよいか．

14.2 単体法

図形による解法は直観的でよくわかるが，変数や式の個数が多くなると，図形で解くのは困難になる．このため様々な解法が開発されている．この節では，**単体法**と呼ばれる解法を例題 14.1 を使って説明しよう．制約条件

$$\begin{cases} 4x_1 + 5x_2 \leqq 1600 \\ \ \ x_1 + \ \ x_2 \leqq \ \ 370 \\ \ \ x_1 + 2x_2 \leqq \ \ 580 \end{cases}$$

は，不等式なので扱いにくい．そこで，**スラック**（ゆるみ）**変数**と呼ぶ新しい変数 x_3, x_4, x_5 を追加して，等式の制約条件

$$\begin{cases} 4x_1 + 5x_2 + x_3 & & & = 1600 \\ \ \ x_1 + \ \ x_2 & + x_4 & & = \ \ 370 \\ \ \ x_1 + 2x_2 & & + x_5 & = \ \ 580 \end{cases}$$

と，非負条件： $x_1 \geqq 0$, $x_2 \geqq 0$, $x_3 \geqq 0$, $x_4 \geqq 0$, $x_5 \geqq 0$ に置き換える．このような制約条件と非負条件の下に，「目的関数 $z = 3x_1 + 5x_2$ の最大値と，それを与える x_1, x_2, x_3, x_4, x_5 を求めよ」という問題を考察することになる．目的関数 z も変数のように扱い，

$$\begin{cases} 4x_1 + 5x_2 + x_3 & & & & = 1600 \\ \ \ x_1 + \ \ x_2 & + x_4 & & & = \ \ 370 \\ \ \ x_1 + 2x_2 & & + x_5 & & = \ \ 580 \\ -3x_1 - 5x_2 & & & + z & = \ \ \ \ 0 \end{cases}$$

のように並べてみる．そして，係数の表を次のように書きだしてみる：

（S）

x_1	x_2	x_3	x_4	x_5	z	
4	5	1	0	0	0	1600
1	1	0	1	0	0	370
1	2	0	0	1	0	580
−3	−5	0	0	0	1	0

この表を出発点として，基本的には第 2 節の掃き出し法を実行する．

さて，表（S）を掃き出し法で変形して，次の表が得られたとししよう．

（E）

x_1	x_2	x_3	x_4	x_5	z	
1	0	*	0	*	0	d_1
0	0	*	1	*	0	d_4
0	1	*	0	*	0	d_2
0	0	c_3	0	c_5	1	m

表（E）の最下段に注目すると，目的関数は

$$z = m - 0x_1 - 0x_2 - c_3x_3 - 0x_4 - c_5x_5$$

と表示されることがわかる．

さらに，d_1, d_2, d_4, c_3, c_5 がいずれも $\geqq 0$ であると仮定しよう．

非負条件の下に，$z \leqq m$ となり，最適解 $(d_1, d_2, 0, d_4, 0)$ に対して，最大値 $z = m$ を得ることがわかる．

結局，表（S）から如何なる手順で，このような表（E）を見出すか，見出せるのかを，考察すればよいことになった．

ピボット変形と単体表　この手順について説明するため，新しい言葉を導入しよう．先の表（S）を使って説明しよう．

（S）

x_1	x_2	x_3	x_4	x_5	z	
4	5	1	0	0	0	1600
1	1	0	1	0	0	370
1	2●	0	0	1	0	580
−3	−5	0	0	0	1	0

いま，3 行 2 列成分に●印をつけてある．ここで，第 2 節で説明したように，●印の成分を**ピボット**（軸）とする**ピボット変形**を行うのである．

ここで，表（S）からピボット変形を繰り返して，表（E）が得られる様子を，次の表にまとめてみよう．これを**単体表**という．

	x_1	x_2	x_3	x_4	x_5	z	
I	4	5	1	0	0	0	1600
	1	1	0	1	0	0	370
	1	2●	0	0	1	0	580
	−3	−5	0	0	0	1	0
II	3/2●	0	1	0	−5/2	0	150
	1/2	0	0	1	−1/2	0	80
	1/2	1	0	0	1/2	0	290
	−1/2	0	0	0	5/2	1	1450
III	1	0	2/3	0	−5/3	0	100
	0	0	−1/3	1	1/3	0	30
	0	1	−1/3	0	4/3	0	240
	0	0	1/3	0	5/3	1	1500

この表から，目的関数の最大値は 1500 で，最適解は

$$x_1 = 100, \quad x_2 = 240, \quad x_3 = 0, \quad x_4 = 30, \quad x_5 = 0$$

である．

ここに，x_3，x_4，x_5 はスラック変数だから，例題 14.1 の最初の問題に対しては，目的関数の最大値は 1500 で，最適解は $x_1 = 100$，$x_2 = 240$ である．

ピボットの選び方　残る問題は，単体表の作り方，すなわち，ピボットの位置の選び方である．表 I から 表 II，表 IIから 表 III に移る作業について，それぞれ次の手順を踏むものとする．

〈**ステップ 1**〉 表の最下段の係数の中に，負の係数がなければ，作業は

終了する．負の係数があれば，そのような係数の中で絶対値が最大になるものを選ぶ．同じ値の係数が2つ以上あれば，その中のどれでもよい．それが第 s 列（x_s の係数）の c_s であるとする．

〈ステップ2〉 第 s 列中，$a_{is} > 0$ なる a_{is} をすべて求める．

〈ステップ3〉 ステップ2で求めた a_{is} と，第 i 行の右端の係数 d_i との比 d_i/a_{is}（$d_i \geqq 0$ になっている）を計算し，この比が最小になる a_{is} を a_{rs} とする．同じ比の値が2つ以上あれば，その中のどれでもよい．

〈ステップ4〉 a_{rs} をピボットとするピボット変形を行う．

x_s	z	
a_{is}	0	d_i
a_{rs}●	0	d_r
⋮	⋮	⋮
c_s	1	*

前出の単体表が，この手順通りに作られていることを確認してほしい．

▶**注**（1）この手順で次の新しい表が作られるが，最初の表で右端の係数がすべて $\geqq 0$ であれば，この表においても右端の係数はすべて $\geqq 0$ になっている．

（2）この操作で，z の列は変化しない．作業に慣れたら，この列の記入を省略しても構わない．

（3）この操作を繰り返しても，循環現象が起きて，最適解に到達できないことがある．これを避ける工夫もなされているようだが，省略する．

問 14.2 問 14.1 の問題を単体法を使って解け．

問 14.3 次の線形計画問題を単体表を作って考察し，単体法のステップ2が実行できないことを確認せよ．さらに，可能領域を図示して，最適解が存在しないことを示せ．

$$\begin{cases} x_1 - x_2 \leqq 1, \quad -x_1 + x_2 \leqq 1, \quad x_1 \geqq 0, \quad x_2 \geqq 0, \\ \max(x_1 + x_2). \end{cases}$$

（注：max（　）は，カッコ内の目的関数の値を最大にせよ，という意味である．）

14.3 2段階単体法

例題 14.2 次の線形計画問題を解け．

$$\begin{cases} 4x_1 + 3x_2 \leqq 120, \quad x_1 + 3x_2 \geqq 60, \quad -2x_1 + 3x_2 \geqq 30, \\ x_1 \geqq 0, \quad x_2 \geqq 0, \quad \max(5x_1 + 3x_2). \end{cases}$$

【解答】 スラック変数 x_3, x_4, x_5 を追加して，等式の制約条件

$$\begin{cases} 4x_1 + 3x_2 + x_3 = 120 \\ x_1 + 3x_2 - x_4 = 60 \\ -2x_1 + 3x_2 - x_5 = 30 \\ -5x_1 - 3x_2 + z = 0 \quad (z \text{ は目的関数}) \end{cases}$$

と，非負条件

$$x_1 \geqq 0, \quad x_2 \geqq 0, \quad x_3 \geqq 0, \quad x_4 \geqq 0, \quad x_5 \geqq 0$$

に置き換える．第2式，第3式の x_4, x_5 の係数が -1 になることに注意しよう．表を作って作業しよう．

	x_1	x_2	x_3	x_4	x_5	
I	4●	3	1	0	0	120
	1	3	0	−1	0	60
	−2	3	0	0	−1	30
	−5	−3	0	0	0	0
II	1	3/4	1/4	0	0	30
	0	9/4■	−1/4	−1	0	30
	0	9/2	1/2	0	−1	90
	0	3/4	5/4	0	0	150

作業はここで行き止まる．第 II 表の最下段から，目的関数は

$$z = 150 - \frac{3}{4}x_2 - \frac{5}{4}x_3$$

となるが，$x_2 = x_3 = 0$ とすれば，第 II 表の第2行から，$x_4 = -30 < 0$ となり

非負条件に合わないからである．ここで，第 II 表以下の■印の成分をピボットとするピボット変形を実行してみよう．

III	1	0	1/3	1/3	0	20
	0	1	−1/9	−4/9	0	40/3
	0	0	1	2■	−1	30
	0	0	4/3	1/3	0	140
IV	1	0	1/6	0	1/6	15
	0	1	1/9	0	−2/9	20
	0	0	1/2	1	−1/2	15
	0	0	7/6	0	1/6	135

この結果，最大値は 135，最適解は $x_1 = 15$，$x_2 = 20$，$x_4 = 15$ となる．◆

上の例題 14.2 において，■印の成分をピボットに選ぶには，作為が働いている．このような問題にも適応できるよう，単体法を改良したものとして，**2段階単体法**が知られている．例題 14.2 を使って説明しよう．等式の制約条件のうち，スラック変数の係数が −1 である式に新しく**人為変数**と呼ばれる変数 x_6, x_7 を導入し，制約条件

$$\begin{cases} 4x_1 + 3x_2 + x_3 = 120 \\ x_1 + 3x_2 - x_4 + x_6 = 60 \\ -2x_1 + 3x_2 - x_5 + x_7 = 30 \end{cases}$$

と，非負条件 $x_i \geqq 0$ ($i = 1, \cdots, 7$) に置き換える．さらに，**中間目的関数**

$$w = -x_6 - x_7 = -x_1 + 6x_2 - x_4 - x_5 - 90$$

を導入し，まず，「上記の条件下で w を最大にせよ」という問題を解くのである．もし $w = 0$ が最大値なら，その最適解では $x_6 = x_7 = 0$ であり，元の問題の作業に切り換えられる．

まず，目的関数 $z\,(= 5x_1 + 3x_2)$ と w も変数のように扱い，

$$\begin{cases} x_1 - 6x_2 \qquad + x_4 + x_5 \qquad + w \qquad = -90 \\ -5x_1 - 3x_2 \qquad\qquad\qquad\qquad + z = \quad 0 \end{cases}$$

と書いて，次の表を作る．z と w の列の記入を省き，z と w の行の区別を明記しよう．まず，w の行の係数の符号に注意して，作業を進める．

		x_1	x_2	x_3	x_4	x_5	x_6	x_7	
I		4	3	1	0	0	0	0	120
		1	3	0	−1	0	1	0	60
		−2	3●	0	0	−1	0	1	30
	w	1	−6	0	1	1	0	0	−90
	z	−5	−3	0	0	0	0	0	0
II		6	0	1	0	1	0	−1	90
		3●	0	0	−1	1	1	−1	30
		−2/3	1	0	0	−1/3	0	1/3	10
	w	−3	0	0	1	−1	0	2	−30
	z	−7	0	0	0	−1	0	1	30
III		0	0	1	2●	−1	−2	1	30
		1	0	0	−1/3	1/3	1/3	−1/3	10
		0	1	0	−2/9	−1/9	2/9	1/9	50/3
	w	0	0	0	0	0	1	1	0
	z	0	0	0	−7/3	4/3	7/3	−4/3	100
IV		0	0	1/2	1	−1/2			15
		1	0	1/6	0	1/6			15
		0	1	1/9	0	−2/9			20
	z	0	0	7/6	0	1/6			135

第 III 表までは，中間目的関数 w に関して先の作業を進めた．この表で w の最大値が 0 であり，$x_6 = x_7 = 0$ とできることがわかった．これで第 1 段階の作業が終了し，後は第 2 段階として，z に関して従来の作業を進めるの

である．ピボットが機械的に決まってゆき，求める結果が得られる．

練習問題 14

1. 次の線形計画問題を単体表を作って解け．さらに，可能領域を図示して，その最適解を図によって確かめよ．

（1）
$$\begin{cases} 3x_1 + 2x_2 \leqq 21 \\ x_1 + 2x_2 \leqq 11 \\ x_1 + 3x_2 \leqq 15 \\ x_1 \geqq 0, \quad x_2 \geqq 0 \\ \max(2x_1 + 5x_2) \end{cases}$$

（2）
$$\begin{cases} x_1 + 4x_2 \geqq 9 \\ -3x_1 + 2x_2 \leqq 1 \\ 2x_1 + x_2 \leqq 11 \\ x_1 \geqq 0, \quad x_2 \geqq 0 \\ \max(2x_1 + 5x_2) \end{cases}$$

2. 次の線形計画問題を 2 段階単体法によって解け．

$$\begin{cases} 3x_1 + 4x_2 \geqq 120 \\ 2x_1 + x_2 \leqq 60 \\ -x_1 + 2x_2 \geqq 40 \\ x_1 \geqq 0, \quad x_2 \geqq 0, \\ \max(5x_1 + 2x_2) \end{cases}$$

3. 次の線形計画問題について，次の設問に答えよ．

$$\begin{cases} 3x_1 + 4x_2 + x_3 = 1200 \\ x_1 + 2x_2 + x_4 = 560 \\ 2x_1 + x_2 + x_5 = 580 \\ x_1 \geqq 0, \quad x_2 \geqq 0, \quad x_3 \geqq 0, \quad x_4 \geqq 0, \quad x_5 \geqq 0, \\ \max(3x_1 + 2x_2) \end{cases}$$

（1） ベクトル $[x_1, x_2, x_3, x_4, x_5]$ で，この中に 2 つの成分が 0 で，制約条件を満足するものを，非負条件を忘れて，すべて求めよ．

（2） このようにして求めた 10 個のベクトルの中で，非負条件を満足するものについて，目的関数 $3x_1 + 2x_2$ の値を最大にするものを求めよ．

（3） 問 14.2 の最適解が（2）で求めたものに一致していることを確かめよ．

付　　録

付録 A　内積と外積

内積　初めに，n 項実ベクトル空間 $\mathbf{R}^n$ における内積に関する事柄を整理してまとめておく（➡ 第 11 節 参照）．

n 項数ベクトル空間 $\mathbf{R}^n$ の 2 つのベクトル

$$\boldsymbol{a} = \begin{bmatrix} a_1 \\ a_2 \\ \vdots \\ a_n \end{bmatrix}, \qquad \boldsymbol{b} = \begin{bmatrix} b_1 \\ b_2 \\ \vdots \\ b_n \end{bmatrix}$$

に対し，実数値

$$(\boldsymbol{a}, \boldsymbol{b}) = a_1 b_1 + a_2 b_2 + \cdots + a_n b_n$$

を，$\boldsymbol{a}$ と $\boldsymbol{b}$ の**内積**という．このとき，次の法則が成立する：

（i）　$(\boldsymbol{a}, \boldsymbol{b}) = (\boldsymbol{b}, \boldsymbol{a})$

（ii）　$(\boldsymbol{a} + \boldsymbol{b}, \boldsymbol{c}) = (\boldsymbol{a}, \boldsymbol{c}) + (\boldsymbol{b}, \boldsymbol{c})$

　　　$(\boldsymbol{a}, \boldsymbol{b} + \boldsymbol{c}) = (\boldsymbol{a}, \boldsymbol{b}) + (\boldsymbol{a}, \boldsymbol{c})$

（iii）　$(k\boldsymbol{a}, \boldsymbol{b}) = k(\boldsymbol{a}, \boldsymbol{b})$　　（k は実数）

（iv）　$(\boldsymbol{a}, \boldsymbol{a}) \geqq 0$

　　　ここで，$(\boldsymbol{a}, \boldsymbol{a}) = 0$ と $\boldsymbol{a} = \boldsymbol{0}$ とは同値である．

零ベクトルでない 2 つのベクトル $\boldsymbol{a}, \boldsymbol{b}$ が $(\boldsymbol{a}, \boldsymbol{b}) = 0$ を満たすとき，$\boldsymbol{a}$ と $\boldsymbol{b}$ は**直交する**といい，$\boldsymbol{a} \perp \boldsymbol{b}$ と書く．

また，内積の性質（iv）より，**ベクトルの長さ**

$$\|\boldsymbol{a}\| = \sqrt{(\boldsymbol{a}, \boldsymbol{a})}$$

が定義される．

内積とベクトルの長さについては次の定理が成り立つ．

定理 A.1　n 項数ベクトル空間 $\mathbf{R}^n$ のベクトル $\boldsymbol{a}, \boldsymbol{b}$ に対して次が成り立つ：

（1）　$\|k\boldsymbol{a}\| = |k|\,\|\boldsymbol{a}\|$　　（k は実数）

（2）（平行四辺形定理）

$$\|\boldsymbol{a}+\boldsymbol{b}\|^2 + \|\boldsymbol{a}-\boldsymbol{b}\|^2 = 2(\|\boldsymbol{a}\|^2 + \|\boldsymbol{b}\|^2)$$

とくに，$\boldsymbol{a} \perp \boldsymbol{b}$ のときは，

$$\|\boldsymbol{a}+\boldsymbol{b}\|^2 = \|\boldsymbol{a}\|^2 + \|\boldsymbol{b}\|^2 \qquad \text{（ピタゴラス）}$$

（3）（シュワルツ）　$|(\boldsymbol{a}, \boldsymbol{b})| \leqq \|\boldsymbol{a}\|\,\|\boldsymbol{b}\|$

等号成立は $\boldsymbol{b} = c\boldsymbol{a}$ または $\boldsymbol{a} = c'\boldsymbol{b}$（ここで c, c' は実数）の場合に限る．

（4）（三角不等式）　$\|\boldsymbol{a}+\boldsymbol{b}\| \leqq \|\boldsymbol{a}\| + \|\boldsymbol{b}\|$

等号成立は $\boldsymbol{b} = c\boldsymbol{a}$ または $\boldsymbol{a} = c'\boldsymbol{b}$（ここで $c \geqq 0$，$c' \geqq 0$）の場合に限る．

零でない 2 つのベクトル $\boldsymbol{a}, \boldsymbol{b}$ のなす角 θ を次のように定義する．定理 A.1（3）より，

$$-1 \leqq \frac{(\boldsymbol{a}, \boldsymbol{b})}{\|\boldsymbol{a}\|\,\|\boldsymbol{b}\|} \leqq 1$$

なので，

$$\cos\theta = \frac{(\boldsymbol{a}, \boldsymbol{b})}{\|\boldsymbol{a}\|\,\|\boldsymbol{b}\|} \qquad (0 \leqq \theta \leqq \pi)$$

となる θ がただ 1 つ定まる．この θ を $\boldsymbol{a}, \boldsymbol{b}$ の**なす角**という．

さて，平面 $\mathbf{R}^2$ における 2 つのベクトル $\boldsymbol{a} = \begin{bmatrix} a_1 \\ a_2 \end{bmatrix}$，$\boldsymbol{b} = \begin{bmatrix} b_1 \\ b_2 \end{bmatrix}$ のなす角 θ は余弦定理により，

$$(*) \qquad 2\|\boldsymbol{a}\|\,\|\boldsymbol{b}\|\cos\theta = \|\boldsymbol{a}\|^2 + \|\boldsymbol{b}\|^2 - \|\boldsymbol{a}-\boldsymbol{b}\|^2.$$

ここで，$\|\boldsymbol{a}\|^2 = {a_1}^2 + {a_2}^2$，$\|\boldsymbol{b}\|^2 = {b_1}^2 + {b_2}^2$ および

$\|\boldsymbol{a}-\boldsymbol{b}\|^2 = (a_1 - b_1)^2 + (a_2 - b_2)^2$，$(\boldsymbol{a}, \boldsymbol{b}) = a_1 b_1 + a_2 b_2$　であるので，

$$\|\boldsymbol{a}\|^2 + \|\boldsymbol{b}\|^2 - \|\boldsymbol{a} - \boldsymbol{b}\|^2 = (a_1{}^2 + a_2{}^2) + (b_1{}^2 + b_2{}^2) - \{(a_1 - b_1)^2 + (a_2 - b_2)^2\}$$
$$= 2(a_1 b_1 + a_2 b_2) = 2(\boldsymbol{a}, \boldsymbol{b}).$$

ゆえに，

$$\cos\theta = \frac{(\boldsymbol{a}, \boldsymbol{b})}{\|\boldsymbol{a}\|\,\|\boldsymbol{b}\|} = \frac{a_1 b_1 + a_2 b_2}{\sqrt{a_1{}^2 + a_2{}^2}\sqrt{b_1{}^2 + b_2{}^2}}$$

を得る．これは前のページで述べた θ の定義が自然な拡張であることを示している．

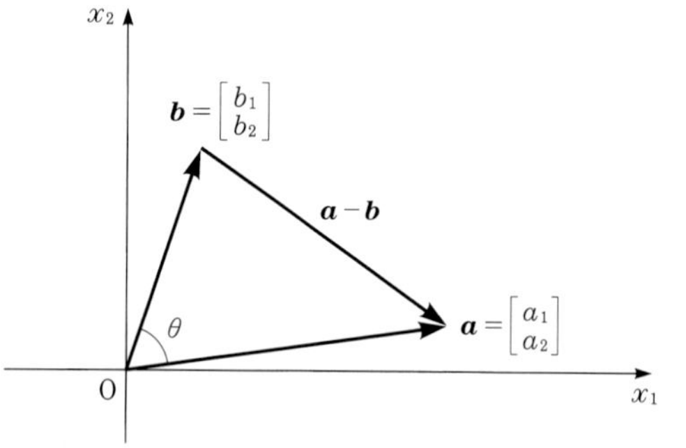

平行四辺形の面積と行列式　平面ベクトルに関しては次の定理が成り立つ．

定理 A.2　$\mathbf{R}^2$ 内の 1 次独立な 2 つのベクトル $\boldsymbol{a} = \begin{bmatrix} a \\ c \end{bmatrix}$, $\boldsymbol{b} = \begin{bmatrix} b \\ d \end{bmatrix}$ のなす平行四辺形の面積を S とし，$\boldsymbol{a}, \boldsymbol{b}$ の成分行列を

$$A = [\,\boldsymbol{a}, \boldsymbol{b}\,] = \begin{bmatrix} a & b \\ c & d \end{bmatrix}$$

とする．このとき，次の式が成り立つ：

$$|\,A\,|^2 = S^2 = \begin{bmatrix} (\boldsymbol{a}, \boldsymbol{a}) & (\boldsymbol{a}, \boldsymbol{b}) \\ (\boldsymbol{b}, \boldsymbol{a}) & (\boldsymbol{b}, \boldsymbol{b}) \end{bmatrix} \text{の行列式}.$$

［証明］ $\boldsymbol{a}$ と $\boldsymbol{b}$ のなす角を θ とすれば，

$$S = \|\boldsymbol{a}\|\,\|\boldsymbol{b}\|\sin\theta$$

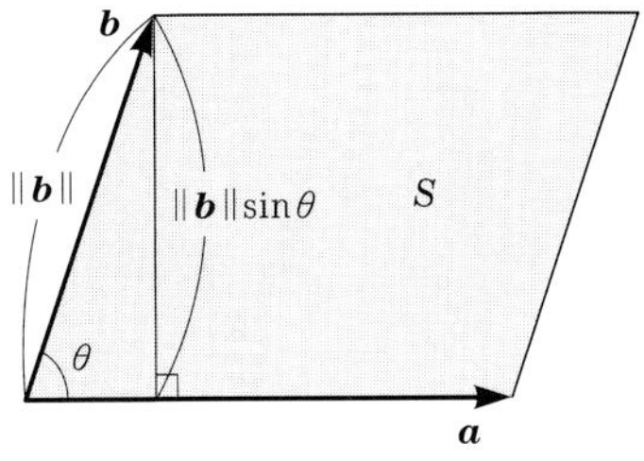

なので，

$$\begin{aligned} S^2 &= \|\boldsymbol{a}\|^2\,\|\boldsymbol{b}\|^2\sin^2\theta \\ &= \|\boldsymbol{a}\|^2\,\|\boldsymbol{b}\|^2(1-\cos^2\theta) \\ &= \|\boldsymbol{a}\|^2\,\|\boldsymbol{b}\|^2 - (\boldsymbol{a},\boldsymbol{b})^2 \\ &= (\boldsymbol{a},\boldsymbol{a})(\boldsymbol{b},\boldsymbol{b}) - (\boldsymbol{a},\boldsymbol{b})^2 \end{aligned}$$

となる．他方，

$$\begin{aligned} {}^tAA &= \begin{bmatrix} a & c \\ b & d \end{bmatrix}\begin{bmatrix} a & b \\ c & d \end{bmatrix} \\ &= \begin{bmatrix} a^2+c^2 & ab+cd \\ ba+dc & b^2+d^2 \end{bmatrix} = \begin{bmatrix} (\boldsymbol{a},\boldsymbol{a}) & (\boldsymbol{a},\boldsymbol{b}) \\ (\boldsymbol{b},\boldsymbol{a}) & (\boldsymbol{b},\boldsymbol{b}) \end{bmatrix}. \end{aligned}$$

$$\therefore \quad |A|^2 = |{}^tAA| = (\boldsymbol{a},\boldsymbol{a})(\boldsymbol{b},\boldsymbol{b}) - (\boldsymbol{a},\boldsymbol{b})(\boldsymbol{b},\boldsymbol{a}).$$

よって，求める等式を得る．　◇

外積　$\mathbf{R}^3$ 内のベクトル　$\boldsymbol{a} = \begin{bmatrix} a_1 \\ a_2 \\ a_3 \end{bmatrix}$，$\boldsymbol{b} = \begin{bmatrix} b_1 \\ b_2 \\ b_3 \end{bmatrix}$ について，$\mathbf{R}^3$ のベクトル

$$\boldsymbol{a}\times\boldsymbol{b} = \begin{bmatrix} a_2b_3 - a_3b_2 \\ a_3b_1 - a_1b_3 \\ a_1b_2 - a_2b_1 \end{bmatrix} = \begin{bmatrix} \begin{vmatrix} a_2 & b_2 \\ a_3 & b_3 \end{vmatrix} \\ -\begin{vmatrix} a_1 & b_1 \\ a_3 & b_3 \end{vmatrix} \\ \begin{vmatrix} a_1 & b_1 \\ a_2 & b_2 \end{vmatrix} \end{bmatrix}$$

を $\boldsymbol{a}$ と $\boldsymbol{b}$ の**外積**という．このとき次が成り立つ．

定理 A.3　外積について，次の公式が成り立つ：

（1）　$\boldsymbol{a}\times\boldsymbol{b} = -\boldsymbol{b}\times\boldsymbol{a}$，　　$\boldsymbol{a}\times\boldsymbol{a}=\boldsymbol{0}$

（2）　$\|\boldsymbol{a}\times\boldsymbol{b}\| = \|\boldsymbol{a}\|\,\|\boldsymbol{b}\|\sin\theta$

$$\|\boldsymbol{a}\times\boldsymbol{b}\|^2 = \|\boldsymbol{a}\|^2\,\|\boldsymbol{b}\|^2 - (\boldsymbol{a},\boldsymbol{b})^2$$

とくに，$\|\boldsymbol{a}\times\boldsymbol{b}\|$ は $\boldsymbol{a}$ と $\boldsymbol{b}$ の張る平行四辺形の面積 S に等しい．ここで，$\boldsymbol{a}$ と $\boldsymbol{b}$ のなす角を $\theta\,(0\leqq\theta\leqq\pi)$ とする．

（3）　$$(\boldsymbol{a},\boldsymbol{b}\times\boldsymbol{c}) = (\boldsymbol{a}\times\boldsymbol{b},\boldsymbol{c}) = \begin{vmatrix} a_1 & b_1 & c_1 \\ a_2 & b_2 & c_2 \\ a_3 & b_3 & c_3 \end{vmatrix} = \det[\,\boldsymbol{a},\boldsymbol{b},\boldsymbol{c}\,]$$

とくに，　$\{\boldsymbol{a},\boldsymbol{b},\boldsymbol{c}\}$ が1次独立　$\Longleftrightarrow$　$(\boldsymbol{a},\boldsymbol{b}\times\boldsymbol{c})\neq 0$

（4）　$\boldsymbol{a}\times\boldsymbol{b}$ は $\boldsymbol{a},\boldsymbol{b}$ に垂直で，$\boldsymbol{a}$ から $\boldsymbol{b}$ に回る右ねじの進む方向に向く．

（5）　$\det[\,\boldsymbol{a},\boldsymbol{b},\boldsymbol{c}\,]$ の絶対値は，$\boldsymbol{a},\boldsymbol{b},\boldsymbol{c}$ の張る平行六面体の体積 V に等しい．

（6）　$(\boldsymbol{a}\times\boldsymbol{b})\times\boldsymbol{c} = (\boldsymbol{a},\boldsymbol{c})\boldsymbol{b} - (\boldsymbol{b},\boldsymbol{c})\boldsymbol{a}$

$$(\boldsymbol{a}\times\boldsymbol{b})\times\boldsymbol{c} + (\boldsymbol{b}\times\boldsymbol{c})\times\boldsymbol{a} + (\boldsymbol{c}\times\boldsymbol{a})\times\boldsymbol{b} = \boldsymbol{0}$$

（7）　$\boldsymbol{e}_1\times\boldsymbol{e}_2=\boldsymbol{e}_3$，　$\boldsymbol{e}_2\times\boldsymbol{e}_3=\boldsymbol{e}_1$，　$\boldsymbol{e}_3\times\boldsymbol{e}_1=\boldsymbol{e}_2$

［**証明**］（1）は外積の定義よりわかる．（2）は次のようにしてわかる．

$$\begin{aligned}
\|\boldsymbol{a}\times\boldsymbol{b}\|^2
&= (a_2b_3-a_3b_2)^2+(a_3b_1-a_1b_3)^2 \\
&\qquad +(a_1b_2-a_2b_1)^2 \\
&= (a_1{}^2+a_2{}^2+a_3{}^2)(b_1{}^2+b_2{}^2+b_3{}^2) \\
&\qquad -(a_1b_1+a_2b_2+a_3b_3)^2 \\
&= \|\boldsymbol{a}\|^2\,\|\boldsymbol{b}\|^2-(\boldsymbol{a},\boldsymbol{b})^2 \\
&= \|\boldsymbol{a}\|^2\,\|\boldsymbol{b}\|^2-\|\boldsymbol{a}\|^2\,\|\boldsymbol{b}\|^2\cos^2\theta \\
&= \|\boldsymbol{a}\|^2\,\|\boldsymbol{b}\|^2\sin^2\theta = S^2.
\end{aligned}$$

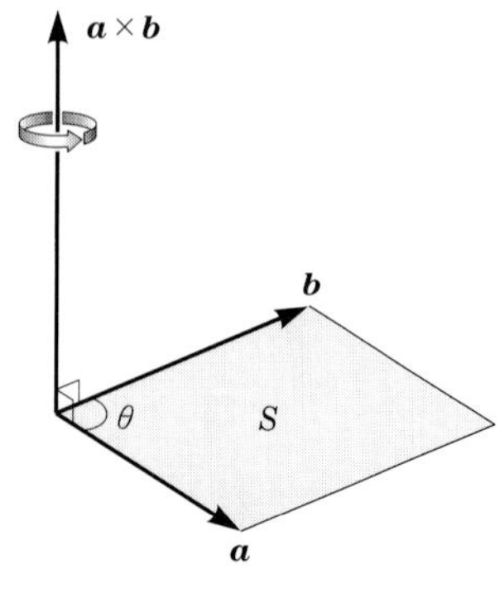

（3）　行列式 $\det[\,\boldsymbol{a}, \boldsymbol{b}, \boldsymbol{c}\,]$ を第3列に関して展開すると，

$$\begin{vmatrix} a_1 & b_1 & c_1 \\ a_2 & b_2 & c_2 \\ a_3 & b_3 & c_3 \end{vmatrix} = c_1 \begin{vmatrix} a_2 & b_2 \\ a_3 & b_3 \end{vmatrix} - c_2 \begin{vmatrix} a_1 & b_1 \\ a_3 & b_3 \end{vmatrix} + c_3 \begin{vmatrix} a_1 & b_1 \\ a_2 & b_2 \end{vmatrix} = (\boldsymbol{a} \times \boldsymbol{b}, \boldsymbol{c})$$

を得る．第1列に関して展開すると，$(\boldsymbol{a}, \boldsymbol{b} \times \boldsymbol{c})$ を得る．

（4）（3）より

$$(\boldsymbol{a} \times \boldsymbol{b}, \boldsymbol{a}) = \det[\,\boldsymbol{a}, \boldsymbol{b}, \boldsymbol{a}\,] = 0, \qquad (\boldsymbol{a} \times \boldsymbol{b}, \boldsymbol{b}) = \det[\,\boldsymbol{a}, \boldsymbol{b}, \boldsymbol{b}\,] = 0$$

となることから明らか．

（5）　γ を $\boldsymbol{a} \times \boldsymbol{b}$ と $\boldsymbol{c}$ のなす角とすると，（3）から

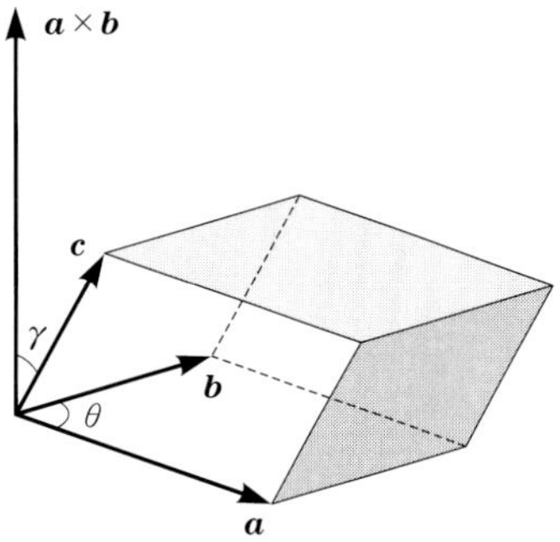

$$\begin{aligned} \det[\,\boldsymbol{a}, \boldsymbol{b}, \boldsymbol{c}\,] &= \|\boldsymbol{a} \times \boldsymbol{b}\|\,\|\boldsymbol{c}\| \cos\gamma \\ &= S\,\|\boldsymbol{c}\| \cos\gamma \\ &= \begin{cases} V & \left(0 \leqq \gamma < \dfrac{\pi}{2}\right) \\ -V & \left(\dfrac{\pi}{2} < \gamma \leqq \pi\right). \end{cases} \end{aligned}$$

（6）　外積 $\boldsymbol{a} \times \boldsymbol{b}$ の第 i 成分を $(\boldsymbol{a} \times \boldsymbol{b})_i$ と書くこととする．このとき外積の定義より，$(\boldsymbol{a} \times \boldsymbol{b}) \times \boldsymbol{c}$ の第1成分は，次のように計算される：

$$\begin{aligned} (\boldsymbol{a} \times \boldsymbol{b})_2 c_3 - (\boldsymbol{a} \times \boldsymbol{b})_3 c_2 &= \{a_3 b_1 - a_1 b_3\} c_3 - \{a_1 b_2 - a_2 b_1\} c_2 \\ &= \{a_2 c_2 + a_3 b_3\} b_1 - \{b_2 c_2 + b_3 c_3\} a_1 \\ &= \{a_1 c_1 + a_2 c_2 + a_3 c_3\} b_1 \\ &\qquad - \{b_1 c_1 + b_2 c_2 + b_3 c_3\} a_1 \\ &= (\boldsymbol{a}, \boldsymbol{c}) b_1 - (\boldsymbol{b}, \boldsymbol{c}) a_1 . \end{aligned}$$

第2成分，第3成分についても同様に計算でき，（6）の最初の等式が得られる．

後半の式は前半の式から示される．

（7）は外積の定義よりいえる．　◇

付録 B　複素数

複素平面　2つの実数 a, b と虚数単位と呼ばれる記号 i とで作った

$$a+ib$$

の形の数を**複素数**という（$a+bi$ とも書く）．複素数の相等，加減乗除は次のように定める：

$$a+ib=c+id \iff a=c \text{ かつ } b=d$$

$$(a+ib)+(c+id)=(a+c)+i(b+d)$$

$$(a+ib)-(c+id)=(a-c)+i(b-d)$$

$$(a+ib)(c+id)=(ac-bd)+i(ad+bc)$$

$$\frac{a+ib}{c+id}=\frac{ac+bd}{c^2+d^2}+i\frac{bc-ad}{c^2+d^2} \qquad (c^2+d^2\neq 0 \text{ のとき}).$$

すなわち，i も実数を表す文字のように扱って計算し，i^2 を -1 で置き換えるのである．

複素数 $z=a+ib$ において，実数 a, b をそれぞれ z の**実部**および**虚部**という．さらに複素数 $\bar{z}=a-ib$ を複素数 $z=a+ib$ の**共役複素数**という．このとき，

$$z\bar{z}=a^2+b^2$$

が成り立つ（各自確かめよ）．

平面上に直交座標系 O-xy をとり，点 (a, b) に複素数 $a+ib$ を対応させれば，平面上の点の全体と複素数の全体とは 1 対 1 に対応する．この対応を与えた平面を**複素平面**または**ガウス平面**という．また，この座標系の x 軸と y 軸をそれぞれ**実軸**および**虚軸**と呼ぶ．座標の原点 O には複素数 0 が対応する．以下簡単のために，複素数 $z=a+ib$ に対応する点 (a, b) を単に点 z と呼ぶことにしよう．

点 z の位置ベクトル $\overrightarrow{\mathrm{O}z}$ の大きさ $r=\sqrt{a^2+b^2}$ を複素数 z の**絶対値**といい，$|z|$ で表す．また，$z\neq 0$ の場合，原点から点 z に向かう半直線が，実軸の正方向を表す半直線を原点 O のまわりに角 θ だけ回転させて得られるとき，θ を z の**偏角**といい，$\theta=\arg z$ で表す．

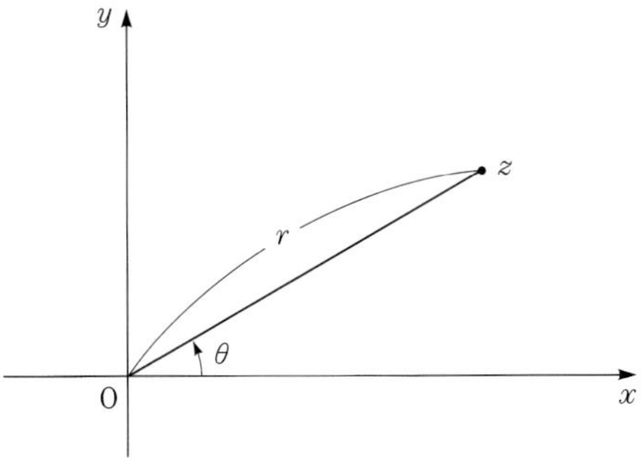

偏角は 2π の整数倍を除いて一意に決まり(角度は一般角をとる),

$$a = r\cos\theta, \qquad b = r\sin\theta$$

である．よって,

$$z = r(\cos\theta + i\sin\theta)$$

と表される．このような表し方を z の**極形式**という．このとき,

$$z\bar{z} = |z|^2, \qquad \arg\bar{z} \equiv -\arg z \quad (\bmod 2\pi)$$

が成り立つ(各自確かめよ)．ここで，2つの一般角 θ_1, θ_2 について，$\theta_1 - \theta_2$ が 2π の整数倍となるとき，$\theta_1 \equiv \theta_2 \ (\bmod 2\pi)$ と書く．

複素数の乗法，除法を考える場合には，極形式による方が便利である．

$$z_1 = r_1(\cos\theta_1 + i\sin\theta_1), \qquad z_2 = r_2(\cos\theta_2 + i\sin\theta_2)$$

とすれば，三角関数の加法公式によって,

$$\begin{aligned} z_1 z_2 &= r_1 r_2(\cos\theta_1 + i\sin\theta_1)(\cos\theta_2 + i\sin\theta_2) \\ &= r_1 r_2\{(\cos\theta_1\cos\theta_2 - \sin\theta_1\sin\theta_2) \\ &\qquad\qquad + i(\cos\theta_1\sin\theta_2 + \sin\theta_1\cos\theta_2)\} \\ &= r_1 r_2\{\cos(\theta_1 + \theta_2) + i\sin(\theta_1 + \theta_2)\} \end{aligned}$$

となる．すなわち，次式が成り立つ：

$$|z_1 z_2| = |z_1||z_2|, \qquad \arg(z_1 z_2) \equiv \arg z_1 + \arg z_2 \quad (\bmod 2\pi).$$

さらに，$z_2 \neq 0$ のとき，次式が成り立つ(各自確かめよ)：

$$\left|\frac{z_1}{z_2}\right| = \frac{|z_1|}{|z_2|}, \qquad \arg\left(\frac{z_1}{z_2}\right) \equiv \arg z_1 - \arg z_2 \quad (\bmod 2\pi).$$

ここで，複素数の加減乗除が複素平面上でどのように表されるかを考えてみる．減法，除法はそれぞれ加法，乗法の逆演算であるから，ここでは加法と乗法についてのみ考える．

● 加法について：$z_1 = a_1 + i\,b_1$，$z_2 = a_2 + i\,b_2$ に対して

$$z_1 + z_2 = (a_1 + a_2) + i(b_1 + b_2)$$

であるから，$z_1 + z_2$ の位置ベクトルは，z_1, z_2 の位置ベクトルの和に等しい．

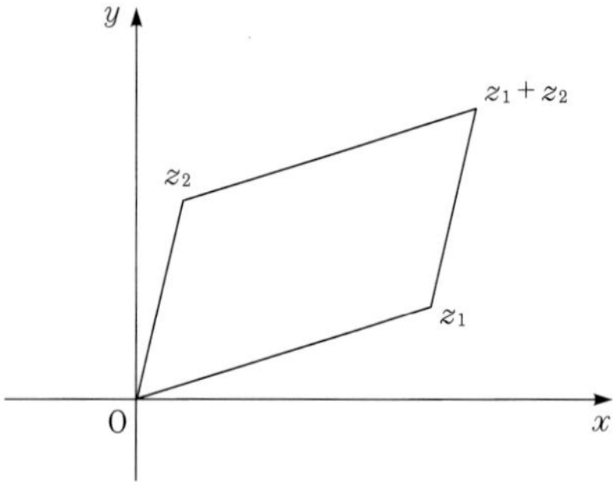

● 乗法について：$z_1 = r_1(\cos\theta_1 + i\sin\theta_1)$，$z_2 = r_2(\cos\theta_2 + i\sin\theta_2)$ に対して

$$z_1 z_2 = r_1 r_2\{\cos(\theta_1 + \theta_2) + i\sin(\theta_1 + \theta_2)\}$$

であるから，$z_1 z_2$ の位置ベクトルは，z_1 の位置ベクトルを $|z_2| = r_2$ 倍に拡大したものを，原点Oのまわりに

$$\arg z_2 \equiv \theta_2 \quad (\bmod 2\pi)$$

だけ回転させたものである．よって，3点 O, 1, z_1 を頂点とする三角形と，3点 O, z_2, $z_1 z_2$ を頂点とする三角形が同じ向きに相似になるように作図すれば，点 $z_1 z_2$ が求められる．

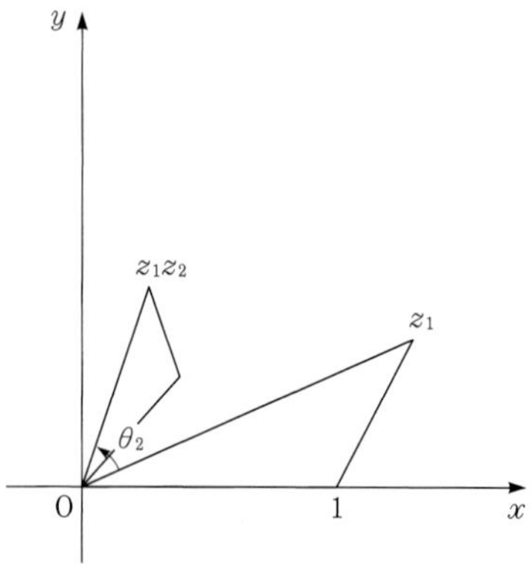

ド・モアブルの公式と n 乗根　次の定理は有用である.

定理 B.1 （ド・モアブル）任意の整数 n に対して,

$$(\cos\theta + i\sin\theta)^n = \cos n\theta + i\sin n\theta$$

が成り立つ.

［**証明**］ n に関する数学的帰納法で示す.

$n=0$ のときは正しい. n のとき正しいと仮定して, $n+1$ のとき正しいことを示す. 三角関数の加法公式より,

$$\begin{aligned}(\cos\theta + i\sin\theta)^{n+1} &= (\cos\theta + i\sin\theta)^n(\cos\theta + i\sin\theta)\\ &= (\cos n\theta + i\sin n\theta)(\cos\theta + i\sin\theta)\\ &= \cos(n+1)\theta + i\sin(n+1)\theta.\end{aligned}$$

また, $n=-m<0$ のときも,

$$\begin{aligned}\frac{1}{(\cos\theta + i\sin\theta)^m} &= \frac{1}{\cos m\theta + i\sin m\theta}\\ &= \frac{\cos m\theta - i\sin m\theta}{\cos^2 m\theta + \sin^2 m\theta}\\ &= \cos m\theta - i\sin m\theta\\ &= \cos(-m\theta) + i\sin(-m\theta).\end{aligned}$$

以上より, 任意の整数 n について定理は正しいことがわかる.　◇

ド・モアブルの公式より, 複素数 α の n 乗根を求めることができる.

定理 B.2 複素数 $\alpha = r(\cos\theta + i\sin\theta)$ に対し, α の n 乗根, すなわち n 次方程式 $z^n=\alpha$ の解は次の n 個の複素数である：

$$\sqrt[n]{r}\left(\cos\frac{\theta+2k\pi}{n} + i\sin\frac{\theta+2k\pi}{n}\right)\qquad(k=0,1,2,\cdots,n-1).$$

［**証明**］ $z=R(\cos\varphi + i\sin\varphi)$ とおくと, 定理 B.1 より,

$$z^n = R^n(\cos n\varphi + i\sin n\varphi)$$

となる．よって，$z^n = \alpha$ ならば，

$$R^n = r, \qquad n\varphi \equiv \theta \pmod{2\pi}$$

すなわち，

$$R = \sqrt[n]{r}, \qquad \varphi = \frac{\theta + 2k\pi}{n} \qquad (k\text{ は整数})$$

となる．ここで $\varphi = \dfrac{\theta + 2k\pi}{n}$（$k$ は整数）について，

$$z = \sqrt[n]{r}(\cos\varphi + i\sin\varphi)$$

が相異なる複素数を表すような整数 k は $k = 0, 1, \cdots, n-1$ に限る．これから，求める結果を得る．　◇

とくに，1 の n 乗根は，次の n 個の複素数である：

$$\cos\frac{2k\pi}{n} + i\sin\frac{2k\pi}{n} \qquad (k = 0, 1, 2, \cdots, n-1).$$

一般に，z についての n 次多項式

$$f(z) = z^n + a_1 z^{n-1} + a_2 z^{n-2} + \cdots + a_{n-1}z + a_n$$
$$(a_1, a_2, \cdots, a_{n-1}, a_n\text{ は複素数})$$

について，n 次方程式 $f(z) = 0$ の解は上の定理 B.2 のように簡単に求まるわけではないが，**代数学の基本定理**によれば

$$f(z) = (z-\alpha_1)(z-\alpha_2)\cdots(z-\alpha_n) \qquad (\alpha_1, \alpha_2, \cdots, \alpha_n\text{ は複素数})$$

と因数分解され，n 個の複素数 $\alpha_1, \alpha_2, \cdots, \alpha_n$ が n 次方程式 $f(z) = 0$ の解になる．

付録C　基底と次元

$\mathbf{K}^n$ の部分空間 $W\,(\neq\{\mathbf{0}\})$ が常に基底をもち，W の次元 $\dim W$ が確定することを示す．ここで，W に属するベクトルの組 $\{\boldsymbol{v}_1, \boldsymbol{v}_2, \cdots, \boldsymbol{v}_r\}$ が W の**基底**であるとは，それが1次独立で，W を生成することであることを思い起こそう．

$\mathbf{K}^n$ の部分空間 W と，W に属するベクトル $\boldsymbol{v}_1, \boldsymbol{v}_2, \cdots, \boldsymbol{v}_r$ について，組 $\{\boldsymbol{v}_1, \boldsymbol{v}_2, \cdots, \boldsymbol{v}_r\}$ が1次独立であり，W に属する任意の零ベクトルでないベクトル $\boldsymbol{w}$ を付け加えた組 $\{\boldsymbol{v}_1, \boldsymbol{v}_2, \cdots, \boldsymbol{v}_r, \boldsymbol{w}\}$ が1次従属であるとき，$\{\boldsymbol{v}_1, \boldsymbol{v}_2, \cdots, \boldsymbol{v}_r\}$ を部分空間 W における**1次独立な極大集合**という．

定理 C.1　$\mathbf{K}^n$ の部分空間 W が1次独立な極大集合 $\{\boldsymbol{v}_1, \boldsymbol{v}_2, \cdots, \boldsymbol{v}_r\}$ をもつとき，$\{\boldsymbol{v}_1, \boldsymbol{v}_2, \cdots, \boldsymbol{v}_r\}$ は W の基底となる．

［**証明**］ $\{\boldsymbol{v}_1, \boldsymbol{v}_2, \cdots, \boldsymbol{v}_r\}$ が W を生成することを示せばよい．

$\mathbf{0}\neq\boldsymbol{w}\in W$ とする．仮定により，$\{\boldsymbol{v}_1, \boldsymbol{v}_2, \cdots, \boldsymbol{v}_r, \boldsymbol{w}\}$ は1次従属であるので，どれか1つは0ではないスカラー $k_1, k_2, \cdots, k_r, k$ の組を選び，

$$k_1\boldsymbol{v}_1 + k_2\boldsymbol{v}_2 + \cdots + k_r\boldsymbol{v}_r + k\boldsymbol{w} = \mathbf{0}$$

とできる．もし $k=0$ とすると，

$$k_1\boldsymbol{v}_1 + k_2\boldsymbol{v}_2 + \cdots + k_r\boldsymbol{v}_r = \mathbf{0}$$

となる．ところが，$\{\boldsymbol{v}_1, \boldsymbol{v}_2, \cdots, \boldsymbol{v}_r\}$ は1次独立としているので，$k_1=k_2=\cdots=k_r=0$ となり，これはスカラー $k_1, k_2, \cdots, k_r, k$ の選び方に反する．ゆえに $k\neq 0$ である．したがって，

$$\boldsymbol{w} = \left(-\frac{k_1}{k}\right)\boldsymbol{v}_1 + \left(-\frac{k_2}{k}\right)\boldsymbol{v}_2 + \cdots + \left(-\frac{k_r}{k}\right)\boldsymbol{v}_r$$

となる．また，

$$\mathbf{0} = 0\,\boldsymbol{v}_1 + 0\,\boldsymbol{v}_2 + \cdots + 0\,\boldsymbol{v}_r$$

である．以上より，W に属する任意のベクトル $\boldsymbol{w}$ が $\boldsymbol{v}_1, \boldsymbol{v}_2, \cdots, \boldsymbol{v}_r$ の1次結合として表されることが示された．　◇

定理C.2 $\boldsymbol{v}_1, \boldsymbol{v}_2, \cdots, \boldsymbol{v}_r$ を $\mathbf{K}^n$ のベクトルとし，$\boldsymbol{w}_1, \boldsymbol{w}_2, \cdots, \boldsymbol{w}_s$ を $\boldsymbol{v}_1, \boldsymbol{v}_2, \cdots, \boldsymbol{v}_r$ が生成する部分空間 $S[\boldsymbol{v}_1, \boldsymbol{v}_2, \cdots, \boldsymbol{v}_r]$ に属するベクトルとする．もし $s > r$ ならば，$\{\boldsymbol{w}_1, \boldsymbol{w}_2, \cdots, \boldsymbol{w}_s\}$ は1次従属である．

［証明］ $s = r+1$ のときに示せば十分である．r についての数学的帰納法によって証明する．

$r = 1$ のとき，$\boldsymbol{w}_1, \boldsymbol{w}_2$ が $S[\boldsymbol{v}_1]$ に属するので，スカラー a_1, a_2 を選び，$\boldsymbol{w}_1 = a_1\boldsymbol{v}_1$，$\boldsymbol{w}_2 = a_2\boldsymbol{v}_1$ と書き表せる．もし，$[a_1, a_2] \neq [0, 0]$ ならば

$$a_2\boldsymbol{w}_1 - a_1\boldsymbol{w}_2 = \boldsymbol{0}$$

が成り立ち，$a_1 = a_2 = 0$ ならば，

$$\boldsymbol{w}_1 + \boldsymbol{w}_2 = \boldsymbol{0}$$

が成り立つので，どちらの場合も $\{\boldsymbol{w}_1, \boldsymbol{w}_2\}$ は1次従属である．

$r = p-1$（pは2以上の整数）のときに定理が正しいものと仮定して，$r = p$ のときにも定理が正しいことを示そう．ベクトル $\boldsymbol{w}_1, \cdots, \boldsymbol{w}_s$ が $S[\boldsymbol{v}_1, \cdots, \boldsymbol{v}_p]$ に属し，$s > p$ とする．このとき，

$$\boldsymbol{w}_i = a_{i1}\boldsymbol{v}_1 + a_{i2}\boldsymbol{v}_2 + \cdots + a_{ip}\boldsymbol{v}_p \qquad (i = 1, 2, \cdots, s)$$

と書き表せる．$a_{1p} = a_{2p} = \cdots = a_{sp} = 0$ の場合には，ベクトル $\boldsymbol{w}_1, \boldsymbol{w}_2, \cdots, \boldsymbol{w}_s$ は $S[\boldsymbol{v}_1, \cdots, \boldsymbol{v}_{p-1}]$ に属し，$s > p-1$ となるので，帰納法の仮定より，$\{\boldsymbol{w}_1, \cdots, \boldsymbol{w}_s\}$ は1次従属となる．

今度は $a_{1p} \neq 0$ とする（$a_{ip} \neq 0$ となる番号 i が存在するときは，$\boldsymbol{w}_1, \cdots, \boldsymbol{w}_s$ の番号を入れ換えて $a_{1p} \neq 0$ と仮定できる）．そこで

$$\begin{aligned}\boldsymbol{w}_i' &= \boldsymbol{w}_i - \frac{a_{ip}}{a_{1p}}\boldsymbol{w}_1 \\ &= \sum_{j=1}^{p-1}\left(a_{ij} - \frac{a_{ip}}{a_{1p}}a_{1j}\right)\boldsymbol{v}_j \qquad (i = 2, 3, \cdots, s)\end{aligned}$$

とおく．ベクトル $\boldsymbol{w}_2', \boldsymbol{w}_3', \cdots, \boldsymbol{w}_s'$ は $S[\boldsymbol{v}_1, \cdots, \boldsymbol{v}_{p-1}]$ に属し，$s-1 > p-1$ より，やはり帰納法の仮定により $\{\boldsymbol{w}_2', \boldsymbol{w}_3', \cdots, \boldsymbol{w}_s'\}$ は1次従属であ

る．よって少なくとも1つは0でないスカラーの組 $k_2, k_3, \cdots, k_s$ を選び，

$$k_2 \boldsymbol{w}_2' + k_3 \boldsymbol{w}_3' + \cdots + k_s \boldsymbol{w}_s' = \boldsymbol{0}$$

とできる．ここで

$$k_1 = -\frac{1}{a_{1p}}(k_2 a_{2p} + k_3 a_{3p} + \cdots + k_s a_{sp})$$

とおくと，

$$k_1 \boldsymbol{w}_1 + k_2 \boldsymbol{w}_2 + \cdots + k_s \boldsymbol{w}_s = \boldsymbol{0}$$

が成り立ち，$\{\boldsymbol{w}_1, \boldsymbol{w}_2, \cdots, \boldsymbol{w}_s\}$ は1次従属である．結局 $r = p$ のときにも定理が正しいことがわかった．したがって，任意の自然数 r について定理が成り立つ．　◇

定理C.2を使うと，次の2つの定理が直ちに従う．

定理 C.3　$\{\boldsymbol{v}_1, \boldsymbol{v}_2, \cdots, \boldsymbol{v}_r\}$ と $\{\boldsymbol{w}_1, \boldsymbol{w}_2, \cdots, \boldsymbol{w}_s\}$ がともに $\mathbf{K}^n$ の部分空間 W の基底ならば，$r = s$ である．

定理 C.4　$\mathbf{K}^n$ の $n+1$ 個のベクトルの組は1次従属である．

定理C.3により，$\mathbf{K}^n$ の部分空間 W の次元は，W の基底の選び方によらないことがわかる．さらに，次の定理が成り立つ．

定理 C.5　$\mathbf{K}^n$ の部分空間 $W\,(\neq \{\boldsymbol{0}\})$ は常に基底をもち，

$$1 \leqq \dim W \leqq n .$$

［**証明**］　$\boldsymbol{0} \neq \boldsymbol{v}_1 \in W$ とすると，$\{\boldsymbol{v}_1\}$ は1次独立である．もし $W \neq S[\boldsymbol{v}_1]$ であれば，$S[\boldsymbol{v}_1]$ に含まれない W のベクトル $\boldsymbol{v}_2$ を任意に選ぶと，$\{\boldsymbol{v}_1, \boldsymbol{v}_2\}$ は1次独立である．

さらに，$W \neq S[\boldsymbol{v}_1, \boldsymbol{v}_2]$ であれば，$S[\boldsymbol{v}_1, \boldsymbol{v}_2]$ に含まれない W のベク

トル $\boldsymbol{v}_3$ を任意に選ぶと，$\{\boldsymbol{v}_1, \boldsymbol{v}_2, \boldsymbol{v}_3\}$ は１次独立である．

この操作を繰り返す．定理C.4により，W に属する $n+1$ 個のベクトルの組はすべて１次従属であるので，必ずこの操作は高々 n 回目には終了する．すなわち，W に属する r 個のベクトルの組 $\{\boldsymbol{v}_1, \boldsymbol{v}_2, \cdots, \boldsymbol{v}_r\}$ で，１次独立であって しかも $W = S[\boldsymbol{v}_1, \boldsymbol{v}_2, \cdots, \boldsymbol{v}_r]$ となるものを選ぶことができる．この $\{\boldsymbol{v}_1, \boldsymbol{v}_2, \cdots, \boldsymbol{v}_r\}$ は W の基底であり，$1 \leqq r \leqq n$ となる．◇

次の定理は役に立ち，よく用いられる．

定理C.6　$\mathbf{K}^n$ の r 次元部分空間 W と，W に属するベクトル $\boldsymbol{v}_1, \boldsymbol{v}_2, \cdots, \boldsymbol{v}_s$ について，$\{\boldsymbol{v}_1, \boldsymbol{v}_2, \cdots, \boldsymbol{v}_s\}$ が１次独立で $s < r$ とする．このとき，W に属する $r-s$ 個のベクトル $\boldsymbol{v}_{s+1}, \boldsymbol{v}_{s+2}, \cdots, \boldsymbol{v}_r$ を選び，$\{\boldsymbol{v}_1, \boldsymbol{v}_2, \cdots, \boldsymbol{v}_s, \boldsymbol{v}_{s+1}, \boldsymbol{v}_{s+2}, \cdots, \boldsymbol{v}_r\}$ が W の基底となるようにできる．

［**証明**］ $\{\boldsymbol{w}_1, \boldsymbol{w}_2, \cdots, \boldsymbol{w}_r\}$ を W の基底とする．$s+r$ 個のベクトル

$$\boldsymbol{v}_1,\ \boldsymbol{v}_2,\ \cdots,\ \boldsymbol{v}_s,\quad \boldsymbol{w}_1,\ \boldsymbol{w}_2,\ \cdots,\ \boldsymbol{w}_r$$

の中から $\boldsymbol{v}_1, \boldsymbol{v}_2, \cdots, \boldsymbol{v}_s,\ \boldsymbol{w}_{i_1}, \boldsymbol{w}_{i_2}, \cdots, \boldsymbol{w}_{i_t}$ $(i_1 < i_2 < \cdots < i_t)$ を選び，このベクトルの組は１次独立だが，残りのベクトル $\boldsymbol{w}_j$ を任意に付け加えると，１次従属となるようにできる．このとき，

$$\{\boldsymbol{v}_1, \boldsymbol{v}_2, \cdots, \boldsymbol{v}_s, \boldsymbol{w}_{i_1}, \boldsymbol{w}_{i_2}, \cdots, \boldsymbol{w}_{i_t}\}$$

は W を生成し，W の基底となる．定理C.3により，$r = s+t$ となる．この $\boldsymbol{w}_{i_1}, \boldsymbol{w}_{i_2}, \cdots, \boldsymbol{w}_{i_t}$ を順に $\boldsymbol{v}_{s+1}, \boldsymbol{v}_{s+2}, \cdots, \boldsymbol{v}_r$ とすればよい．◇

補　充　問　題

第 1 節

1.1　次の計算をせよ．

（1）　$5\begin{bmatrix}2\\1\\3\end{bmatrix}-3\begin{bmatrix}3\\-2\\4\end{bmatrix}$　　　（2）　$-3\begin{bmatrix}-2\\3\\-4\end{bmatrix}+4\begin{bmatrix}-1\\2\\-2\end{bmatrix}$

1.2　ベクトル $\boldsymbol{x}, \boldsymbol{y}$ をベクトル $\boldsymbol{a}, \boldsymbol{b}, \boldsymbol{c}$ の 1 次結合として表示せよ．

$$\boldsymbol{x}=\begin{bmatrix}1\\0\\0\end{bmatrix},\quad \boldsymbol{y}=\begin{bmatrix}3\\2\\1\end{bmatrix};\qquad \boldsymbol{a}=\begin{bmatrix}1\\2\\1\end{bmatrix},\quad \boldsymbol{b}=\begin{bmatrix}2\\3\\3\end{bmatrix},\quad \boldsymbol{c}=\begin{bmatrix}1\\0\\1\end{bmatrix}$$

1.3　次のベクトルの組について，1 次独立か 1 次従属かを判定せよ．

（1）　$\begin{bmatrix}1\\2\\1\end{bmatrix},\ \begin{bmatrix}2\\3\\4\end{bmatrix},\ \begin{bmatrix}1\\0\\1\end{bmatrix}$　　　（2）　$\begin{bmatrix}1\\2\\1\end{bmatrix},\ \begin{bmatrix}1\\3\\1\end{bmatrix},\ \begin{bmatrix}2\\1\\2\end{bmatrix}$

1.4　次のベクトルの組について，$\mathbf{K}^3$ の基底になるかどうか判定せよ．

（1）　$\begin{bmatrix}1\\2\\3\end{bmatrix},\ \begin{bmatrix}2\\3\\1\end{bmatrix},\ \begin{bmatrix}3\\1\\2\end{bmatrix}$　　　（2）　$\begin{bmatrix}1\\2\\2\end{bmatrix},\ \begin{bmatrix}2\\1\\2\end{bmatrix},\ \begin{bmatrix}2\\2\\1\end{bmatrix}$

1.5　$\mathbf{K}^n$ のベクトル $\boldsymbol{v}_1, \boldsymbol{v}_2, \cdots, \boldsymbol{v}_r$ とスカラー $k_2, k_3, \cdots, k_r$ について，次の事柄が成り立つことを示せ．

（1）　ベクトルの組 $\boldsymbol{v}_1, \boldsymbol{v}_2, \cdots, \boldsymbol{v}_r$ が 1 次独立であることと，ベクトルの組

$$\boldsymbol{v}_1,\quad \boldsymbol{v}_2+k_2\boldsymbol{v}_1,\quad \cdots,\quad \boldsymbol{v}_r+k_r\boldsymbol{v}_1$$

が 1 次独立であることは同等な条件である．

（2）　ベクトルの組 $\boldsymbol{v}_1, \boldsymbol{v}_2, \cdots, \boldsymbol{v}_r$ が 1 次独立であることと，ベクトルの組

$$\boldsymbol{v}_1 + k_2\boldsymbol{v}_2 + \cdots + k_r\boldsymbol{v}_r,\quad \boldsymbol{v}_2,\quad \cdots,\quad \boldsymbol{v}_r$$

が1次独立であることは同等な条件である.

第2節

2.1　次の連立1次方程式を解け.

(1) $\begin{cases} 2x+3y-5z+4w=6 \\ 3x-5y-2z+3w=5 \\ 4x+2y+3z-2w=4 \end{cases}$　　(2) $\begin{cases} 2x+3y-5z+4w=2 \\ 3x-5y-2z+3w=3 \\ 4x+2y+3z-2w=4 \end{cases}$

(3) $\begin{cases} 2x+3y+5z-4w=4 \\ 4x-5y-2z+3w=5 \\ 3x+2y+3z-2w=7 \end{cases}$　　(4) $\begin{cases} 2x+3y+5z-4w=7 \\ 4x-5y-2z+3w=5 \\ 3x+2y+3z-2w=3 \end{cases}$

(5) $\begin{cases} 2x+3y-4z-4w=1 \\ 2x-6y-2z+3w=3 \\ 3x+2y+3z-2w=5 \end{cases}$　　(6) $\begin{cases} 2x+3y-4z-4w=2 \\ 2x-6y-2z+3w=4 \\ 3x+2y+3z-2w=6 \end{cases}$

2.2　次の行列の階数を求めよ.

(1) $\boxed{\begin{matrix} 1 & 3 & 5 \\ 2 & 4 & 6 \\ 3 & 2 & 1 \\ 5 & 4 & 3 \end{matrix}}$　　(2) $\boxed{\begin{matrix} 1 & 2 & 3 \\ 1 & 3 & 5 \\ 3 & 2 & 1 \\ 2 & 4 & 6 \end{matrix}}$　　(3) $\boxed{\begin{matrix} 1 & 2 & 3 & 4 \\ 2 & 3 & 4 & 5 \\ 1 & 3 & 4 & 2 \\ 4 & 5 & 2 & 3 \end{matrix}}$

2.3　次の列ベクトルの組が $\mathbf{K}^4$ の基底になるかどうか判定せよ.

(1) $\begin{bmatrix} 1 \\ 2 \\ 1 \\ 4 \end{bmatrix}, \begin{bmatrix} 2 \\ 3 \\ 3 \\ 5 \end{bmatrix}, \begin{bmatrix} 3 \\ 4 \\ 4 \\ 2 \end{bmatrix}, \begin{bmatrix} 4 \\ 5 \\ 2 \\ 3 \end{bmatrix}$　　(2) $\begin{bmatrix} 1 \\ 2 \\ 1 \\ 5 \end{bmatrix}, \begin{bmatrix} 2 \\ 1 \\ 5 \\ 1 \end{bmatrix}, \begin{bmatrix} 4 \\ 1 \\ 3 \\ 2 \end{bmatrix}, \begin{bmatrix} 1 \\ 4 \\ 2 \\ 3 \end{bmatrix}$

(3) $\begin{bmatrix} 1 \\ 2 \\ 1 \\ 4 \end{bmatrix}, \begin{bmatrix} 2 \\ 3 \\ 3 \\ 5 \end{bmatrix}, \begin{bmatrix} 3 \\ 4 \\ 4 \\ -2 \end{bmatrix}, \begin{bmatrix} 5 \\ 9 \\ 8 \\ 7 \end{bmatrix}$　　(4) $\begin{bmatrix} 1 \\ 2 \\ 1 \\ -5 \end{bmatrix}, \begin{bmatrix} 2 \\ 1 \\ 5 \\ 0 \end{bmatrix}, \begin{bmatrix} 0 \\ 1 \\ 3 \\ 2 \end{bmatrix}, \begin{bmatrix} 1 \\ -4 \\ -2 \\ 3 \end{bmatrix}$

第３節

3.1 次の計算をせよ．

（１）$2\begin{bmatrix} 1 & 3 & 2 \\ 5 & 4 & 3 \\ 2 & 4 & 6 \end{bmatrix} - 7\begin{bmatrix} 2 & 1 & 5 \\ 3 & 2 & 1 \\ 4 & 2 & 5 \end{bmatrix} + 3\begin{bmatrix} 3 & -1 & 5 \\ 2 & 0 & 3 \\ 1 & -4 & 1 \end{bmatrix}$

（２）$\begin{bmatrix} 1 & 2 & 3 \\ 5 & 4 & 2 \\ 3 & 0 & 1 \end{bmatrix} \cdot \begin{bmatrix} -2 & 4 & 3 \\ 3 & 1 & 2 \\ 0 & 3 & 2 \end{bmatrix}$ と $\begin{bmatrix} -2 & 4 & 3 \\ 3 & 1 & 2 \\ 0 & 3 & 2 \end{bmatrix} \cdot \begin{bmatrix} 1 & 2 & 3 \\ 5 & 4 & 2 \\ 3 & 0 & 1 \end{bmatrix}$

3.2 次の行列に逆行列があれば，それを求めよ．

（１）$\begin{bmatrix} 1 & 2 & 3 & 4 \\ 2 & 3 & 4 & 5 \\ 1 & 3 & 4 & 2 \\ 4 & 5 & 2 & 3 \end{bmatrix}$　　（２）$\begin{bmatrix} 1 & 2 & 3 & 4 \\ 4 & 3 & 2 & 0 \\ 1 & 3 & 0 & 0 \\ 1 & 0 & 0 & 0 \end{bmatrix}$

3.3 次の連立１次方程式について係数行列の逆行列を求め，それを使って解け．

（１）$\begin{cases} 2x + y + 3z = 3 \\ x + 3y + 2z = 4 \\ 3x + 2y + z = 5 \end{cases}$　　（２）$\begin{cases} 2x + y + 3z = -2 \\ x + 3y + 2z = 4 \\ 3x + 2y + z = -3 \end{cases}$

（３）$\begin{cases} 2x + y + 3z = 3 \\ x + 2y - 2z = 4 \\ 2x + 2y + z = 5 \end{cases}$　　（４）$\begin{cases} 2x + y + 3z = -2 \\ x + 2y - 2z = 4 \\ 2x + 2y + z = -3 \end{cases}$

第４節

4.1 次の置換を互換の積に表せ．

（１）$\begin{pmatrix} 1 & 2 & 3 & 4 & 5 & 6 \\ 3 & 5 & 4 & 6 & 1 & 2 \end{pmatrix}$　　（２）$\begin{pmatrix} 1 & 2 & 3 & 4 & 5 & 6 & 7 \\ 3 & 7 & 5 & 6 & 1 & 2 & 4 \end{pmatrix}$

4.2 次の行列式の値を求めよ．

（1）$\begin{vmatrix} 1 & 2 & 3 \\ 2 & 3 & 4 \\ 4 & 1 & 2 \end{vmatrix}$　（2）$\begin{vmatrix} 1 & -2 & 3 \\ 2 & 3 & -4 \\ 4 & 1 & -2 \end{vmatrix}$　（3）$\begin{vmatrix} 5 & 3 & 1 \\ 2 & 4 & 6 \\ 1 & 5 & 3 \end{vmatrix}$

4.3 A を p 次の正方行列，B を q 次の正方行列とする．さらに，C を (p, q) 型の行列とし，O を (q, p) 型の零行列とする．$p+q$ 次の正方行列

$$\begin{bmatrix} A & C \\ O & B \end{bmatrix}$$

の行列式の値は，A の行列式の値と B の行列式の値の積に等しいことを示せ．

第 5 節

5.1 行列式の基本的性質を使って，次の行列式の値を求めよ．

（1）$\begin{vmatrix} 1 & 2 & 3 & 4 & 5 \\ 5 & 1 & 2 & 3 & 4 \\ 4 & 5 & 1 & 2 & 3 \\ 3 & 4 & 5 & 1 & 2 \\ 2 & 3 & 4 & 5 & 1 \end{vmatrix}$　（2）$\begin{vmatrix} 1 & -2 & 3 & -4 & 5 \\ 5 & 1 & 2 & -3 & -4 \\ 4 & 5 & -1 & 2 & 3 \\ 3 & -4 & -5 & 1 & 2 \\ 2 & 3 & 4 & -5 & -1 \end{vmatrix}$

（3）$\begin{vmatrix} a^2+b^2 & ac+bd & ae+bf \\ ac+bd & c^2+d^2 & ce+df \\ ae+bf & ce+df & e^2+f^2 \end{vmatrix}$

5.2 次の行列式を計算し，行列式の値を 0 にする k の値を求めよ．

（1）$\begin{vmatrix} 1 & 2 & 3 \\ 4 & k & 2 \\ 3 & 1 & 4 \end{vmatrix}$　（2）$\begin{vmatrix} k & 1 & 3 \\ 2 & 3 & k \\ 1 & 2 & 3 \end{vmatrix}$

（3）$\begin{vmatrix} 1-k & 2 & 3 \\ 2 & 3-k & 1 \\ 3 & 1 & 2-k \end{vmatrix}$

第 6 節

6.1 余因子展開を使って，次の行列式を計算せよ．

（1） $\begin{vmatrix} 3 & -1 & -2 & 3 \\ -5 & -3 & 1 & 2 \\ 4 & 2 & -3 & -6 \\ -1 & -4 & 1 & -9 \end{vmatrix}$　　（2） $\begin{vmatrix} -1 & 2 & 3 & -4 \\ 2 & -3 & 4 & 5 \\ 1 & 3 & -4 & 2 \\ -4 & 5 & 2 & -3 \end{vmatrix}$

（3） $\begin{vmatrix} 1 & -2 & 3 & -3 \\ -2 & 3 & 4 & 1 \\ 4 & -1 & 2 & 3 \\ 3 & 4 & -1 & -2 \end{vmatrix}$　　（4） $\begin{vmatrix} -2 & 0 & 1 & 3 \\ 3 & 2 & -1 & 0 \\ 1 & 3 & 0 & 2 \\ 0 & -1 & 3 & -2 \end{vmatrix}$

6.2 次の等式が成り立つことを確かめ，右辺の行列の行列式の値を求めよ．

（1） $\begin{bmatrix} 1 & 5 & 0 \\ 4 & 2 & 0 \\ 2 & 3 & 0 \end{bmatrix} \cdot \begin{bmatrix} 2 & 1 & 3 \\ 1 & 3 & 2 \\ 0 & 0 & 0 \end{bmatrix} = \begin{bmatrix} 7 & 16 & 13 \\ 10 & 10 & 16 \\ 7 & 11 & 12 \end{bmatrix}$

（2） $\begin{bmatrix} a & b & 0 \\ c & d & 0 \\ e & f & 0 \end{bmatrix} \cdot \begin{bmatrix} a & c & e \\ b & d & f \\ 0 & 0 & 0 \end{bmatrix} = \begin{bmatrix} a^2+b^2 & ac+bd & ae+bf \\ ac+bd & c^2+d^2 & ce+df \\ ae+bf & ce+df & e^2+f^2 \end{bmatrix}$

6.3 次の行列式を計算せよ．

（1） $\begin{vmatrix} a^2 & ab & ac & ad \\ ab & b^2 & bc & bd \\ ac & bc & c^2 & cd \\ ad & bd & cd & d^2 \end{vmatrix}$　　（2） $\begin{vmatrix} a & a^2 & a^3 & a^4 \\ a^4 & a & a^2 & a^3 \\ a^3 & a^4 & a & a^2 \\ a^2 & a^3 & a^4 & a \end{vmatrix}$

第 7 節

7.1 クラメールの公式を用いて，次の連立 1 次方程式を解け．

（1） $\begin{cases} x+3y+z=2 \\ 2x+2y+3z=3 \\ x+4y+2z=4 \end{cases}$　　（2） $\begin{cases} x+3y+z=-2 \\ 2x+2y+3z=3 \\ x+4y+2z=-5 \end{cases}$

7.2 クラメールの公式を用いて，次の連立 1 次方程式を解け．ただし，係数行列は 3 行 4 列なので，このままではクラメールの公式を適用できない．どれか 1 つの未知数を任意定数として，その項を右辺に移行し，クラメールの公式を適用してみよ．

（1）$\begin{cases} 3x+8y-2z+5w=5 \\ 9x+5y-7z-3w=4 \\ 4x+5y-3z+2w=3 \end{cases}$　（2）$\begin{cases} 5x+3y+8z-2w=1 \\ -4x+9y+5z-7w=2 \\ x+4y+5z-3w=3 \end{cases}$

7.3 余因子を計算して，次の行列の逆行列を求めよ．

（1）$\begin{bmatrix} 1 & 2 & -3 \\ -3 & -1 & 2 \\ 2 & 3 & -1 \end{bmatrix}$　（2）$\begin{bmatrix} -1 & 0 & 1 \\ 0 & -2 & -1 \\ 2 & 1 & 0 \end{bmatrix}$

（3）$\begin{bmatrix} 1 & -2 & 0 & -3 \\ -3 & 1 & -2 & 0 \\ 2 & 1 & 0 & 0 \\ 2 & 0 & 0 & 0 \end{bmatrix}$　（4）$\begin{bmatrix} 1 & 2 & 3 & 4 \\ 2 & 3 & 4 & 5 \\ 1 & 3 & 4 & 2 \\ 4 & 5 & 2 & 3 \end{bmatrix}$

第 8 節

8.1 次の線形写像 f を表す行列 A を求めよ．

（1）$f:\begin{bmatrix} x \\ y \\ z \end{bmatrix} \longmapsto \begin{bmatrix} 2x+4y-3z \\ -y+5z \end{bmatrix}$　（2）$f:\begin{bmatrix} x \\ y \end{bmatrix} \longmapsto \begin{bmatrix} 2x+5y \\ -x \\ y \\ 3x-4y \end{bmatrix}$

8.2 次の線形写像 f について，$\mathrm{Im} f$ および $\mathrm{Ker} f$ を求め，それぞれの次元を計算せよ．

（1）$f:\begin{bmatrix} x \\ y \end{bmatrix} \longmapsto \begin{bmatrix} x-3y \\ 4x-12y \end{bmatrix}$　（2）$f:\begin{bmatrix} x \\ y \\ z \end{bmatrix} \longmapsto \begin{bmatrix} x+2y-3z \\ -x+y-3z \\ 2x-3y+8z \end{bmatrix}$

8.3　次の行列の階数を計算せよ．

（1）$\begin{bmatrix} 1 & 2 & -2 \\ 1 & 1 & 1 \\ 3 & 0 & 12 \end{bmatrix}$　（2）$\begin{bmatrix} 1 & 3 & 0 & -1 \\ -2 & -6 & 0 & 2 \\ 0 & 0 & 5 & 5 \end{bmatrix}$

（3）$\begin{bmatrix} 0 & 1 & 5 \\ 1 & 5 & 1 \\ 5 & 1 & 0 \end{bmatrix}$

8.4　次の線形写像は，全単射か否か確かめよ．

（1）$f : \begin{bmatrix} x \\ y \end{bmatrix} \longmapsto \begin{bmatrix} 2x + 3y \\ x - 5y \end{bmatrix}$　（2）$f : \begin{bmatrix} x \\ y \\ z \end{bmatrix} \longmapsto \begin{bmatrix} y + \sqrt{2}z \\ x + \sqrt{2}y + z \\ \sqrt{2}x + y \end{bmatrix}$

8.5　次の 2 つの線形写像 f, g の合成写像 $f \circ g$，$g \circ f$ を求めよ．

$$f : \begin{bmatrix} x \\ y \end{bmatrix} \longmapsto \begin{bmatrix} 4x - 3y \\ 2x + 5y \\ -x + 3y \end{bmatrix}, \qquad g : \begin{bmatrix} x \\ y \\ z \end{bmatrix} \longmapsto \begin{bmatrix} 6x - 2y + z \\ 3x + y - 3z \end{bmatrix}$$

8.6　次の線形写像 f は逆写像をもつか？　もつときはその逆写像を求めよ．

（1）$f : \begin{bmatrix} x \\ y \end{bmatrix} \longmapsto \begin{bmatrix} x - 3y \\ 2x + y \end{bmatrix}$　（2）$f : \begin{bmatrix} x \\ y \end{bmatrix} \longmapsto \begin{bmatrix} x + 5y \\ 3x + 15y \end{bmatrix}$

第 9 節

9.1　次の行列の固有値と固有空間を求めよ．

（1）$\begin{bmatrix} 3 & 0 & 0 \\ 0 & 0 & 1 \\ 1 & 0 & 5 \end{bmatrix}$　（2）$\begin{bmatrix} 1 & 0 \\ 2 & -1 \end{bmatrix}$　（3）$\begin{bmatrix} 0 & 1 & 1 \\ 1 & 0 & 1 \\ 1 & 1 & 0 \end{bmatrix}$

9.2　$A = \begin{bmatrix} a & b \\ c & d \end{bmatrix}$ の固有値がすべて 1 であるための 4 つの実数 a, b, c, d の条件を求めよ．

9.3 次の行列は対角化可能か否か判定せよ．

（1） $\begin{bmatrix} 1 & 0 \\ 5 & -2 \end{bmatrix}$　（2） $\begin{bmatrix} 1 & -1 \\ -1 & 1 \end{bmatrix}$　（3） $\begin{bmatrix} -1 & 0 \\ 2 & -1 \end{bmatrix}$

（4） $\begin{bmatrix} 1 & 1 & 1 \\ 1 & 1 & 1 \\ 1 & 1 & 1 \end{bmatrix}$　（5） $\begin{bmatrix} 0 & 0 & 1 \\ 0 & 0 & 0 \\ 1 & 0 & 0 \end{bmatrix}$　（6） $\begin{bmatrix} 0 & 0 & 0 \\ 0 & 0 & 1 \\ 2 & 0 & 0 \end{bmatrix}$

9.4 次の行列を対角化せよ．

（1） $\begin{bmatrix} 0 & 2 & 2 \\ 2 & 0 & 2 \\ 2 & 2 & 0 \end{bmatrix}$　（2） $\begin{bmatrix} 2 & 6 \\ 6 & 2 \end{bmatrix}$

9.5 2 つの実行列 $A = \begin{bmatrix} 1 & x \\ 1 & y \end{bmatrix}$ の固有値と $B = \begin{bmatrix} 3 & y \\ 2 & x \end{bmatrix}$ の固有値とが，一致するように x と y を定めよ．また，その 2 つの固有値を求めよ．

9.6 行列 $A = \begin{bmatrix} a & b \\ -b & a \end{bmatrix}$ について，$A^2 = -I_2$ となるような実数 a, b を求めよ．

第 10 節

10.1 次の行列 A を，正則行列 P を用いて三角化せよ．

（1） $\begin{bmatrix} 0 & 9 \\ -1 & 6 \end{bmatrix}$　（2） $\begin{bmatrix} 3 & 5 \\ -5 & 13 \end{bmatrix}$

10.2 ケーリー・ハミルトンの定理を利用して，次の行列 A の A^9 を計算せよ．

（1） $\begin{bmatrix} 1 & 0 & 0 \\ 0 & -1 & 1 \\ 2 & 0 & 0 \end{bmatrix}$　（2） $\begin{bmatrix} 5 & -20 \\ 1 & -4 \end{bmatrix}$

10.3 n 次の正方行列 A の固有値がすべて 0 ならば，$A^n = O$ であることを示せ．

10.4　次の行列 A のジョルダン標準形を求めよ．

（1）$\begin{bmatrix} 0 & 0 & 0 \\ 0 & 0 & 1 \\ 1 & 0 & 0 \end{bmatrix}$　　（2）$\begin{bmatrix} 2 & 1 \\ -1 & 4 \end{bmatrix}$

10.5　n 次の正方行列 A が正則行列となるための必要十分条件は A のすべての固有値が 0 でないことを示せ．

10.6　n 次の正方行列 A が正則行列 P を用いて三角化できたとする．このとき，任意の自然数 k に対して，$A^k = \underbrace{A \cdots A}_{k}$ は同じ正則行列 P を用いて三角化できることを示せ．

第 11 節

11.1　次のベクトルの系を，それぞれ，グラム・シュミットの方法により正規直交化せよ．

（1）$\boldsymbol{a}_1 = \begin{bmatrix} 1 \\ 2 \end{bmatrix}$，$\boldsymbol{a}_2 = \begin{bmatrix} 2 \\ -3 \end{bmatrix}$

（2）$\boldsymbol{a}_1 = \begin{bmatrix} 1 \\ -1 \\ 1 \end{bmatrix}$，$\boldsymbol{a}_2 = \begin{bmatrix} 2 \\ 1 \\ 0 \end{bmatrix}$，$\boldsymbol{a}_3 = \begin{bmatrix} 1 \\ 0 \\ 2 \end{bmatrix}$

11.2　$\mathbf{R}^4$ の部分空間

$$W = \left\{ \begin{bmatrix} x \\ y \\ z \\ w \end{bmatrix} \middle| \; x - 3z = 0 \right\}$$

の正規直交基底を求めよ．また，W の直交補空間 $W^{\perp}$ を求めよ．

11.3 $\mathbf{R}^n$ の零ベクトルでないベクトル $\boldsymbol{a}$ に対して，線形写像 f を

$$f:\ \boldsymbol{x} \longmapsto \boldsymbol{x} - \frac{2(\boldsymbol{a}, \boldsymbol{x})}{(\boldsymbol{a}, \boldsymbol{a})}\boldsymbol{a}$$

とする．次を示せ．

（1） $(f(\boldsymbol{x}), f(\boldsymbol{y})) = (\boldsymbol{x}, \boldsymbol{y}) \qquad (\boldsymbol{x}, \boldsymbol{y} \in \mathbf{R}^n)$

（2） $f(\boldsymbol{a}) = -\boldsymbol{a}$

（3） f の固有値 1 の固有空間を求めよ．

11.4 次の行列が直交行列となるように実数 a, b, c を定めよ．ただし $a > 0$ とする．

$$\begin{bmatrix} -1/\sqrt{6} & -1/\sqrt{6} & 2/\sqrt{6} \\ 1/\sqrt{3} & 1/\sqrt{3} & 1/\sqrt{3} \\ a & b & c \end{bmatrix}$$

11.5 次の行列が直交行列であることを示せ．

$$\begin{bmatrix} \sin\theta\cos\varphi & \cos\theta\cos\varphi & -\sin\varphi \\ \sin\theta\sin\varphi & \cos\theta\sin\varphi & \cos\varphi \\ \cos\theta & -\sin\theta & 0 \end{bmatrix}$$

第 12 節

12.1 次の実対称行列 A を直交行列により対角化せよ．

（1） $\begin{bmatrix} 1 & 3 & 0 \\ 3 & 1 & 4 \\ 0 & 4 & 1 \end{bmatrix}$ （2） $\begin{bmatrix} 3 & 5 & 0 \\ 5 & 3 & 12 \\ 0 & 12 & 3 \end{bmatrix}$

（3） $\begin{bmatrix} 3 & -1 & -1 \\ -1 & 1 & -1 \\ -1 & -1 & 3 \end{bmatrix}$

12.2 次の実 2 次形式の標準形を求めよ．

（1） $17x^2 + 2xy + 17y^2$ （2） $2x^2 + 3y^2 + z^2 + 4xy + 4xz$

（3） $x^2 - 3y^2 + z^2 - 4xy + 6yz$

12.3 任意の複素正方行列 A は $A=B+iC$ の形に書けることを示せ．ただし，$i=\sqrt{-1}$ および B, C はエルミット行列である．

12.4 実行列 $A=\begin{bmatrix} a & b \\ b & c \end{bmatrix}$ が $P=\begin{bmatrix} p & q \\ 0 & r \end{bmatrix}$（ただし $p>0,\ r>0$）を用いて $A={}^tPP$ と書けるための，a, b, c の条件を求めよ．

12.5 A, B を n 次のエルミット行列とするとき，AB がエルミット行列となるための必要十分条件は $AB=BA$ であることを示せ．

12.6 A を n 次のエルミット行列とするとき，I_n+iA も I_n-iA もともに正則行列となることを示せ．（ヒント： iA の固有値はすべて純虚数となる）

第 13 節

13.1 次の微分方程式を解け．

（1）$\begin{cases} \dot{y}_1 = 2y_1 + 8y_2 \\ \dot{y}_2 = 8y_1 + 2y_2 \end{cases}$　　（2）$\ddot{y} - 10\dot{y} + 21y = 0$

（3）$\begin{cases} \dot{y}_1 = 3y_1 + 5y_2 \\ \dot{y}_2 = -5y_1 + 13y_2 \end{cases}$　　（4）$\ddot{y} - a\dot{y} + \dfrac{a^2}{4}y = 0$　（a は定数）

13.2 次のグラフの隣接行列を求めよ．

（1）
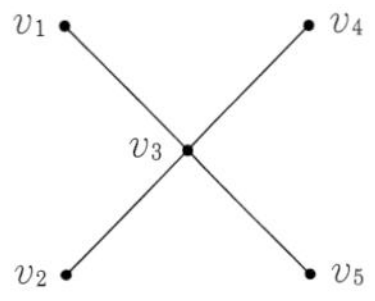

（2）
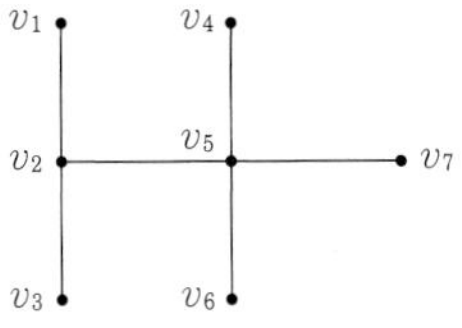

13.3 次の行列を隣接行列にもつグラフを求めよ．

（1）$\begin{bmatrix} 1 & 2 & 1 & 0 \\ 2 & 0 & 2 & 0 \\ 1 & 2 & 0 & 1 \\ 0 & 0 & 1 & 2 \end{bmatrix}$　　（2）$\begin{bmatrix} 0 & 1 & 1 & 1 \\ 1 & 0 & 1 & 1 \\ 1 & 1 & 0 & 1 \\ 1 & 1 & 1 & 0 \end{bmatrix}$

第 14 節

14.1 次の線形計画問題を単体表を作って解け．さらに，可能領域を図示して，その最適解を図によって確かめよ．

（1）
$$\begin{cases} 3x_1 + 2x_2 \leqq 21 \\ x_1 + 2x_2 \leqq 11 \\ x_1 + 3x_2 \leqq 15 \\ x_1 \geqq 0, \quad x_2 \geqq 0 \\ \max(x_1 + x_2) \end{cases}$$

（2）
$$\begin{cases} 3x_1 + 2x_2 \leqq 21 \\ x_1 + 2x_2 \leqq 11 \\ x_1 + 3x_2 \leqq 15 \\ x_1 \geqq 0, \quad x_2 \geqq 0 \\ \max(x_1 + 2x_2) \end{cases}$$

（3）
$$\begin{cases} x_1 + 4x_2 \geqq 9 \\ -3x_1 + 2x_2 \leqq 1 \\ 2x_1 + x_2 \leqq 11 \\ x_1 \geqq 0, \quad x_2 \geqq 0 \\ \max(2x_1 + 3x_2) \end{cases}$$

（4）
$$\begin{cases} x_1 + 4x_2 \geqq 9 \\ -3x_1 + 2x_2 \leqq 1 \\ 2x_1 + x_2 \leqq 11 \\ x_1 \geqq 0, \quad x_2 \geqq 0 \\ \max(2x_1 + x_2) \end{cases}$$

14.2 次の線形計画問題を単体表（必要ならば 2 段階単体表）を作って解け．さらに，可能領域を図示して，その最適解を図によって確かめよ．

（1）
$$\begin{cases} 4x_1 + 3x_2 \leqq 120 \\ x_1 + 3x_2 \geqq 60 \\ -2x_1 + 3x_2 \geqq 30 \\ x_1 \geqq 0, \quad x_2 \geqq 0 \\ \max(2x_1 + 3x_2) \end{cases}$$

（2）
$$\begin{cases} 4x_1 + 3x_2 \leqq 120 \\ x_1 + 3x_2 \geqq 60 \\ -2x_1 + 3x_2 \geqq 30 \\ x_1 \geqq 0, \quad x_2 \geqq 0 \\ \max(4x_1 + 3x_2) \end{cases}$$

解答とヒント

第 1 節

問 1.1　(1) $\begin{bmatrix} -1 \\ 21 \\ -17 \end{bmatrix}$　　(2) $\begin{bmatrix} 5 \\ 1 \\ 0 \end{bmatrix}$

問 1.2　$\boldsymbol{x} = -\boldsymbol{a} + 2\boldsymbol{b}$, $\boldsymbol{y} = \dfrac{1}{3}\boldsymbol{a} + \dfrac{5}{3}\boldsymbol{b}$

問 1.3　$\boldsymbol{x} = 4\boldsymbol{a} + 7\boldsymbol{b}$, $\boldsymbol{y}$ は表示できない

問 1.4　(1)　1 次従属　　(2)　1 次独立

問 1.5　(1)　基底になる　　(2)　基底にならない

問 1.6　$\boldsymbol{y} = \dfrac{17 - 58i}{26}\boldsymbol{a} + \dfrac{-2 + 3i}{2}\boldsymbol{b}$

練習問題 1

1.　$\boldsymbol{x} = 2\boldsymbol{a} - \boldsymbol{b}$, $\boldsymbol{y} = \boldsymbol{b} - \boldsymbol{a}$

2.　(1)　1 次独立　　(2)　1 次従属

3.　(1)　基底になる　　(2)　基底にならない

4.　(1)　1 次独立　　(2)　1 次従属

5.　(1)　$ad - bc = 0$ であれば，$d\boldsymbol{v}_1 - b\boldsymbol{v}_2 = \boldsymbol{0} = c\boldsymbol{v}_1 - a\boldsymbol{v}_2$ が成り立ち，$\boldsymbol{v}_1, \boldsymbol{v}_2$ は 1 次従属である．逆に，$h\boldsymbol{v}_1 + k\boldsymbol{v}_2 = \boldsymbol{0}$ が成り立つのは，$ah + ck = bh + dk = 0$ の場合に限り，$ad - bc \neq 0$ の場合には，この解は $h = k = 0$ のみである．よって，$ad - bc \neq 0$ の場合には，$\boldsymbol{v}_1, \boldsymbol{v}_2$ は 1 次独立である．

(2)　$\boldsymbol{e}_1 = \dfrac{d}{ad - bc}\boldsymbol{v}_1 + \dfrac{-b}{ad - bc}\boldsymbol{v}_2$，$\boldsymbol{e}_2 = \dfrac{-c}{ad - bc}\boldsymbol{v}_1 + \dfrac{a}{ad - bc}\boldsymbol{v}_2$．

第 2 節

問 2.1　(1)　$x = \dfrac{3}{2}$, $y = -\dfrac{9}{2}$, $z = \dfrac{1}{2}$　　(2)　$x = -\dfrac{1}{7}$, $y = \dfrac{25}{7}$, $z = -\dfrac{13}{7}$

問 2.2 （1） $\begin{bmatrix} x \\ y \\ z \end{bmatrix} = \begin{bmatrix} 5 \\ -2 \\ 0 \end{bmatrix} + t\begin{bmatrix} -9 \\ 5 \\ 1 \end{bmatrix}$ （t：任意定数）　（2） 解は存在しない

問 2.3 （1） 3　（2） 2　（3） 2　（4） 3

練習問題 2

1. （1） $x = -37,\ y = 21,\ z = 3$　（2） $x = -99,\ y = 56,\ z = 8$

（3） $\begin{bmatrix} x \\ y \\ z \end{bmatrix} = \begin{bmatrix} 3 \\ 1 \\ 0 \end{bmatrix} + t\begin{bmatrix} 9 \\ -5 \\ 1 \end{bmatrix}$ （t：任意定数）　（4） 解は存在しない

2. （1） 2　（2） 2

3. （1） 基底にならない　（2） 基底になる

第 3 節

問 3.1 $\begin{bmatrix} 3 & 5 & 13 \\ -4 & 16 & 0 \end{bmatrix}$

問 3.2 （1） $\begin{bmatrix} -10 & 2 & 7 \\ 7 & -1 & -5 \\ -1 & 0 & 1 \end{bmatrix}$　（2） $\begin{bmatrix} -11/35 & 17/35 & 4/35 \\ 1/5 & -2/5 & 1/5 \\ 1/7 & 1/7 & -1/7 \end{bmatrix}$

練習問題 3

1. （1） $\begin{bmatrix} 1 & -1/2 & -1/12 \\ 0 & 1/4 & -5/24 \\ 0 & 0 & 1/6 \end{bmatrix}$　（2） $\begin{bmatrix} 1 & -a & ac-b \\ 0 & 1 & -c \\ 0 & 0 & 1 \end{bmatrix}$

2. （1） $\begin{bmatrix} 1/18 & -5/18 & 7/18 \\ -5/18 & 7/18 & 1/18 \\ 7/18 & 1/18 & -5/18 \end{bmatrix}$　（2） 逆行列は存在しない

3. $A + B = (s+u)\begin{bmatrix} 1 & 0 \\ 0 & 1 \end{bmatrix} + (t+v)\begin{bmatrix} 0 & -1 \\ 1 & 0 \end{bmatrix}$,

$AB = (su - tv)\begin{bmatrix} 1 & 0 \\ 0 & 1 \end{bmatrix} + (sv + tu)\begin{bmatrix} 0 & -1 \\ 1 & 0 \end{bmatrix}$,

$(s + t\,i) + (u + v\,i) = (s + u) + (t + v)i$

$(s+ti)(u+vi) = (su-tv)+(sv+tu)i$

第 4 節

問 4.1　(1) $\begin{pmatrix} 1 & 2 & 3 & 4 \\ 1 & 4 & 2 & 3 \end{pmatrix}$　(2) $\begin{pmatrix} 1 & 2 & 3 & 4 \\ 4 & 2 & 1 & 3 \end{pmatrix}$　(3) $\begin{pmatrix} 1 & 2 & 3 & 4 \\ 3 & 4 & 1 & 2 \end{pmatrix}$

(4) $\begin{pmatrix} 1 & 2 & 3 & 4 \\ 4 & 3 & 2 & 1 \end{pmatrix}$　(5) $\begin{pmatrix} 1 & 2 & 3 & 4 \\ 4 & 1 & 2 & 3 \end{pmatrix}$　(6) $\begin{pmatrix} 1 & 2 & 3 & 4 \\ 1 & 2 & 3 & 4 \end{pmatrix}$

問 4.2　(1)　集合 S_n の要素の個数が $N=n!$ だから，$\sigma_1{}^{-1}, \sigma_2{}^{-1}, \cdots, \sigma_n{}^{-1}$ が互いに異なることを示せば十分である．

$$\sigma = \begin{pmatrix} 1 & 2 & \cdots & n \\ i_1 & i_2 & \cdots & i_n \end{pmatrix}, \qquad \sigma^{-1} = \begin{pmatrix} i_1 & i_2 & \cdots & i_n \\ 1 & 2 & \cdots & n \end{pmatrix}$$

だから，$\sigma_i{}^{-1} = \sigma_j{}^{-1}$ ならば $\sigma_i = \sigma_j$ となる．

(2)　前問と同様に，$\sigma_1\tau, \sigma_2\tau, \cdots, \sigma_n\tau$ が互いに異なることと $\tau\sigma_1, \tau\sigma_2, \cdots, \tau\sigma_n$ が互いに異なることを示せばよい．もし，$\sigma_i\tau = \sigma_j\tau$ であれば，$k=\tau(1), \cdots, \tau(n)$ に対して $\sigma_i(k) = \sigma_j(k)$ となり，このような k は M_n の要素すべてにわたるので，$\sigma_i = \sigma_j$ となる．よって，番号 i, j が異なれば $\sigma_i\tau \neq \sigma_j\tau$ である．次に，もし，$\tau\sigma_i = \tau\sigma_j$ であれば，M_n の要素 k に対して，$\tau\sigma_i(k) = \tau\sigma_j(k)$ となり，τ が 1 対 1 の対応だから，$\sigma_i(k) = \sigma_j(k)$ となる．すなわち，$\tau\sigma_i = \tau\sigma_j$ であれば，$\sigma_i = \sigma_j$ となる．よって，番号 i, j が異なれば，$\tau\sigma_i \neq \tau\sigma_j$ である．

問 4.3　(1)　$(1\ 4)(2\ 3)(3\ 4)$　(2)　$(1\ 2)(2\ 3)(4\ 6)(5\ 6)$

問 4.4　(1)　-1　(2)　$+1$　(3)　-1

問 4.5　任意の互換 τ について，$\tau^2 = \tau\tau = \varepsilon$ だから，

$$\begin{aligned} &(\sigma_1\sigma_2\cdots\sigma_t)(\sigma_t\cdots\sigma_2\sigma_1) \\ &= (\sigma_1\sigma_2\cdots\sigma_{t-1})(\sigma_t\sigma_t)(\sigma_{t-1}\cdots\sigma_2\sigma_1) \\ &= (\sigma_1\sigma_2\cdots\sigma_{t-1})(\sigma_{t-1}\cdots\sigma_2\sigma_1) = \cdots = \sigma_1\sigma_1 = \varepsilon \end{aligned}$$

よって，$\sigma = \sigma_1\sigma_2\cdots\sigma_t$ と互換の積に分解されていれば，$\sigma^{-1} = \sigma_t\cdots\sigma_2\sigma_1$ である．よって，置換 σ と逆置換 σ^{-1} がともに t 個の互換の積に分解できるので

$$\mathrm{sgn}(\sigma) = (-1)^t = \mathrm{sgn}(\sigma^{-1}).$$

問 4.6　2 次の行列式の場合，$\begin{pmatrix} 1 & 2 \\ 1 & 2 \end{pmatrix}$ の符号は $+1$ で，$\begin{pmatrix} 1 & 2 \\ 2 & 1 \end{pmatrix}$ の符号は -1 である．

3 次の行列式の場合，偶置換は $\begin{pmatrix} 1 & 2 & 3 \\ 1 & 2 & 3 \end{pmatrix}$, $\begin{pmatrix} 1 & 2 & 3 \\ 2 & 3 & 1 \end{pmatrix}$, $\begin{pmatrix} 1 & 2 & 3 \\ 3 & 1 & 2 \end{pmatrix}$ の 3 個で，奇置

換は $\begin{pmatrix} 1 & 2 & 3 \\ 2 & 1 & 3 \end{pmatrix}$, $\begin{pmatrix} 1 & 2 & 3 \\ 3 & 2 & 1 \end{pmatrix}$, $\begin{pmatrix} 1 & 2 & 3 \\ 1 & 3 & 2 \end{pmatrix}$ の 3 個である．

問 4.7 （1） 400　　（2） -2（例題 4.2 の考え方を利用せよ）

問 4.8 行列式の定義式において，$\sigma(k) = n$ （$k = 1, 2, \cdots, n-1$）となるような置換 σ に関する項の値は 0 である．残るのは $\sigma(n) = n$ となる置換 σ に関する項の和であり，例題 4.3 の場合と同じになる．

問 4.9 -12

練習問題 4

1. （1） $(1\ 2)(2\ 3)(3\ 4)(4\ 5)(5\ 6)(6\ 7)$　　（2） $(1\ 4)(2\ 4)(3\ 4)(5\ 7)(6\ 7)$

2. （1） 0　　（2） -2

3. （1） $(a+b+c)(a^2+b^2+c^2-ab-bc-ca)$

（2） $(a-b)(b-c)(c-a)$

4. （1） $abcd$　　（2） -1（∵ 行列式の定義式において，$\sigma = \begin{pmatrix} 1 & 2 & 3 & 4 \\ 3 & 1 & 4 & 2 \end{pmatrix}$ に関する項以外は 0 であり，$\mathrm{sgn}(\sigma) = -1$ である）

5. 4 次の行列式の定義において，置換 $\sigma = \begin{pmatrix} 1 & 2 & 3 & 4 \\ i_1 & i_2 & i_3 & i_4 \end{pmatrix}$ について，i_1, i_2 の中に 3 または 4 が含まれるような置換 σ に関する項の値は 0 である．残るのは

$$\begin{pmatrix} 1 & 2 & 3 & 4 \\ 1 & 2 & i_3 & i_4 \end{pmatrix}, \qquad \begin{pmatrix} 1 & 2 & 3 & 4 \\ 2 & 1 & i_3 & i_4 \end{pmatrix}$$

の形の置換のみであり，次の 4 個の置換に関する項のみである．

$$\begin{pmatrix} 1 & 2 & 3 & 4 \\ 1 & 2 & 3 & 4 \end{pmatrix}, \quad \begin{pmatrix} 1 & 2 & 3 & 4 \\ 1 & 2 & 4 & 3 \end{pmatrix}, \quad \begin{pmatrix} 1 & 2 & 3 & 4 \\ 2 & 1 & 3 & 4 \end{pmatrix}, \quad \begin{pmatrix} 1 & 2 & 3 & 4 \\ 2 & 1 & 4 & 3 \end{pmatrix}$$

よって，行列式の値は

$$\begin{aligned} & a_{11}a_{22}b_{11}b_{22} - a_{11}a_{22}b_{21}b_{12} - a_{21}a_{12}b_{11}b_{22} + a_{21}a_{12}b_{21}b_{12} \\ &= (a_{11}a_{22} - a_{21}a_{12})(b_{11}b_{22} - b_{21}b_{12}) \\ &= \begin{vmatrix} a_{11} & a_{12} \\ a_{21} & a_{22} \end{vmatrix} \times \begin{vmatrix} b_{11} & b_{12} \\ b_{21} & b_{22} \end{vmatrix} \end{aligned}$$

第 5 節

問 5.1　（1）　0（第 1 列に第 3 列を加え，第 2 列に第 4 列を加えると，第 1 列と第 2 列が等しくなる）

（2）　0（第 2, 第 3 列を第 4 列に加えると，第 4 列の各成分が $a+b+c+d$ になる．これをくくり出すと，第 1 列と第 4 列が等しくなる）

練習問題 5

1.　（1）　6（第 1 列の -1 倍を第 2, 第 3, 第 4 列に加えると，下三角行列になる）

（2）　192（第 1, 第 2, 第 3 列に第 4 列を加えると，上三角行列になる）

（3）　160（第 1, 第 2, 第 3 列を第 4 列に加え，第 4 列から 10 をくくり出す．次に第 4 列の -4 倍, -1 倍, -2 倍を順に第 1, 第 2, 第 3 列に加え，問 4.8 の結果を使う）

（4）　$-(a-b)^4$（第 1 行の -1 倍を第 2, 第 3, 第 4 行に加える．第 2, 第 3, 第 4 行から $a-b$ をくくり出す．第 3 列の -1 倍を第 4 列に加える．第 4 列を第 1 列に加え，問 4.8 の結果を使う．第 2 行と第 3 行を入れ替え，再び問 4.8 の結果を使う）

2.　（1）　①：第 2, 第 3 列の -1 倍を第 1 列に加え，第 1 列から -2 をくくり出す．②：第 2 列と第 3 列を入れ替える．③：第 2, 第 3 列に第 1 列の -1 倍を加える．

（2）　①：第 2, 第 3 行を第 1 行に加え，第 1 行から 2 をくくり出す．②：第 1 行の -1 倍を第 2, 第 3 行に加える．③：第 2, 第 3 行を第 1 行に加える．④：第 2, 第 3 行を -1 倍する．この結果，左辺の行列式は

$$2\begin{vmatrix} 0 & b & a \\ b & 0 & c \\ a & c & 0 \end{vmatrix}$$

に変形される．⑤：この行列式の値をサラスの方法で計算すると右辺に一致する．

3.　行列式の基本的性質（定理 5.1（1））を使って，各列から a をくくり出すと，列の個数と同じ個数の a がくくり出される．

第 6 節

問 6.1　（1）　961　　（2）　16

問 6.2　$4a^2b^2c^2$　（$\because$ $|A|=2abc$）

練習問題 6

1. （1）

$$
与式 = \begin{vmatrix} 1+a^2 & ab & ac & 0 \\ ba & 1+b^2 & bc & 0 \\ ca & cb & 1+c^2 & 0 \\ da & db & dc & 1 \end{vmatrix} + \begin{vmatrix} 1+a^2 & ab & ac & ad \\ ba & 1+b^2 & bc & bd \\ ca & cb & 1+c^2 & cd \\ da & db & dc & d^2 \end{vmatrix} \quad \cdots (\mathrm{a})
$$

$$
(\mathrm{a})\text{ の第 1 式} = \begin{vmatrix} 1+a^2 & ab & 0 \\ ba & 1+b^2 & 0 \\ ca & cb & 1 \end{vmatrix} + \begin{vmatrix} 1+a^2 & ab & ac \\ ba & 1+b^2 & bc \\ ca & cb & c^2 \end{vmatrix} \quad \cdots (\mathrm{b})
$$

$$
(\mathrm{a})\text{ の第 2 式} = d\begin{vmatrix} 1+a^2 & ab & ac & a \\ ba & 1+b^2 & bc & b \\ ca & cb & 1+c^2 & c \\ da & db & dc & d \end{vmatrix} = d\begin{vmatrix} 1 & 0 & 0 & a \\ 0 & 1 & 0 & b \\ 0 & 0 & 1 & c \\ 0 & 0 & 0 & d \end{vmatrix} = d^2
$$

（b）の第 2 式 $= c^2$,　　（b）の第 1 式 $= 1 + a^2 + b^2$.

$$
\therefore \quad 与式 = 1 + a^2 + b^2 + c^2 + d^2.
$$

（2） 第 1 列を第 3 列に，第 2 列を第 4 列に加えると，次のようになる.

$$
\left|\begin{array}{cc|cc} a & -b & 0 & 0 \\ b & a & 0 & 0 \\ \hline c & -d & 2c & -2d \\ d & c & 2d & 2c \end{array}\right| = 4(a^2+b^2)(c^2+d^2)
$$

2. $A_n(x)$ の行列式を第 1 列に関して余因子展開し，その一方をさらに第 1 列に関して余因子展開することにより，次式を得る.

$$
|A_n(x)| = (1+x^2)|A_{n-1}(x)| - x^2|A_{n-2}(x)|
$$

一方，$|A_1(x)| = 1 + x^2$，$|A_2(x)| = 1 + x^2 + x^4$ だから，数学的帰納法により，

$$
|A_n(x)| = 1 + x^2 + x^4 + \cdots + x^{2n-2} + x^{2n}.
$$

第 7 節

問 7.1 （1）
$$
\begin{vmatrix} 9 & 13 & 10 \\ 7 & 9 & 6 \\ 5 & 7 & 4 \end{vmatrix} = 12, \quad \begin{vmatrix} 1 & 13 & 10 \\ 2 & 9 & 6 \\ 3 & 7 & 4 \end{vmatrix} = -6, \quad \begin{vmatrix} 9 & 1 & 10 \\ 7 & 2 & 6 \\ 5 & 3 & 4 \end{vmatrix} = 22,
$$

$$\begin{vmatrix} 9 & 13 & 1 \\ 7 & 9 & 2 \\ 5 & 7 & 3 \end{vmatrix} = -22. \quad \therefore \quad x = -\frac{1}{2},\ y = \frac{11}{6},\ z = -\frac{11}{6}.$$

（2）
$$\begin{vmatrix} 2 & -5 & 3 \\ 1 & 2 & 2 \\ 3 & -2 & -1 \end{vmatrix} = -55, \quad \begin{vmatrix} 4 & -5 & 3 \\ 3 & 2 & 2 \\ 2 & -2 & -1 \end{vmatrix} = -57, \quad \begin{vmatrix} 2 & 4 & 3 \\ 1 & 3 & 2 \\ 3 & 2 & -1 \end{vmatrix} = -7,$$

$$\begin{vmatrix} 2 & -5 & 4 \\ 1 & 2 & 3 \\ 3 & -2 & 2 \end{vmatrix} = -47. \quad \therefore \quad x = \frac{57}{55},\ y = \frac{7}{55},\ z = \frac{47}{55}.$$

問 7.2　（1）$\dfrac{1}{3}\begin{bmatrix} 4 & 1 & -1 \\ -8 & 1 & 2 \\ -1 & -1 & 1 \end{bmatrix}$　（2）$\dfrac{1}{2}\begin{bmatrix} 2 & -2 & 0 \\ 1 & 1 & -1 \\ -1 & 1 & 1 \end{bmatrix}$

（3）$\dfrac{1}{8}\begin{bmatrix} 3 & -5 & 2 \\ -12 & 4 & 0 \\ 8 & 0 & 0 \end{bmatrix}$　（4）$\dfrac{1}{30}\begin{bmatrix} 0 & 0 & 5 \\ 0 & 6 & -4 \\ 10 & -4 & 1 \end{bmatrix}$

練習問題 7

1.　（1）$x = 0,\ y = -\dfrac{1}{3},\ z = \dfrac{5}{6}$　（2）$x = \dfrac{111}{55},\ y = \dfrac{31}{55},\ z = -\dfrac{4}{55}$

（3）$x = 9,\ y = 0,\ z = 11$　（4）$x = \dfrac{97}{13},\ y = \dfrac{30}{13},\ z = \dfrac{5}{13}$

2.　（1）$\dfrac{1}{5}\begin{bmatrix} 8 & 2 & -7 \\ 1 & -1 & 1 \\ -6 & 1 & 4 \end{bmatrix}$　（2）$\begin{bmatrix} 0 & -1 & 1 \\ -1 & 0 & 1 \\ 1 & 1 & -1 \end{bmatrix}$

3.　与式を第 1 行について展開すると，次の形に表示できる：

$$a(x^2 + y^2 + z^2) + bx + cy + dz + 1 = 0 \qquad \text{ただし，} a = \begin{vmatrix} x_1 & y_1 & z_1 & 1 \\ x_2 & y_2 & z_2 & 1 \\ x_3 & y_3 & z_3 & 1 \\ x_4 & y_4 & z_4 & 1 \end{vmatrix}.$$

4 点 (x_j, y_j, z_j)（$j = 1, 2, 3, 4$）が同一平面上にないので，例題 7.3 により，$a \neq 0$ となる．よって，与式は球面の方程式を表し，行列式の性質からこの球面は 4 点 (x_j, y_j, z_j)（$j = 1, 2, 3, 4$）を通ることがわかる．

第8節

問8.1 $\mathrm{Im}\, f = \{ c_1\, {}^t[1, 2, 3] + c_2\, {}^t[-1, 3, -2] \mid c_1, c_2 \in \mathbf{R} \}$，$\dim(\mathrm{Im}\, f) = 2$.
$\mathrm{Ker}\, f = \{ c\, {}^t[-1, -2, 1] \mid c \in \mathbf{R} \}$，$\dim(\mathrm{Ker}\, f) = 1$.

問8.2 f：全単射である，g：全単射でない

練習問題8

1. $\mathrm{Im}\, f = \mathbf{R}^3$，$\dim(\mathrm{Im}\, f) = 3$.
$\mathrm{Ker}\, f = \{ c\, {}^t[16, -201, -7, 33] \mid c \in \mathbf{R} \}$，$\dim(\mathrm{Ker}\, f) = 1$.

2. （1） 全単射である　　（2） 全単射でない

3. $(f \circ g)(x, y, z) = (9x - 21y + 9z, x - 24y + 14z, 15x - 6z)$,
$(g \circ f)(x, y) = (10x + 10y, -7x - 31y)$

4. （1） $A = \begin{bmatrix} 2 & 3 \\ -1 & 10 \\ 4 & -1 \end{bmatrix}$　　（2） $A = \begin{bmatrix} 2 & 0 & 0 \\ 0 & 3 & 0 \end{bmatrix}$

5. f が単射 $\iff \mathrm{Ker}\, f = \{\mathbf{0}\} \iff \dim(\mathrm{Ker}\, f) = 0 \iff \dim(\mathrm{Im}\, f) = n$
$\iff f$ が全射

第9節

問9.1 （1） 固有値は 3, 4. $V_3 = \{ c\, {}^t[1, 1] \mid c \in \mathbf{R} \}$，$V_4 = \{ c\, {}^t[3, 4] \mid c \in \mathbf{R} \}$
（2） 固有値は 4, −2（重複度2）. $V_4 = \{ c\, {}^t[1, 1, 1] \mid c \in \mathbf{R} \}$,
$V_{-2} = \{ c_1\, {}^t[-1, 1, 0] + c_2\, {}^t[-1, 0, 1] \mid c_1, c_2 \in \mathbf{R} \}$
（3） 固有値は 1（重複度3）. $V_1 = \{ c_1\, {}^t[0, 1, 0] + c_2\, {}^t[0, 0, 1] \mid c_1, c_2 \in \mathbf{R} \}$

問9.2 （1） 実際計算して確かめよ　　（2） (1) の結果を使え

練習問題9

1. 練習問題 4, **5** を参考に考えよ.

2. 定理 5.3 を使え.

3. $A\boldsymbol{x} = \alpha\boldsymbol{x}$，$\boldsymbol{x} \neq \mathbf{0}$ とする. A^{-1} が存在するので，$\boldsymbol{x} = A^{-1}(\alpha\boldsymbol{x}) = \alpha A^{-1}\boldsymbol{x}$. ゆえに $\alpha = 0$ とすると，$\boldsymbol{x} = \mathbf{0}$ となり矛盾. $\therefore\ \alpha \neq 0$. よって，また $\dfrac{1}{\alpha}\boldsymbol{x} = A^{-1}\boldsymbol{x}$.

4. $A\boldsymbol{x} = \alpha\boldsymbol{x}$ とすると，$A^2\boldsymbol{x} = A(\alpha\boldsymbol{x}) = \alpha A\boldsymbol{x} = \alpha^2\boldsymbol{x}$，$\cdots$.

5. （1） 固有値は 0, 1, 3. 固有値 0 の固有ベクトルは ${}^t[1, 1, -1]$，固有値 1 の固有ベ

クトルは ${}^t[\,0,1,0\,]$，固有値 3 の固有ベクトルは ${}^t[\,4,1,2\,]$ となる．

（2） 固有値は 2（重複度 3）．固有ベクトルは ${}^t[\,0,-1,1\,]$ である．

（3） 固有値は $1,-1$（重複度 2）．固有値 1 の固有ベクトルは ${}^t[\,1,0,0\,]$，固有値 -1 の固有ベクトルは ${}^t[\,-1,1,0\,]$ となる．

6. （1） 対角化可能．$P=\begin{bmatrix}-1&0&2\\0&1&3\\1&0&1\end{bmatrix}$ とすると，$P^{-1}AP=\begin{bmatrix}-1&0&0\\0&1&0\\0&0&2\end{bmatrix}$．

（2） 対角化不可能　　（3） 対角化不可能　　（4） 対角化不可能

（5） $P=\begin{bmatrix}-1&-1&2\\1&0&1\\1&1&1\end{bmatrix}$ とすると，$P^{-1}AP=\begin{bmatrix}0&0&0\\0&1&0\\0&0&3\end{bmatrix}$．

7. （1） $\Delta_A(t)$ を第 1 列で展開し，各項の t の次数を比較してみよ．

（2） 定理 9.3 と（1）を使え．

（3） $\Delta_A(t)$ の定義と（1）より，

$$(t-\alpha_1)(t-\alpha_2)\cdots(t-\alpha_n)=t^n-\mathrm{Tr}(A)\,t^{n-1}+\cdots+(-1)^n\,|\,A\,|$$

この両辺の係数を比較して求める等式を得る．

第 10 節

練習問題 10

1. $A^n+A^{n-1}=\begin{bmatrix}1&0&1\\0&0&0\\1&0&1\end{bmatrix}$ （$n\geqq 2$）

2. A の固有値を α_1,α_2 とすると，定理 10.1 より，$P^{-1}AP=\begin{bmatrix}\alpha_1&\beta\\0&\alpha_2\end{bmatrix}$ となる正則行列 P を選ぶことができる．$k=1,2,\cdots$ に対して，

$$P^{-1}A^kP=\begin{bmatrix}{\alpha_1}^k & \beta({\alpha_1}^{k-1}+{\alpha_1}^{k-2}\alpha_2+\cdots+\alpha_1{\alpha_2}^{k-2}+{\alpha_2}^{k-1})\\ 0 & {\alpha_2}^k\end{bmatrix}$$

$\boldsymbol{x}=P\boldsymbol{z}$ とすると，$\|A^k\boldsymbol{x}\|=\|P(P^{-1}A^kP)\boldsymbol{z}\|\to\|PO\boldsymbol{z}\|=0$（$k\to\infty$）．

3. $P=\begin{bmatrix}1&3\\1&4\end{bmatrix}$ とすると，$P^{-1}AP=\begin{bmatrix}-2&0\\0&-3\end{bmatrix}$．

$$A^{10} = \begin{bmatrix} 4(-2)^{10} - 3(-3)^{10} & -3(-2)^{10} + 3(-3)^{10} \\ 4(-2)^{10} - 4(-3)^{10} & -3(-2)^{10} + 4(-3)^{10} \end{bmatrix}$$

4. （1） 例えば，$P = \begin{bmatrix} 1 & 1/2 \\ 1 & 0 \end{bmatrix}$ とすると，$P^{-1}AP = \begin{bmatrix} 1 & 1 \\ 0 & 1 \end{bmatrix}$.

（2） 例えば，$P = \begin{bmatrix} 1 & -1 & -1 \\ 1 & -1 & 0 \\ 1 & 0 & 0 \end{bmatrix}$ とすると，$P^{-1}AP = \begin{bmatrix} 2 & 1 & 0 \\ 0 & 2 & 1 \\ 0 & 0 & 2 \end{bmatrix}$.

5. （1） $P = \begin{bmatrix} 0 & 1 & 0 \\ 1 & 0 & 0 \\ 0 & 0 & 1 \end{bmatrix}$ とすると，$P^{-1}AP = \begin{bmatrix} 0 & 1 & 0 \\ 0 & 0 & 1 \\ 0 & 0 & 0 \end{bmatrix}$.

（2） $P = \begin{bmatrix} 0 & 0 & 1 \\ 1 & 1 & 0 \\ 0 & 1 & 0 \end{bmatrix}$ とすると，$P^{-1}AP = \begin{bmatrix} 1 & 0 & 0 \\ 0 & 1 & 1 \\ 0 & 0 & 1 \end{bmatrix}$.

6. 定理 10.1 を使い，A を三角化し，$A^2 = I_n$ に代入してみよ.

第 11 節

問 11.1 （1），（2）とも定義通り計算で確かめよ.

問 11.2 $\boldsymbol{u}_1 = \dfrac{1}{\sqrt{2}}\begin{bmatrix} 1 \\ 0 \\ 1 \end{bmatrix}$，$\boldsymbol{u}_2 = \dfrac{1}{\sqrt{6}}\begin{bmatrix} 1 \\ 2 \\ -1 \end{bmatrix}$，$\boldsymbol{u}_3 = \dfrac{1}{\sqrt{3}}\begin{bmatrix} -1 \\ 1 \\ 1 \end{bmatrix}$

問 11.3 例えば，$\boldsymbol{u}_1 = \dfrac{1}{\sqrt{5}}\,{}^t[\,-2, 1, 0, 0\,]$，$\boldsymbol{u}_2 = \dfrac{1}{\sqrt{30}}\,{}^t[\,-1, -2, 5, 0\,]$，

$\boldsymbol{u}_3 = \dfrac{1}{\sqrt{42}}\,{}^t[\,1, 2, 1, 6\,]$. $W^{\perp} = \{\, c\,{}^t[\,1, 2, 1, -1\,] \mid c \in \mathbf{R} \,\}$.

練習問題 11

1. 2 つの三角不等式 $\|\boldsymbol{a}\| \leqq \|\boldsymbol{a} - \boldsymbol{b}\| + \|\boldsymbol{b}\|$，$\|\boldsymbol{b}\| \leqq \|\boldsymbol{b} - \boldsymbol{a}\| + \|\boldsymbol{a}\|$ を使え.

2. $a = -\dfrac{2}{\sqrt{6}}$，$b = \dfrac{1}{\sqrt{3}}$，$c = \dfrac{1}{\sqrt{2}}$，$d = \dfrac{1}{\sqrt{6}}$

3. $\boldsymbol{b}_1 = {}^t\left[\,-\dfrac{1}{4}, \dfrac{1}{4}, -\dfrac{3}{4}\,\right]$，$\boldsymbol{b}_2 = {}^t\left[\,-\dfrac{3}{4}, -\dfrac{1}{4}, -\dfrac{5}{4}\,\right]$，$\boldsymbol{b}_3 = {}^t\left[\,-\dfrac{1}{4}, \dfrac{1}{4}, \dfrac{1}{4}\,\right]$.

行列 $[\,\boldsymbol{b}_1, \boldsymbol{b}_2, \boldsymbol{b}_3\,]$ は正則行列 ${}^t[\,\boldsymbol{a}_1, \boldsymbol{a}_2, \boldsymbol{a}_3\,]$ の逆行列となることを使え.

4. （1） $\|\boldsymbol{a}\| = \sqrt{27}$，$\|\boldsymbol{b}\| = \sqrt{33}$，$\|\boldsymbol{c}\| = \sqrt{12}$　　（2） $\boldsymbol{a}$ と $\boldsymbol{b}$ とは直交する

（3） $\boldsymbol{a}$ と $\boldsymbol{c}$ のなす角は 60°　　（4） $\dfrac{1}{\sqrt{162}}\,{}^t[\,-4,-4,7,9\,]$

5. $T=[\,\boldsymbol{u}_1,\boldsymbol{u}_2\,]$, $\boldsymbol{u}_1={}^t[\,\cos\theta,\ \sin\theta\,]$, $\boldsymbol{u}_2={}^t[\,\cos\varphi,\ \sin\varphi\,]$ と書くと，$(\boldsymbol{u}_1,\boldsymbol{u}_2)=0$ となる必要十分条件は $\cos(\theta-\varphi)=0$ となることを示し，これから $\boldsymbol{u}_2$ を決定せよ．

6. ${}^tTT=I_n$ の行列式をとると，$|\,T\,|^2=1$ である．

7. $${}^tTT=\left[\begin{array}{c|ccc}1 & 0 & \cdots & 0\\ \hline 0 & & & \\ \vdots & & {}^tT_1T_1 & \\ 0 & & & \end{array}\right]$$ を示せ．

第 12 節

問 12.1 （1） $T=\dfrac{1}{3}\begin{bmatrix}1 & -2 & 2\\ -2 & 1 & 2\\ 2 & 2 & 1\end{bmatrix}$ とすると，$T^{-1}AT=\begin{bmatrix}-1 & 0 & 0\\ 0 & 2 & 0\\ 0 & 0 & 5\end{bmatrix}$．

（2） $T=\begin{bmatrix}-1/\sqrt{2} & 0 & 1/\sqrt{2}\\ 0 & 1 & 0\\ 1/\sqrt{2} & 0 & 1/\sqrt{2}\end{bmatrix}$ とすると，$T^{-1}AT=\begin{bmatrix}1 & 0 & 0\\ 0 & 1 & 0\\ 0 & 0 & -1\end{bmatrix}$．

（3） $T=\dfrac{1}{\sqrt{7}}\begin{bmatrix}\sqrt{3} & 2\\ 2 & -\sqrt{3}\end{bmatrix}$ とすると，$T^{-1}AT=\begin{bmatrix}9 & 0\\ 0 & -5\end{bmatrix}$．

問 12.2 （1） $3{y_2}^2+4{y_3}^2$　　（2） $3{y_2}^2+6{y_3}^2$

練習問題 12

1. （1） $T=\begin{bmatrix}1/\sqrt{2} & 0 & 1/\sqrt{2}\\ 0 & 1 & 0\\ 1/\sqrt{2} & 0 & -1/\sqrt{2}\end{bmatrix}$ とすると，$T^{-1}AT=\begin{bmatrix}1 & 0 & 0\\ 0 & 2 & 0\\ 0 & 0 & 3\end{bmatrix}$．

（2） $T=\dfrac{1}{\sqrt{2}}\begin{bmatrix}1 & 1\\ 1 & -1\end{bmatrix}$ とすると，$T^{-1}AT=\begin{bmatrix}0 & 0\\ 0 & 2a\end{bmatrix}$．

2. A の固有値を α_1,α_2 とすると，$\alpha_1+\alpha_2=a+c$，$\alpha_1\alpha_2=ac-b^2$．したがって，
$\alpha_1>0$ かつ $\alpha_2>0 \iff a+c>0$ かつ $ac-b^2>0 \iff a>0$ かつ $ac-b^2>0$

3. （1） $\displaystyle\sum_{i,j=1}^{3} g_{ij}x_ix_j=\sum_{i,j=1}^{3}(\boldsymbol{a}_i,\boldsymbol{a}_j)x_ix_j=\left(\sum_{i=1}^{3}x_i\boldsymbol{a}_i,\ \sum_{j=1}^{3}x_j\boldsymbol{a}_j\right)\geqq 0$

（2）$A = [\,\boldsymbol{a}_1, \boldsymbol{a}_2, \boldsymbol{a}_3\,]$ とすると，$G = {}^tAA$ なので $|G| = |A|^2$．一方，$\{\boldsymbol{a}_1, \boldsymbol{a}_2, \boldsymbol{a}_3\}$ が 1 次独立 $\Longleftrightarrow |A| \neq 0$ である．

4. （1）$-4{y_1}^2 + 2{y_2}^2$　（2）$4{y_2}^2$　（3）$-{y_1}^2 + 2{y_2}^2 + 5{y_3}^2$

（4）$-4{y_1}^2 + {y_2}^2 + 2{y_3}^2$

5. （1），（2）は ${}^t(A+B) = {}^tA + {}^tB$，${}^t(AB) = {}^tB\,{}^tA$ を使え．

（3）A を直交行列で対角化して考えよ．A の固有値を $\alpha_1, \cdots, \alpha_n$ とし，

$$T^{-1}AT = \begin{bmatrix} \alpha_1 & & 0 \\ & \ddots & \\ 0 & & \alpha_n \end{bmatrix} \text{ とすると，} T^{-1}A^mT = \begin{bmatrix} {\alpha_1}^m & & 0 \\ & \ddots & \\ 0 & & {\alpha_n}^m \end{bmatrix} \text{ となる．}$$

第 13 節

問 13.1（1）$y_1 = 4C_1e^{6t} + C_2e^{-t}$，$y_2 = 3C_1e^{6t} - C_2e^{-t}$（$C_1, C_2$ は任意定数）

（2）$y_1 = (C_2t + C_1)e^{3t} + C_2e^{3t}$，$y_2 = -(C_2t + C_1)e^{3t}$（$C_1, C_2$ は任意定数）

問 13.2（1）$y = C_1e^{-6t} + C_2e^{-7t}$（$C_1, C_2$ は任意定数）

（2）$y = (C_1 + C_2t)e^{-7t}$（C_1, C_2 は任意定数）

問 13.3（1）$\mathrm{Spec}(V, E) = \{0, \sqrt{2}, -\sqrt{2}\}$，$M_k(V, E) = 2^{\frac{k}{2}}\{1 + (-1)^k\}$（$k = 1, 2, \cdots$）

（2）$\mathrm{Spec}(V, E) = \{0, 0, 2, -2\}$，$M_k(V, E) = 2^k\{1 + (-1)^k\}$（$k = 1, 2, \cdots$）

練習問題 13

1. （1）$y_1 = -C_1e^t + C_2e^{5t}$，$y_2 = C_1e^t + 3C_2e^{5t}$（$C_1, C_2$ は任意定数）

（2）$y = C_1e^{-3t} + C_2e^{-6t}$（$C_1, C_2$ は任意定数）

2.

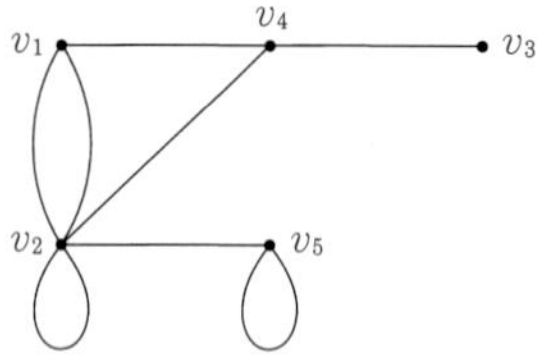

第 14 節

問 14.1 B_1 を 224 単位，B_2 を 132 単位作ると，最大利益 936 万円になる．

問 14.2

	x_1	x_2	x_3	x_4	x_5	
I	3	4	1	0	0	1200
	1	2	0	1	0	560
	2●	1	0	0	1	580
	−3	−2	0	0	0	0
II	0	5/2●	1	0	−3/2	330
	0	3/2	0	1	−1/2	270
	1	1/2	0	0	1/2	290
	0	−1/2	0	0	3/2	870
III	0	1	2/5	0	−3/5	132
	0	0	−3/5	1	2/5	72
	1	0	−1/5	0	4/5	224
	0	0	1/5	0	6/5	936

この表から目的関数の最大値は 936 で，最適解は $x_1 = 224$，$x_2 = 132$ である．

問 14.3

	x_1	x_2	x_3	x_4	
I	1●	−1	1	0	1
	−1	1○	0	1	1
	−1	−1	0	0	0
II●	1	−1	1	0	1
	0	0	1	1	2
	0	−2	1	0	1
II○	0	0	1	1	2
	−1	1	0	1	1
	−2	0	0	1	1

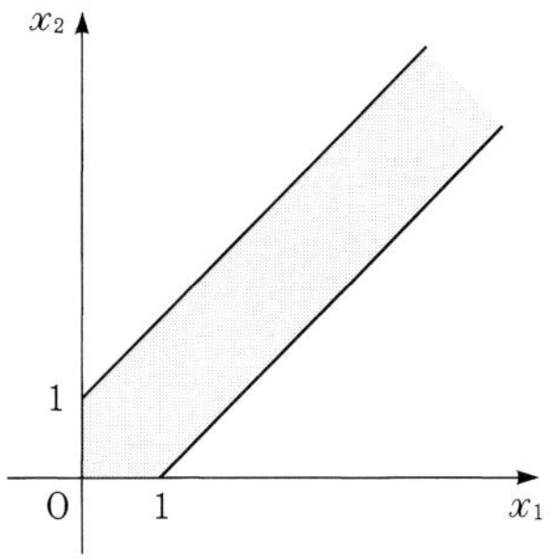

ここに，II●は表 I で●印をピボットとするピボット変形を行ったもの．II○は表 I で○印をピボットとするピボット変形を行ったもの．いずれも，先のステップへ進むことができない．可能領域は右上の図の通りで，$x_1 + x_2$ の値はいくらでも大きくとることができる．

練習問題 14

1. （1）

	x_1	x_2	x_3	x_4	x_5	
I	3	2	1	0	0	21
	1	2	0	1	0	11
	1	3●	0	0	1	15
	−2	−5	0	0	0	0
II	7/3	0	1	0	−2/3	11
	1/3●	0	0	1	−2/3	1
	1/3	1	0	0	1/3	5
	−1/3	0	0	0	5/3	25
III	0	0	1	−7	4	4
	1	0	0	3	−2	3
	0	1	0	−1	1	4
	0	0	0	1	1	26

$x_1=3$, $x_2=4$ で最大値 26．可能領域は，$(0,0),(0,5),(3,4),(5,3),(7,0)$ を頂点にもつ5角形．

（2）

	x_1	x_2	x_3	x_4	x_5	
I	1	4	−1	0	0	9
	−3	2●	0	1	0	1
	2	1	0	0	1	11
	−2	−5	0	0	0	0
II	7●	0	−1	−2	0	7
	−3/2	1	0	1/2	0	1/2
	7/2	0	0	−1/2	1	21/2
	−19/2	0	0	5/2	0	5/2
III	1	0	−1/7	−2/7	0	1
	0	1	−3/14	1/14	0	2
	0	0	1/2●	1/2	1	7
	0	0	−19/14	−3/14	0	12

IV	1	0	0	$-1/7$	$2/7$	3
	0	1	0	$2/7$	$3/7$	5
	0	0	1	1	2	14
	0	0	0	$8/7$	$19/7$	31

$x_1 = 3$, $x_2 = 5$ で最大値 31．可能領域は，$(1, 2), (3, 5), (5, 1)$ を頂点にもつ三角形．

2.

		x_1	x_2	x_3	x_4	x_5	x_6	x_7	
I		3	4	-1	0	0	1	0	120
		2	1	0	1	0	0	0	60
		-1	2●	0	0	-1	0	1	40
	w	-2	-6	1	0	1	0	0	-160
	z	-5	-2	0	0	0	0	0	0
II		5●	0	-1	0	2	1	-2	40
		$5/2$	0	0	1	$1/2$	0	$-1/2$	40
		$-1/2$	1	0	0	$-1/2$	0	$1/2$	20
	w	-5	0	1	0	-2	0	3	-40
	z	-6	0	0	0	-1	0	1	40
III		1	0	$-1/5$	0	$2/5$	$1/5$	$-2/5$	8
		0	0	$1/2$●	1	$-1/2$	$-1/2$	$1/2$	20
		0	1	$-1/10$	0	$-3/10$	$1/10$	$3/10$	24
	w	0	0	0	0	0	1	1	0
	z	0	0	$-6/5$	0	$7/5$	$6/5$	$-7/5$	88
IV		1	0	0	$2/5$	$1/5$			16
		0	0	1	2	-1			40
		0	1	0	$1/5$	$-2/5$			28
	z	0	0	0	$12/5$	$1/5$			136

$x_1 = 16$, $x_2 = 28$ で最大値 136．

3. （1） [200, 180, −120, 0, 0]， [80, 240, 0, 0, 180]， [224, 132, 0, 72, 0]，
[290, 0, 330, 270, 0]， [560, 0, −480, 0, −540]， [400, 0, 0, 160, −220]，
[0, 580, −1120, −600, 0]， [0, 280, 80, 0, 300]， [0, 300, 0, −40, 280]，
[0, 0, 1200, 560, 580]

（2） [224, 132, 0, 72, 0] の場合に最大値 936　　（3） 各自確かめよ．

補充問題

1.1 （1） $\begin{bmatrix} 1 \\ 11 \\ 3 \end{bmatrix}$ （2） $\begin{bmatrix} 2 \\ -1 \\ 4 \end{bmatrix}$

1.2 $\boldsymbol{x} = \dfrac{3}{2}\boldsymbol{a} - \boldsymbol{b} + \dfrac{3}{2}\boldsymbol{c}$, $\boldsymbol{y} = 4\boldsymbol{a} - 2\boldsymbol{b} + 3\boldsymbol{c}$

1.3 （1） 1次独立 （2） 1次従属

1.4 （1） 基底になる （2） 基底になる

1.5 （1） まず，ベクトルの組 $\boldsymbol{v}_1, \boldsymbol{v}_2, \cdots, \boldsymbol{v}_r$ が1次独立であると仮定して，ベクトルの組 $\boldsymbol{v}_1, \boldsymbol{v}_2 + k_2\boldsymbol{v}_1, \cdots, \boldsymbol{v}_r + k_r\boldsymbol{v}_1$ が1次独立であることを示そう．スカラー $a_1, a_2, \cdots, a_r$ に対して

$$a_1\boldsymbol{v}_1 + a_2(\boldsymbol{v}_2 + k_2\boldsymbol{v}_1) + \cdots + a_r(\boldsymbol{v}_r + k_r\boldsymbol{v}_1) = \boldsymbol{0}$$

が成り立つと仮定すれば，$b_1 = a_1 + a_2k_2 + \cdots + a_rk_r$ とおいて

$$b_1\boldsymbol{v}_1 + a_2\boldsymbol{v}_2 + \cdots + a_r\boldsymbol{v}_r = \boldsymbol{0}$$

が成り立つ．ベクトルの組 $\boldsymbol{v}_1, \boldsymbol{v}_2, \cdots, \boldsymbol{v}_r$ が1次独立であると仮定しているので，$b_1 = a_2 = \cdots = a_r = 0$ となる．さらに $a_1 = 0$ になる．よって，ベクトルの組 $\boldsymbol{v}_1, \boldsymbol{v}_2 + k_2\boldsymbol{v}_1, \cdots, \boldsymbol{v}_r + k_r\boldsymbol{v}_1$ が1次独立であることがわかった．逆もまったく同様に示すことができる（各自確かめよ）．

（2） まず，ベクトルの組 $\boldsymbol{v}_1, \boldsymbol{v}_2, \cdots, \boldsymbol{v}_r$ が1次独立であると仮定して，ベクトルの組 $\boldsymbol{v}_1 + k_2\boldsymbol{v}_2 + \cdots + k_r\boldsymbol{v}_r, \boldsymbol{v}_2, \cdots, \boldsymbol{v}_r$ が1次独立であることを示そう．スカラー $a_1, a_2, \cdots, a_r$ に対して

$$a_1(\boldsymbol{v}_1 + k_2\boldsymbol{v}_2 + \cdots + k_r\boldsymbol{v}_r) + a_2\boldsymbol{v}_2 + \cdots + a_r\boldsymbol{v}_r = \boldsymbol{0}$$

が成り立つと仮定すれば，$b_j = a_j + a_1k_j$ $(j = 2, 3, \cdots, r)$ とおいて

$$a_1\boldsymbol{v}_1 + b_2\boldsymbol{v}_2 + \cdots + b_r\boldsymbol{v}_r = \boldsymbol{0}$$

が成り立つ．ベクトルの組 $\boldsymbol{v}_1, \boldsymbol{v}_2, \cdots, \boldsymbol{v}_r$ が1次独立であると仮定しているので，$a_1 = b_2 = \cdots = b_r = 0$ が成り立ち，さらに $a_2 = \cdots = a_r = 0$ になる．よって，ベクトルの組 $\boldsymbol{v}_1 + k_2\boldsymbol{v}_2 + \cdots + k_r\boldsymbol{v}_r, \boldsymbol{v}_2, \cdots, \boldsymbol{v}_r$ が1次独立であることがわかった．逆もまったく同様に示すことができる（各自確かめよ）．

2.1 以下において，a は任意定数とする．

（1） $\begin{bmatrix} x \\ y \\ z \\ w \end{bmatrix} = \frac{1}{3857}\begin{bmatrix} 5415 \\ 304 \\ -2280 \\ 0 \end{bmatrix} + a\begin{bmatrix} -741 \\ 608 \\ 3154 \\ 3857 \end{bmatrix}$　（2） $\begin{bmatrix} x \\ y \\ z \\ w \end{bmatrix} = \begin{bmatrix} 1 \\ 0 \\ 0 \\ 0 \end{bmatrix} + a\begin{bmatrix} -741 \\ 608 \\ 3154 \\ 3857 \end{bmatrix}$

（3） $\begin{bmatrix} x \\ y \\ z \\ w \end{bmatrix} = \frac{1}{39}\begin{bmatrix} 94 \\ 51 \\ -37 \\ 0 \end{bmatrix} + a\begin{bmatrix} -3 \\ 1 \\ 11 \\ 13 \end{bmatrix}$　（4） $\begin{bmatrix} x \\ y \\ z \\ w \end{bmatrix} = \frac{1}{13}\begin{bmatrix} -5 \\ -33 \\ 40 \\ 0 \end{bmatrix} + a\begin{bmatrix} -3 \\ 1 \\ 11 \\ 13 \end{bmatrix}$

（5） $\begin{bmatrix} x \\ y \\ z \\ w \end{bmatrix} = \frac{1}{152}\begin{bmatrix} 215 \\ -22 \\ 53 \\ 0 \end{bmatrix} + a\begin{bmatrix} 65 \\ 110 \\ -37 \\ 152 \end{bmatrix}$　（6） $\begin{bmatrix} x \\ y \\ z \\ w \end{bmatrix} = \frac{1}{152}\begin{bmatrix} 276 \\ -24 \\ 44 \\ 0 \end{bmatrix} + a\begin{bmatrix} 65 \\ 110 \\ -37 \\ 152 \end{bmatrix}$

2.2　（1） 2　（2） 2　（3） 4

2.3　（1） 基底になる　（2） 基底になる　（3） 基底になる
（4） 基底にならない

3.1　（1） $\begin{bmatrix} -3 & -4 & -16 \\ -5 & -6 & 8 \\ -21 & -18 & -20 \end{bmatrix}$　（2） $\begin{bmatrix} 4 & 15 & 13 \\ 2 & 30 & 27 \\ -6 & 15 & 11 \end{bmatrix}$ と $\begin{bmatrix} 27 & 12 & 5 \\ 14 & 10 & 13 \\ 21 & 12 & 8 \end{bmatrix}$

3.2　（1） $\frac{1}{16}\begin{bmatrix} -42 & 37 & -4 & -3 \\ 34 & -33 & 4 & 7 \\ -22 & 19 & 4 & -5 \\ 14 & -7 & -4 & 1 \end{bmatrix}$　（2） $\frac{1}{24}\begin{bmatrix} 0 & 0 & 0 & 24 \\ 0 & 0 & 8 & -8 \\ 0 & 12 & -12 & -36 \\ 6 & -9 & 5 & 25 \end{bmatrix}$

3.3　（逆行列と解）

（1） $\frac{1}{18}\begin{bmatrix} 1 & -5 & 7 \\ -5 & 7 & 1 \\ 7 & 1 & -5 \end{bmatrix}$, $\begin{bmatrix} x \\ y \\ z \end{bmatrix} = \begin{bmatrix} 1 \\ 1 \\ 0 \end{bmatrix}$

（2） $\frac{1}{18}\begin{bmatrix} 1 & -5 & 7 \\ -5 & 7 & 1 \\ 7 & 1 & -5 \end{bmatrix}$, $\begin{bmatrix} x \\ y \\ z \end{bmatrix} = \frac{1}{18}\begin{bmatrix} -43 \\ 35 \\ 5 \end{bmatrix}$

（3）$\begin{bmatrix} 6 & 5 & -8 \\ -5 & -4 & 7 \\ -2 & -2 & 3 \end{bmatrix}$，$\begin{bmatrix} x \\ y \\ z \end{bmatrix} = \begin{bmatrix} -2 \\ 4 \\ 1 \end{bmatrix}$

（4）$\begin{bmatrix} 6 & 5 & -8 \\ -5 & -4 & 7 \\ -2 & -2 & 3 \end{bmatrix}$，$\begin{bmatrix} x \\ y \\ z \end{bmatrix} = \begin{bmatrix} 32 \\ -27 \\ -13 \end{bmatrix}$

4.1　（1）$(1\ 3)(2\ 5)(3\ 4)(4\ 6)(5\ 6)$　　（2）$(1\ 3)(2\ 7)(3\ 5)(4\ 6)(6\ 7)$

4.2　（1）-4　　（2）-8　　（3）-84

4.3　与えられた $p+q$ 次の正方行列を $[\ m_{ij}\ ]$ とする．

$$m_{ij} = a_{ij} \quad (1 \leqq i, j \leqq p), \qquad m_{p+i,p+j} = b_{ij} \quad (1 \leqq i, j \leqq q),$$
$$m_{ij} = 0 \quad (p+1 \leqq i \leqq p+q,\ 1 \leqq j \leqq p)$$

である．$p+q$ 文字の置換 σ に関する積 $m_{\sigma(1)1}m_{\sigma(2)2}\cdots m_{\sigma(p+q)p+q}$ の値は $1 \leqq j \leqq p$, $p+1 \leqq \sigma(j) \leqq p+q$ となる j が1つでもある場合には0になる．よって，行列式の値は，条件「$1 \leqq j \leqq p \to 1 \leqq \sigma(j) \leqq p$」を満たす置換 σ のみについての和 $\sum \mathrm{sgn}(\sigma)\, m_{\sigma(1)1}m_{\sigma(2)2}\cdots m_{\sigma(p+q)p+q}$ になる．

一方，上の条件を満たす置換 σ は，p 文字の置換 ρ と q 文字の置換 τ を用いて

$$\sigma(j) = \rho(j) \quad (1 \leqq j \leqq p), \qquad \sigma(p+j) = p + \tau(j) \quad (1 \leqq j \leqq q)$$

と表示できる．よって，求める行列式の値は

$$\sum \mathrm{sgn}(\rho)\mathrm{sgn}(\sigma)\, a_{\rho(1)1}\cdots a_{\rho(p)p}\, b_{\tau(1)1}\cdots b_{\tau(q)q} = |\,A\,|\,|\,B\,|.$$

5.1　（1）1875　　（2）4945　　（3）0

5.2　（1）$-5(k+2)$，$k=-2$　　（2）$-2k^2+10k-3$，$k=\dfrac{5\pm\sqrt{19}}{2}$

（3）$-(k-6)(k^2-3)$，$k=6, \pm\sqrt{3}$

6.1　（1）-581　　（2）464　　（3）780　　（4）-42

6.2　（1）0　　（2）0

6.3　（1）0　　（2）$a^4(1-a^4)^3$

7.1　（1）$\begin{bmatrix} x \\ y \\ z \end{bmatrix} = \dfrac{1}{5}\begin{bmatrix} -6 \\ 3 \\ 7 \end{bmatrix}$　　（2）$\begin{bmatrix} x \\ y \\ z \end{bmatrix} = \begin{bmatrix} 5 \\ -2 \\ -1 \end{bmatrix}$

7.2 （1） x, y, z の係数行列式の値が 2 であることを用いる.

$$\begin{bmatrix} x \\ y \\ z \\ w \end{bmatrix} = a\begin{bmatrix} 17 \\ -2 \\ 20 \\ 1 \end{bmatrix} + \begin{bmatrix} 9 \\ 0 \\ 11 \\ 0 \end{bmatrix} \qquad (a：任意定数)$$

（2） x, y, z の係数行列式の値は 0 である. x, y, w の係数行列式の値が -2 であることを用いる.

$$\begin{bmatrix} x \\ y \\ z \\ w \end{bmatrix} = b\begin{bmatrix} -1 \\ -1 \\ 1 \\ 0 \end{bmatrix} - \begin{bmatrix} -3 \\ 42 \\ 0 \\ 56 \end{bmatrix} \qquad (b：任意定数)$$

7.3 （1） $\frac{1}{18}\begin{bmatrix} -5 & -7 & 1 \\ 1 & 5 & 7 \\ -7 & 1 & 5 \end{bmatrix}$ 　（2） $\frac{1}{3}\begin{bmatrix} 1 & 1 & 2 \\ -2 & -2 & -1 \\ 4 & 1 & 2 \end{bmatrix}$

（3） $\frac{1}{12}\begin{bmatrix} 0 & 0 & 0 & 6 \\ 0 & 0 & 12 & -12 \\ 0 & -6 & 6 & -15 \\ -4 & 0 & -8 & 10 \end{bmatrix}$ 　（4） $\frac{1}{16}\begin{bmatrix} -42 & 37 & -4 & -3 \\ 34 & -33 & 4 & 7 \\ -22 & 19 & 4 & -5 \\ 14 & -7 & -4 & 1 \end{bmatrix}$

8.1 （1） $A = \begin{bmatrix} 2 & 4 & -3 \\ 0 & -1 & 5 \end{bmatrix}$ 　（2） $A = \begin{bmatrix} 2 & 5 \\ -1 & 0 \\ 0 & 1 \\ 3 & -4 \end{bmatrix}$

8.2 （1） $\mathrm{Im}\, f = S[\begin{bmatrix} 1 \\ 4 \end{bmatrix}]$, $\mathrm{Ker}\, f = S[\begin{bmatrix} 3 \\ 1 \end{bmatrix}]$. それぞれ 1 次元

（2） $\mathrm{Im}\, f = S[\begin{bmatrix} 1 \\ -1 \\ 2 \end{bmatrix}, \begin{bmatrix} 2 \\ 1 \\ -3 \end{bmatrix}]$. 2 次元； $\mathrm{Ker}\, f = S[\begin{bmatrix} -1 \\ 2 \\ 1 \end{bmatrix}]$. 1 次元

8.3 （1） 階数 2 　（2） 階数 2 　（3） 階数 3

8.4 （1） 全単射 　（2） 全単射でない

8.5 $f \circ g : \begin{bmatrix} x \\ y \\ z \end{bmatrix} \longmapsto \begin{bmatrix} 15x - 11y + 13z \\ 27x + y - 13z \\ 3x + 5y - 10z \end{bmatrix}$, $g \circ f : \begin{bmatrix} x \\ y \end{bmatrix} \longmapsto \begin{bmatrix} 19x - 25y \\ 17x - 13y \end{bmatrix}$

8.6 （1） 逆写像をもつ. $f^{-1} : \begin{bmatrix} x \\ y \end{bmatrix} \longmapsto \begin{bmatrix} \frac{1}{7}x + \frac{3}{7}y \\ -\frac{2}{7}x + \frac{1}{7}y \end{bmatrix}$

（2） 逆写像をもたない

9.1 （1） 固有値は 0, 3, 5. $V_0 = S[\begin{bmatrix} 0 \\ 1 \\ 0 \end{bmatrix}]$, $V_3 = S[\begin{bmatrix} -6 \\ 1 \\ 3 \end{bmatrix}]$, $V_5 = S[\begin{bmatrix} 0 \\ 1 \\ 5 \end{bmatrix}]$

（2） 固有値は 1, −1. $V_1 = S[\begin{bmatrix} 1 \\ 1 \end{bmatrix}]$, $V_{-1} = S[\begin{bmatrix} 0 \\ 1 \end{bmatrix}]$

（3） 固有値は 2, −1（重複度 2）. $V_2 = S[\begin{bmatrix} 1 \\ 1 \\ 1 \end{bmatrix}]$, $V_{-1} = S[\begin{bmatrix} 1 \\ -1 \\ 0 \end{bmatrix}, \begin{bmatrix} 1 \\ 0 \\ -1 \end{bmatrix}]$

9.2 $a + d = 2$ かつ $ad - bc = 1$

9.3 （1） 対角化可能　（2） 対角化可能　（3） 対角化不可能
（4） 対角化可能　（5） 対角化可能　（6） 対角化不可能

9.4 （1） 例えば, $P = \begin{bmatrix} 1 & 1 & 1 \\ -1 & 0 & 1 \\ 0 & -1 & 1 \end{bmatrix}$ とすると, $P^{-1}AP = \begin{bmatrix} -2 & 0 & 0 \\ 0 & -2 & 0 \\ 0 & 0 & 4 \end{bmatrix}$

（2） 例えば, $P = \begin{bmatrix} 1 & 1 \\ 1 & -1 \end{bmatrix}$ とすると, $P^{-1}AP = \begin{bmatrix} 8 & 0 \\ 0 & -4 \end{bmatrix}$

9.5 $x = 6$, $y = 8$. このとき A, B の固有値は $\frac{9 + \sqrt{73}}{2}$, $\frac{9 - \sqrt{73}}{2}$.

9.6 $a = 0$, $b = \pm 1$

10.1 （1） 例えば, $P = \begin{bmatrix} 3 & 2 \\ 1 & 1 \end{bmatrix}$ とすると, $P^{-1}AP = \begin{bmatrix} 3 & 1 \\ 0 & 3 \end{bmatrix}$

（2） 例えば, $P = \begin{bmatrix} 1 & 0 \\ 1 & 1/5 \end{bmatrix}$ とすると, $P^{-1}AP = \begin{bmatrix} 8 & 1 \\ 0 & 8 \end{bmatrix}$

10.2　（1）　$A^3 = A$ となるので，$A^9 = \begin{bmatrix} 1 & 0 & 0 \\ 0 & -1 & 1 \\ 2 & 0 & 0 \end{bmatrix}$

（2）　$A^2 = A$ となるので，$A^9 = \begin{bmatrix} 5 & -20 \\ 1 & -4 \end{bmatrix}$

10.3　A は正則行列 P を用いて，$P^{-1}AP = \begin{bmatrix} 0 & & & * \\ & 0 & & \\ & & \ddots & \\ 0 & & & 0 \end{bmatrix}$ と三角化できる．したがって，$P^{-1}A^nP = \underbrace{(P^{-1}AP)\cdots(P^{-1}AP)}_{n} = O$ となる．

10.4　（1）　$P = \begin{bmatrix} 0 & 0 & 1 \\ 1 & 0 & 0 \\ 0 & 1 & 0 \end{bmatrix}$ とすると，$P^{-1}AP = \begin{bmatrix} 0 & 1 & 0 \\ 0 & 0 & 1 \\ 0 & 0 & 0 \end{bmatrix}$

（2）　$P = \begin{bmatrix} 1 & 0 \\ 1 & 1 \end{bmatrix}$ とすると，$P^{-1}AP = \begin{bmatrix} 3 & 1 \\ 0 & 3 \end{bmatrix}$

10.5　正則行列 P を用いて，A を $P^{-1}AP = \begin{bmatrix} \alpha_1 & & & * \\ & \alpha_2 & & \\ & & \ddots & \\ 0 & & & \alpha_n \end{bmatrix}$ と三角化する．

このとき，$|A| = |P^{-1}AP| = \alpha_1\alpha_2\cdots\alpha_n$ なので，A が正則行列であるための必要十分条件は $\alpha_1 \neq 0,\ \alpha_2 \neq 0,\ \cdots,\ \alpha_n \neq 0$ となる．

10.6　正則行列 P を用いて，$P^{-1}AP = \begin{bmatrix} \alpha_1 & & & * \\ & \alpha_2 & & \\ & & \ddots & \\ 0 & & & \alpha_n \end{bmatrix}$ と三角化できたとすると，

$$P^{-1}A^kP = \underbrace{(P^{-1}AP)\cdots(P^{-1}AP)}_{k} = \begin{bmatrix} {\alpha_1}^k & & & * \\ & {\alpha_2}^k & & \\ & & \ddots & \\ 0 & & & {\alpha_n}^k \end{bmatrix}$$

と三角化される．

11.1 （1） $\boldsymbol{u}_1=\dfrac{1}{\sqrt{5}}\begin{bmatrix}1\\2\end{bmatrix}$， $\boldsymbol{u}_2=\dfrac{1}{\sqrt{5}}\begin{bmatrix}2\\-1\end{bmatrix}$

（2） $\boldsymbol{u}_1=\dfrac{1}{\sqrt{3}}\begin{bmatrix}1\\-1\\1\end{bmatrix}$， $\boldsymbol{u}_2=\dfrac{1}{\sqrt{42}}\begin{bmatrix}5\\4\\-1\end{bmatrix}$， $\boldsymbol{u}_3=\dfrac{1}{\sqrt{14}}\begin{bmatrix}-1\\2\\3\end{bmatrix}$

11.2 W の正規直交基底として，例えば，$\boldsymbol{u}_1=\begin{bmatrix}0\\1\\0\\0\end{bmatrix}$， $\boldsymbol{u}_2=\dfrac{1}{\sqrt{10}}\begin{bmatrix}3\\0\\1\\0\end{bmatrix}$， $\boldsymbol{u}_3=\begin{bmatrix}0\\0\\0\\1\end{bmatrix}$ が

とれる．$W^{\perp}=S[\,\boldsymbol{u}_4\,]$，ただし $\boldsymbol{u}_4=\dfrac{1}{\sqrt{10}}\begin{bmatrix}1\\0\\-3\\0\end{bmatrix}$，となる．

11.3 （1） $(f(\boldsymbol{x}), f(\boldsymbol{y}))=\left(\boldsymbol{x}-\dfrac{2(\boldsymbol{a},\boldsymbol{x})}{(\boldsymbol{a},\boldsymbol{a})}\boldsymbol{a},\ \boldsymbol{y}-\dfrac{2(\boldsymbol{a},\boldsymbol{y})}{(\boldsymbol{a},\boldsymbol{a})}\boldsymbol{a}\right)$

$$=(\boldsymbol{x},\boldsymbol{y})-2\frac{(\boldsymbol{a},\boldsymbol{x})}{(\boldsymbol{a},\boldsymbol{a})}(\boldsymbol{a},\boldsymbol{y})-2\frac{(\boldsymbol{a},\boldsymbol{y})}{(\boldsymbol{a},\boldsymbol{a})}(\boldsymbol{a},\boldsymbol{x})+4\frac{(\boldsymbol{a},\boldsymbol{x})(\boldsymbol{a},\boldsymbol{y})}{(\boldsymbol{a},\boldsymbol{a})^2}(\boldsymbol{a},\boldsymbol{a})=(\boldsymbol{x},\boldsymbol{y}).$$

（2） $f(\boldsymbol{a})=\boldsymbol{a}-\dfrac{2(\boldsymbol{a},\boldsymbol{a})}{(\boldsymbol{a},\boldsymbol{a})}\boldsymbol{a}=-\boldsymbol{a}$ （3） $\{\,\boldsymbol{x}\mid(\boldsymbol{a},\boldsymbol{x})=0\}$

11.4 $a=\dfrac{1}{\sqrt{2}}$，$b=-\dfrac{1}{\sqrt{2}}$，$c=0$

11.5 ${}^tTT=T\,{}^tT=I_3$ を計算で確かめよ．

12.1 （T についてはそれぞれ一例を示す）

（1） $T=\dfrac{1}{5}\begin{bmatrix}4&3/\sqrt{2}&3/\sqrt{2}\\0&5/\sqrt{2}&-5/\sqrt{2}\\-3&4/\sqrt{2}&4/\sqrt{2}\end{bmatrix}$ とすると，$T^{-1}AT=\begin{bmatrix}1&0&0\\0&6&0\\0&0&-4\end{bmatrix}$

（2） $T=\dfrac{1}{13}\begin{bmatrix}12&5/\sqrt{2}&5/\sqrt{2}\\0&13/\sqrt{2}&-13/\sqrt{2}\\-5&12/\sqrt{2}&12/\sqrt{2}\end{bmatrix}$ とすると，$T^{-1}AT=\begin{bmatrix}3&0&0\\0&16&0\\0&0&-10\end{bmatrix}$

（3） $T=\begin{bmatrix}1/\sqrt{6}&-1/\sqrt{3}&-1/\sqrt{2}\\2/\sqrt{6}&1/\sqrt{3}&0\\1/\sqrt{6}&-1/\sqrt{3}&1/\sqrt{2}\end{bmatrix}$ とすると，$T^{-1}AT=\begin{bmatrix}0&0&0\\0&3&0\\0&0&4\end{bmatrix}$

12.2 （1）　$18{y_1}^2+16{y_2}^2$　　（2）　$2{y_1}^2+5{y_2}^2-{y_3}^2$

（3）　${y_1}^2+(-1+\sqrt{17}){y_2}^2-(1+\sqrt{17}){y_3}^2$

12.3 $B=\dfrac{1}{2}(A+A^*)$，$C=\dfrac{1}{2i}(A-A^*)$ とすると，B, C はエルミット行列で，

$B+iC=\dfrac{1}{2}(A+A^*)+\dfrac{1}{2}(A-A^*)=A$ となる．

12.4 $a>0$ かつ $ac-b^2>0$ が $A={}^tPP$ と書けるための必要十分条件となる．

12.5 $A^*=A$，$B^*=B$ なので，$(AB)^*=B^*A^*=BA$ となる．したがって，$(AB)^*=AB \Longleftrightarrow BA=AB$　となる．

12.6 A がエルミット行列とすると，A の固有値 $\alpha_1, \alpha_2, \cdots, \alpha_n$ はすべて実数である．ゆえに，I_n+iA，I_n-iA の固有値はそれぞれ $1+i\alpha_1$，$1+i\alpha_2$，$\cdots$，$1+i\alpha_n$ および $1-i\alpha_1$，$1-i\alpha_2$，$\cdots$，$1-i\alpha_n$ なので，すべて 0 でない．したがって，I_n+iA，I_n-iA は正則となる（➡ 補充問題 10, **5**）．

13.1 （C_1, C_2 は任意定数とする）

（1）　$y_1=C_1e^{10t}-C_2e^{-6t}$，$y_2=C_1e^{10t}+C_2e^{-6t}$　　（2）　$y=C_1e^{3t}+C_2e^{7t}$

（3）　$y_1=(C_2t+C_1)e^{8t}$，$y_2=(C_2t+C_1)e^{8t}+\dfrac{1}{5}C_2e^{8t}$

（4）　$y=(C_2t+C_1)e^{\frac{a}{2}t}$

13.2 （1）
$$\begin{bmatrix} 0&0&1&0&0\\ 0&0&1&0&0\\ 1&1&0&1&1\\ 0&0&1&0&0\\ 0&0&1&0&0 \end{bmatrix}$$
（2）
$$\begin{bmatrix} 0&1&0&0&0&0&0\\ 1&0&1&0&1&0&0\\ 0&1&0&0&0&0&0\\ 0&0&0&0&1&0&0\\ 0&1&0&1&0&1&1\\ 0&0&0&0&1&0&0\\ 0&0&0&0&1&0&0 \end{bmatrix}$$

13.3 （1）

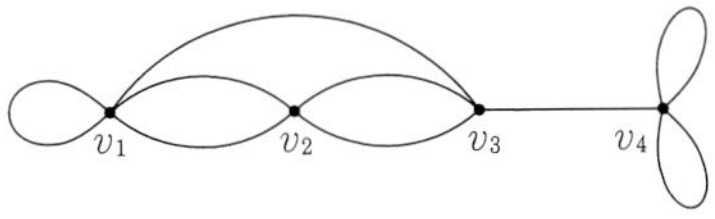

（2）

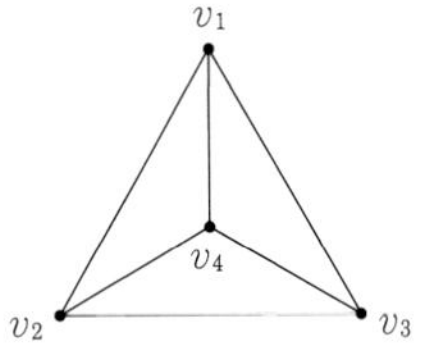

14.1　(1)　$x_1 = 5$, $x_2 = 3$ で最適解 8, 可能領域は 5 点 $(0, 0), (7, 0), (5, 3), (3, 4), (0, 5)$ を頂点とする凸 5 角形

(2)　$x_1 = 3$, $x_2 = 4$ で最適解 11, 可能領域は (1) の場合と同じ.

実は, $x_1 = 3 + 2t$, $x_2 = 4 - t$ $(0 \leqq t \leqq 1)$ において最適解をとる.

(3)　$x_1 = 3$, $x_2 = 5$ で最適解 34, 可能領域は 3 点 $(1, 2), (5, 1), (3, 5)$ を頂点とする三角形

(4)　$x_1 = 5$, $x_2 = 1$ で最適解 11, 可能領域は (3) の場合と同じ.

実は, $x_1 = 5 - 2t$, $x_2 = 1 + 4t$ $(0 \leqq t \leqq 1)$ において最適解をとる.

14.2　(1)　$x_1 = 0$, $x_2 = 40$ で最適解 120, 可能領域は 4 点 $(0, 20), (0, 40), (15, 20), (10, 50/3)$ を頂点とする凸四角形

(2)　$x_1 = 0$, $x_2 = 40$ で最適解 120, 可能領域は (1) の場合と同じ.

実は, $x_1 = 15t$, $x_2 = 40 - 20t$ $(0 \leqq t \leqq 1)$ において最適解をとる.

索　　引

あ 行

1次
　——結合　linear combination　4
　——従属　linear dependence　5
　——独立　linear independence　5
　——変換　linear transformation　73
エルミット
　——形式　Hermitian form　124
　——内積　Hermitian inner product　114

か 行

階数　rank　16,79
核空間　kernel　73
可能領域　possible domain　137
基底　basis　8,73
　標準——　canonical——　8
共役複素数　conjugate complex number　10
行列　matrix　22
　エルミット——　Hermitian——　115
　逆——　inverse——　25
　三角——　triangle——　30
　実——　real——　22
　実対称——　real symmetric——　115
　随伴——　adjoint——　51
　正則——　regular——　25
　正方——　square——　22
　成分——　component——　87
　対角——　diagonal——　25
　単位——　unit——　25
　直交——　orthogonal——　112
　転置——　transposed——　48
　複素——　complex——　22
　べき零——　nilpotent——　99
　ユニタリ——　unitary——　123
　隣接——　adjacent——　132
　零——　zero——　23
行列式　determinant　37
グラフ　graph　132
　単純——　simple——　132
グラム・シュミット　Gram-Schmidt　109
クラメールの公式　Cramer's formula　62
クロネッカーのデルタ　Kronecker's delta　57
ケイリー・ハミルトン　Cayley-Hamilton　95
互換　transposition　34
固有
　——空間　eigenspace　84
　——多項式　characteristic polynomial　83
　——値　eigenvalue　82
　——ベクトル　eigenvector　82
　——方程式　characteristic equation

83

さ 行

差 difference 3
最適解 optimal solution 136
サラスの方法 Sarrus rule 40
三角化 92
三角不等式 triangular inequality 106
写像 mapping 72
逆—— inverse—— 72
合成—— composite—— 72
重複度 multiplicity 84
シュワルツの不等式 Schwarz inequality 106
順列 permutation 32
消去法 method of elimination 13
ジョルダンの標準形 Jordan normal form 97
ジョルダン ブロック Jordan block 97
人為変数 artificial variable 143
スカラー scalar 2
——倍 ——multiplication 3
スペクトル spectrum 134
スラック変数 slack variable 138
正規直交 orthonormal
——化法 orthonormalization 109
——基底 ——basis 108
——系 ——system 108
生成する generate 8,73
正則 regular 25
正定値 positive definite 122,124
半—— positive semidefinite 122,124
制約条件 condition of constraint 136
成分 component 22
対角—— diagonal—— 25
積 product 24,33,34
線形 linear 73
——写像 ——mapping 72
全射 surjection 72
全単射 bijection 72
像空間 image space 73

た 行

対角化 diagonalization 89
——可能 diagonalizable 89
単射 injection 72
単体表 simplex tableau 140
単体法 simplex method 138
2段階—— 143
置換 permutation 32
奇—— odd—— 36
逆—— inverse—— 32
偶—— even—— 36
単位—— identity—— 33
重複度 multiplicity 84
直交 orthogonal
——行列 ——matrix 112
——する 104,114
——補空間 ——complement 111
特性 characterisitic
——多項式 ——polynomial 83
——方程式 ——equation 83
トレース trace 91,134

な 行

内積 inner product 104
エルミット—— Hermitian inner por-

duct　114
2次形式　quadratic form
実——　real quadratic form　122

は 行

掃き出し法　sweeping-out method　13
等しい　equal　2,23
ピタゴラス　Pythagoras　105
ピボット変形　pivot operation　13,139
符号　sign　35
非負条件　non-negative condition　136
部分空間　subspace　73
平行四辺形定理　parallelogram theorem　105
べき零行列　nilpotent matrix　99
ベクトル　vector
行——　row——　2
固有——　eigenvector　82
数——　2
単位——　unit——　104,114
列——　column——　2
零——　zero——　3
——の長さ　104
——のなす角　107
ベクトル空間　vector space
実——　real——　2
複素——　complex——　2
歩道　walk　132
——の長さ　132
閉じた——　132

ま 行

モーメント　moment　134
目的関数　objective function　136
中間——　143

や 行

余因子展開　cofactor expansion　53
行に関する——　53
列に関する——　53

ら 行

連立1階線形微分方程式　simultaneous linear differential equation of the first order　126

わ 行

和　sum　3

著者略歴

内田伏一（うちだ ふいち）　1963年　東北大学大学院理学研究科修士課程修了
現在　山形大学名誉教授，理学博士

浦川　肇（うらかわ はじめ）　1971年　大阪大学大学院理学研究科修士課程修了
現在　東北大学名誉教授，理学博士

線形代数概説

検印省略	2000年10月5日　第1版発行
	2009年1月20日　第11版発行
	2025年2月25日　第11版10刷発行
	著作者　内田伏一
	浦川　肇
	発行者　吉野和浩
	発行所　東京都千代田区四番町8-1　電話　03-3262-9166　株式会社　裳華房
	印刷製本　壮光舎印刷株式会社

定価はカバーに表示してあります．

増刷表示について
2009年4月より「増刷」表示を「版」から「刷」に変更いたしました．詳しい表示基準は弊社ホームページ
http://www.shokabo.co.jp/
をご覧ください．

一般社団法人
自然科学書協会会員

ISBN 978-4-7853-1522-1